开源技术丛书

高等院校开源软件安全系列规划教材

操作系统内核

杨文川　主编

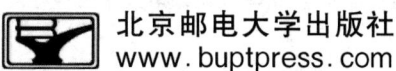

北京邮电大学出版社
www.buptpress.com

内 容 简 介

本教材全面且系统地介绍了与操作系统内核相关的知识及开源社区的 Linux 学习方法,从开源、国产和安全等角度介绍了操作系统内核的基本内容、发展新趋势,以及其在网络空间安全方面的应用。本教材共 10 章,有效地简化了复杂的理论内容,便于教学和自学。教材中包含丰富的操作实例和案例分析,以帮助学生更好地理解和应用所学知识。本教材选择的实例和案例具有代表性和多样性,涵盖了操作系统内核在不同领域中的应用场景,提高了教材的实用性,适合作为网络空间安全相关专业的本科教材,对相关领域的技术人员也具有很好的参考价值。

图书在版编目（CIP）数据

操作系统内核 / 杨文川主编. -- 北京：北京邮电大学出版社, 2025. -- ISBN 978-7-5635-7516-9
Ⅰ. TP316.85
中国国家版本馆 CIP 数据核字第 2025P93A13 号

策划编辑：刘纳新　　责任编辑：王晓丹　杨玉瑶　　责任校对：张会良　　封面设计：七星博纳

出版发行：北京邮电大学出版社
社　　址：北京市海淀区西土城路 10 号
邮政编码：100876
发 行 部：电话：010-62282185　传真：010-62283578
E-mail：publish@bupt.edu.cn
经　　销：各地新华书店
印　　刷：保定市中画美凯印刷有限公司
开　　本：787 mm×1 092 mm　1/16
印　　张：16.75
字　　数：442 千字
版　　次：2025 年 4 月第 1 版
印　　次：2025 年 4 月第 1 次印刷

ISBN 978-7-5635-7516-9　　　　　　　　　　　　　　　　　定价：49.00 元

· 如有印装质量问题,请与北京邮电大学出版社发行部联系 ·

前言

操作系统（operating system，OS）是一种内置的程序，是用户与计算机之间的接口，也是计算机的灵魂，用来协作计算机的各种硬件，以与用户进行交互。根据运行的环境，操作系统可以分为桌面操作系统、手机操作系统、服务器操作系统、嵌入式操作系统等。常见的操作系统有 Windows、macOS 和 Linux、华为鸿蒙系统。

操作系统内核（operating system kernel）是指操作系统最底层的核心部分，位于操作系统的最上层硬件抽象层之下，与硬件直接交互，管理和控制硬件资源，负责管理计算机硬件和进程调度等核心功能。操作系统内核通常与操作系统的其他部分（如文件系统、设备驱动程序等）一起构成完整的操作系统。常见的内核有 Linux 内核、Windows 内核等。

本教材全面且系统地介绍了操作系统内核中的关键概念，以及开源社区的 Linux 学习方法。本教材共 10 章：第 1 章操作系统内核基础介绍了操作系统的发展过程、自由软件和开源社区，以及如何创建和管理一个开源项目；第 2 章 Linux 操作系统内核实战环境搭建介绍了 Linux 内核开发模式、Linux 内核架构总览，以及如何搭建和配置操作系统内核实验环境；第 3 章内存寻址介绍了内存寻址、段式内存管理机制、分页机制等内容；第 4 章进程管理介绍了 Linux 进程创建和调度，并进行了地址管理实验；第 5 章内存管理介绍了进程用户空间管理机制、内核空间划分与管理、物理内存的组织，并进行了内存管理实验；第 6 章中断处理介绍了中断处理机制、中断下半部处理机制、时钟中断机制，并进行了 tasklet 机制分析实验；第 7 章系统调用介绍了 Linux 中的各种 API、系统调用的机制和流程、系统调用的优化，并进行了添加系统调用实验；第 8 章内核同步介绍了内核同步概念、原子操作、信号量，并进行了 RCU 锁的使用实验；第 9 章文件系统介绍了虚拟文件系统的引入、虚拟文件系统的主要数据结构、文件系统中的各种缓存，并进行了文件系统查看实验；第 10 章设备驱动介绍了设备驱动概述、I/O 空间管理、设备驱动模型、字符和块设备驱动程序，并进行了字符设备编写实验。

本教材结合近年来开源软件的特点，编写了大量应用案例，这些案例经作者本人在北京邮电大学操作系统内核课程教学中的不断提炼整理，使本书形成了理论与实践相结合的特色，顺应了当前操作系统内核"国产、开源、安全"的要求。本书的出版得到了北京邮电大学出版社的大力支持，由于时间和作者水平有限，书中难免存在一些错误，真诚期待广大读者朋友能提出宝贵的意见和建议。

目录

第 1 章 操作系统内核基础 ... 1

1.1 操作系统的目标和作用 ... 1
- 1.1.1 什么是操作系统 ... 1
- 1.1.2 操作系统的结构 ... 1
- 1.1.3 操作系统的目标 ... 2
- 1.1.4 操作系统的作用 ... 2

1.2 操作系统的发展过程 ... 3
- 1.2.1 操作系统发展的主要动力及发展阶段 ... 3
- 1.2.2 典型操作系统介绍 ... 4

1.3 操作系统的基本特性和主要功能 ... 6
- 1.3.1 操作系统的基本特性 ... 6
- 1.3.2 操作系统的主要功能 ... 7

1.4 开源社区的 Linux 学习新体验 ... 8
- 1.4.1 自由软件和开源软件 ... 8
- 1.4.2 开源软件协议 ... 9
- 1.4.3 著名的开源软件 ... 10

1.5 创建和管理一个开源项目 ... 10
- 1.5.1 签署 CLA 和使用 Git ... 11
- 1.5.2 提交 PR 的流程 ... 11
- 1.5.3 实验详解 ... 12

课程思政 ... 13

课后练习题 ... 13

第 2 章 Linux 操作系统内核实战环境搭建 ... 14

2.1 Linux 操作系统简介 ... 14
- 2.1.1 Linux 系统发展史 ... 14

  2.1.2　Linux 发行版介绍 ……………………………………………… 15
  2.1.3　Linux 内核源码目录结构 …………………………………… 16
 2.2　Linux 内核设计 ……………………………………………………… 17
  2.2.1　宏内核与微内核 ……………………………………………… 17
  2.2.2　Linux 内核模块的设计及可加装 …………………………… 19
  2.2.3　Linux 内核模块编程入门 …………………………………… 19
  2.2.4　Linux 内核模块程序与 C 语言应用程序的比较 …………… 21
 2.3　Linux 内核开发模式 ………………………………………………… 21
 2.4　Linux 内核架构总览 ………………………………………………… 23
  2.4.1　Linux 内核系统的划分 ……………………………………… 23
  2.4.2　Linux 内核系统各层情况 …………………………………… 24
 2.5　操作系统内核实验环境搭建和配置 ………………………………… 25
  2.5.1　VMWare WorkStation 的安装 ……………………………… 25
  2.5.2　利用 VMWare 虚拟机安装 Linux …………………………… 26
  2.5.3　编译安装所需的 Linux 内核 ………………………………… 27
 课程思政 …………………………………………………………………… 29
 课后练习题 ………………………………………………………………… 30

第 3 章　内存寻址 …………………………………………………………… 31

 3.1　内存寻址方法 ………………………………………………………… 31
  3.1.1　哈佛结构和冯·诺依曼结构 ………………………………… 31
  3.1.2　内存寻址的概念 ……………………………………………… 33
  3.1.3　X86 不同时期的内存寻址 …………………………………… 34
  3.1.4　保护模式下的寄存器 ………………………………………… 36
 3.2　段式内存管理机制 …………………………………………………… 38
  3.2.1　段式内存管理 ………………………………………………… 38
  3.2.2　程序的地址空间分析 ………………………………………… 39
  3.2.3　段描述符表 …………………………………………………… 41
 3.3　页式内存管理机制 …………………………………………………… 43
  3.3.1　地址转换相关知识 …………………………………………… 43
  3.3.2　分页机制 ……………………………………………………… 43
  3.3.3　页表 …………………………………………………………… 45
 3.4　地址转换实验 ………………………………………………………… 49
  3.4.1　查看地址转换实验 …………………………………………… 50
  3.4.2　获取物理内存地址实验 ……………………………………… 52
 课程思政 …………………………………………………………………… 53

课后练习题 …… 54

第4章 进程管理 …… 55

4.1 进程概述 …… 55
4.1.1 从程序到进程 …… 55
4.1.2 进程树 …… 57
4.1.3 task_struct 数据结构分析 …… 59
4.1.4 进程控制块 …… 61

4.2 Linux 进程创建 …… 66
4.2.1 进程和线程 …… 66
4.2.2 进程的 API 实现 …… 67
4.2.3 进程中的其他系统调用 …… 72

4.3 Linux 进程调度 …… 73
4.3.1 Linux 进程调度基本模型 …… 73
4.3.2 进程调度优先级及 $O(n)$ 调度器 …… 75
4.3.3 $O(1)$ 调度器及其特征 …… 77
4.3.4 完全公平调度 …… 80

4.4 进程管理实验 …… 81
4.4.1 打印进程控制块中的字段 …… 81
4.4.2 fork 和 clone 系统调用的用法 …… 81

课程思政 …… 84
课后练习题 …… 84

第5章 内存管理 …… 85

5.1 Linux 内存管理机制 …… 85
5.1.1 内存的层次 …… 85
5.1.2 虚拟内存实现机制 …… 86
5.1.3 进程虚拟地址空间 …… 88
5.1.4 进程的用户空间划分 …… 92

5.2 进程用户空间管理机制 …… 94
5.2.1 创建进程用户空间 …… 94
5.2.2 虚存映射 …… 96
5.2.3 请页机制 …… 98
5.2.4 用户空间管理 …… 100

5.3 内核空间划分与管理 …… 102
5.3.1 内核空间的划分 …… 102

5.3.2　内存管理机制 ··· 105
　　5.3.3　slab 内存分配机制 ··· 105
　　5.3.4　vmalloc 对高端物理内存的分配 ·· 106
5.4　物理内存的组织 ··· 108
　　5.4.1　UMA 和 NUMA 计算机 ··· 108
　　5.4.2　物理内存的组织及内存节点 ·· 109
　　5.4.3　伙伴算法概述 ··· 113
5.5　内存管理实验 ··· 115
　　5.5.1　进程的虚存区举例 ··· 115
　　5.5.2　编写虚存区内核模块 ··· 116
　　5.5.3　slab 内存分配机制实验 ··· 118
课程思政 ·· 121
课后练习题 ·· 122

第 6 章　中断处理 ··· 123

6.1　中断处理机制概述 ··· 123
　　6.1.1　中断的基本概念 ·· 123
　　6.1.2　中断模型解释 ··· 125
　　6.1.3　中断向量和中断描述符表 ·· 127
6.2　中断处理机制 ··· 130
　　6.2.1　中断描述表的初始化 ··· 130
　　6.2.2　中断处理过程 ··· 132
　　6.2.3　中断处理程序与中断服务例程 ··· 134
　　6.2.4　中断返回 ·· 138
6.3　中断下半部处理机制 ·· 140
　　6.3.1　中断上半部和下半部 ··· 140
　　6.3.2　软中断机制 ··· 141
　　6.3.3　tasklet 机制 ··· 142
　　6.3.4　workqueue 机制 ·· 144
6.4　时钟中断机制 ··· 147
6.5　tasklet 机制分析实验 ··· 148
　　6.5.1　编写 tasklet 机制实验程序 ·· 148
　　6.5.2　tasklet 机制实验步骤 ··· 149
课程思政 ·· 150
课后练习题 ·· 151

第7章 系统调用 152

7.1 Linux 中的各种 API 152
7.1.1 Linux 内核提供的常用系统调用 152
7.1.2 Linux API 和常见的库 153
7.1.3 比较 Linux API 与 POSIX API 154
7.2 系统调用的机制 156
7.2.1 系统调用的作用 156
7.2.2 中断、异常和系统调用比较 157
7.3 系统调用的流程 158
7.3.1 系统调用基本流程 158
7.3.2 系统调用表 160
7.3.3 从用户态跟踪一个系统调用到内核 161
7.4 系统调用的优化 162
7.5 添加系统调用实验 163
7.5.1 Linux 添加系统调用的方法 163
7.5.2 编译内核法添加系统调用 163
7.5.3 验证添加系统调用是否成功 164
课程思政 165
课后练习题 165

第8章 内核同步 166

8.1 内核同步概述 166
8.1.1 内核同步引入 166
8.1.2 竞态条件及其导致的错误 167
8.1.3 临界区 168
8.2 原子操作和锁 169
8.2.1 原子操作 169
8.2.2 锁机制 171
8.2.3 死锁 172
8.3 其他同步机制 173
8.3.1 中断屏蔽 173
8.3.2 自旋锁 174
8.3.3 信号量 176
8.4 生产者-消费者问题 178
8.5 RCU 锁的使用实验 179

  8.5.1 RCU 锁使用 ········· 179
  8.5.2 实验流程 ········· 180
课程思政 ········· 182
课后练习题 ········· 182

第 9 章 文件系统 ········· 183

9.1 虚拟文件系统的引入 ········· 183
  9.1.1 一切皆是文件 ········· 183
  9.1.2 文件系统类型 ········· 184
  9.1.3 文件存储 ········· 186
  9.1.4 安装文件系统 ········· 187
9.2 虚拟文件系统的主要数据结构 ········· 188
  9.2.1 虚拟文件系统框架 ········· 188
  9.2.2 虚拟文件系统对象 ········· 189
  9.2.3 相关的数据结构 ········· 196
9.3 文件系统中的各种缓存 ········· 198
  9.3.1 缓冲区分类 ········· 198
  9.3.2 页和块缓存 ········· 200
  9.3.3 节点和目录缓存 ········· 203
9.4 文件系统的查找和读写 ········· 205
  9.4.1 文件查找过程 ········· 205
  9.4.2 文件的读写过程 ········· 208
9.5 文件系统查看实验 ········· 210
  9.5.1 文件系统查看流程 ········· 210
  9.5.2 创建、挂载和分析文件 ········· 210
  9.5.3 分析超级块信息和 inode 表 ········· 211
课程思政 ········· 213
课后练习题 ········· 214

第 10 章 设备驱动 ········· 215

10.1 设备驱动概述 ········· 215
  10.1.1 设备驱动程序 ········· 215
  10.1.2 设备驱动的分层 ········· 217
  10.1.3 设备的分类 ········· 218
10.2 I/O 空间管理 ········· 219
  10.2.1 设备控制器 ········· 219

10.2.2 内存映射和 I/O 映射 …………………………………………………… 220
 10.3 设备驱动模型 ……………………………………………………………………… 226
   10.3.1 设备驱动模型的引入 …………………………………………………… 226
   10.3.2 kobject、ktype 和 kset ………………………………………………… 228
   10.3.3 platform 平台总线模型 ………………………………………………… 230
 10.4 字符设备驱动程序 ………………………………………………………………… 233
   10.4.1 字符设备 ………………………………………………………………… 233
   10.4.2 字符设备驱动接口函数 ………………………………………………… 237
 10.5 块设备驱动程序 …………………………………………………………………… 239
   10.5.1 块设备 …………………………………………………………………… 239
   10.5.2 电梯调度 ………………………………………………………………… 240
   10.5.3 块设备驱动的核心结构 ………………………………………………… 243
 10.6 字符设备编写实验 ………………………………………………………………… 249
   10.6.1 字符设备和编译源码 …………………………………………………… 249
   10.6.2 字符设备实验步骤 ……………………………………………………… 250
 课程思政 ………………………………………………………………………………… 251
 课后练习题 ……………………………………………………………………………… 251

参考文献 …………………………………………………………………………………… 252

第 1 章 操作系统内核基础

操作系统是一种内置的与用户进行交互的程序,用来协作计算机的各种硬件。内核是一个操作系统的核心,是基于硬件的第一层软件扩充,提供操作系统最基本的功能。内核也是操作系统工作的基础,决定着系统的性能和稳定性。本章主要介绍操作系统内核基础,包括操作系统的目标和作用,操作系统的发展过程,操作系统的基本特性和主要功能。本章还介绍了开源社区 Linux 学习新体验与如何创建和管理一个开源项目。

1.1 操作系统的目标和作用

1.1.1 什么是操作系统

操作系统是管理计算机硬件与软件资源的计算机程序,操作系统提供了一个让用户与系统交互的操作界面。如图 1-1 所示,操作系统其实就是一个介于计算机硬件、用户、应用软件及系统软件之间的一个媒介。

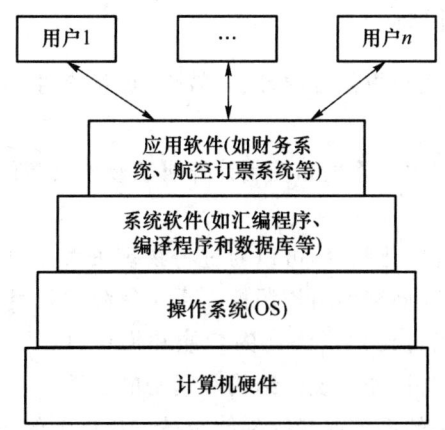

图 1-1 操作系统与计算机硬件、用户、应用软件及系统软件之间的关系

1.1.2 操作系统的结构

操作系统的结构可以从用户空间、内核模块和 Linux 内核 3 个角度分层,具体内容如下:
用户空间(用户态):由 GNU 运行库/工具、命令行 Shell、X 窗口和应用软件构成。
内核模块:由进程管理、内存管理、文件系统管理、设备控制及网络构成,内核模块通过系统调用接口与用户态交接。

Linux 内核：由体系结构依赖代码、内存管理器、逻辑文件系统类型、块设备驱动程序、字符设备驱动程序、网络子系统、网络设备驱动程序等组成，Linux 内核通过硬件抽象层与 CPU、内存、磁盘、终端、网络接口等硬件设备交接。

操作系统结构如图 1-2 所示。

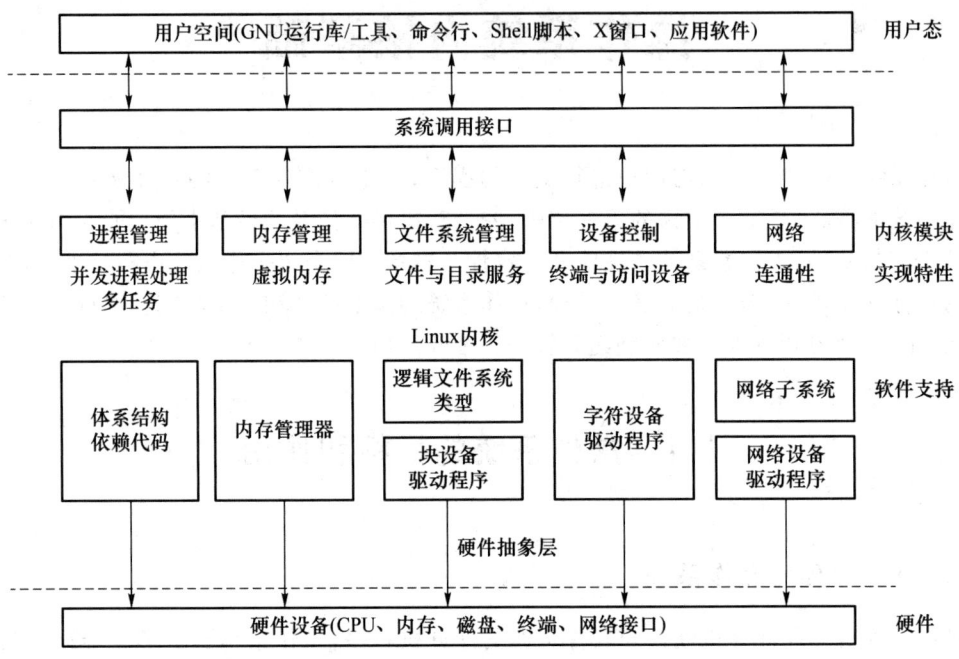

图 1-2　操作系统结构

1.1.3　操作系统的目标

操作系统的目标包括为用户提供方便性、高效性、可扩充性和开放性等几方面，具体内容如下：

方便性：操作系统是方便用户管理和控制计算机软硬件资源的系统软件，通过操作系统的命令操控计算机，方便用户。

高效性：操作系统采用虚拟化技术，可以通过将物理资源划分为多个虚拟环境，提高资源利用率，可以充分利用计算、存储和网络资源提高系统资源的利用率，提高系统吞吐量。

可扩充性：操作系统可以方便地增添新的功能和模块，以及对原有的功能和模块进行修改，具有良好的可扩充性，这与操作系统的结构有紧密的联系。

开放性：衡量一个新推出的系统或者软件能否被广泛接纳的至关重要的因素，操作系统遵循世界标准规范，特别是开放系统互连（OSI），具有极佳的开放性。

1.1.4　操作系统的作用

操作系统在计算机系统中所起的作用，可以从用户与计算机硬件系统之间的接口、计算机系统资源管理、计算机资源抽象等几方面来分析和讨论，具体内容如下：

用户与计算机硬件系统之间的接口：操作系统提供了包括 UNIX、DOS 等命令方式接口，同时还提供了诸多的 API 系统调用方式接口，Windows、Linux 采用了大量的 GUI 运行库/工具，以方便与用户交互。

计算机系统资源管理：操作系统提供了对处理机、存储器、I/O 设备、文件等众多计算机系统资源的管理。

计算机资源抽象：操作系统采用大量虚拟技术，向用户提供一个对硬件进行操作的抽象模型，覆盖了软件的机器系统，与之前无软件的计算机裸机系统相比，更加方便用户使用。

1.2 操作系统的发展过程

操作系统的发展主要经历了从简单到复杂、从单道批处理到多道批处理、从批处理到分时和实时操作系统的演变。这一过程不仅反映了计算机硬件技术的发展，也体现了操作系统功能的不断丰富和复杂化。

1.2.1 操作系统发展的主要动力及发展阶段

1. 推动操作系统发展的主要动力

推动操作系统发展的主要动力，包括多方面因素，如不断提高计算机资源利用率，方便用户使用，器件的不断更新换代，计算机体系结构的不断发展，不断提出的新的应用需求。

首先，不断提高计算机资源的利用率是操作系统发展的一个重要动力。在计算机发展的初期，系统资源特别昂贵，因此，如何有效地利用这些系统资源成为操作系统发展的初衷。通过多道批处理操作系统、SPOOLing 系统、虚拟存储器技术等，操作系统能够显著提高 I/O 设备和 CPU 的利用率，从而提高系统的整体效率。

其次，方便用户使用也是操作系统发展的重要动力之一。分时操作系统的出现不仅提高了系统资源的利用率，还实现了人机交互，使得用户能够更方便地使用计算机。随着微机芯片的不断更新换代，计算机的性能快速提高，这也推动了操作系统功能和性能的迅速增强和提高。

再次，器件的不断更新换代和计算机体系结构的不断发展也对操作系统的发展产生了深远的影响。例如，从单处理机系统发展为多处理机系统，相应的操作系统也由单处理机操作系统发展为多处理机操作系统。这种体系结构的发展推动了操作系统在功能和性能上的提升。

最后，不断提出的新的应用需求也是推动操作系统发展的重要动力。随着用户需求的不断增加和变化，操作系统需要不断地更新和扩展，以适应新的应用场景和需求。

综上所述，操作系统的发展是一个多因素共同作用的结果，这些因素包括提高资源利用率、方便用户使用、器件的更新换代、体系结构的发展以及新的应用需求。

2. 操作系统的发展阶段

操作系统的发展大致可以分为以下几个阶段：无操作系统的计算机系统阶段，包括人工操作方式和脱机 I/O 方式、单道批处理操作系统阶段、多道批处理操作系统阶段、分时操作系统阶段、实时操作系统阶段、微机操作系统阶段、嵌入式操作系统阶段、网络操作系统阶段、分布式操作系统阶段。

图 1-3 描述了操作系统的发展历史及部分阶段。

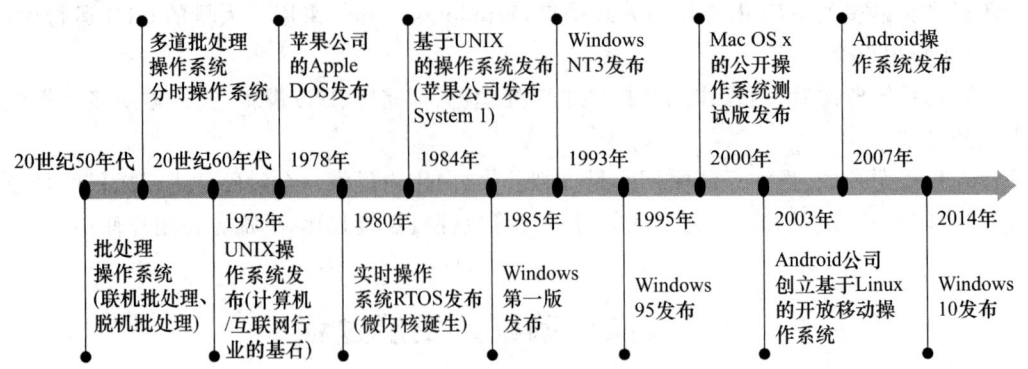

图 1-3 操作系统的发展历史及部分阶段

1.2.2 典型操作系统介绍

本小节对部分典型操作系统进行一个简单描述。

1. 单道批处理操作系统

单道批处理操作系统是一种早期的计算机操作系统,其核心特点是在内存中仅允许一道作业运行。这种系统通过监督(monitor)程序控制作业的处理流程,首先将磁带上的第一个作业装入内存并执行,作业完成后,监督程序再从磁带上调入下一个作业进入内存执行。这种处理方式使得计算机系统能够自动地、一个接一个地处理作业,直至所有作业完成。单道批处理操作系统的目标是提高计算机资源的利用率和系统吞吐量,尽管它解决了人机矛盾和 CPU 与 I/O 设备速度不匹配的问题,但其最大的缺点是系统资源的利用率不高。

2. 多道批处理操作系统

多道批处理就是将作业先存放在外存上,排成一个"后备队列",按照它们的性质进行分组(或分批),然后再成组(或成批)地提交给计算机系统。用户所提交的作业由作业调度程序按照一定的算法从队列中选择若干作业进入内存,这些作业共享 CPU 和系统中的各种资源,由计算机自动完成后再输出结果。由于存在多个程序,因此,CPU 可以在一个作业的 I/O 阶段进行另一个作业的处理。多道程序交替运行,使 CPU 始终处于忙碌状态,从而减少作业建立和结束过程中的时间浪费。

多道批处理的优点在于它可以提高资源利用率和吞吐量,资源利用率高,系统吞吐量大。多道批处理系统的缺点在于它需要解决争用、内存分配和保护、I/O 设备分配、文件的组织和管理、作业管理、用户与系统的接口等问题,平均周转时间长,无交互能力。

单道批处理操作系统和多道批处理操作系统的程序运行情况如图 1-4 所示。

3. 分时操作系统

分时操作系统是在一台主机上连接了多个带有显示器和键盘的终端,它同时允许多个用户共享主机中的资源,每个用户都可通过自己的终端以交互方式使用计算机。

引入分时操作系统的主要目的是适应用户的需要,具体表现为批处理系统无法进行人机交互,分时操作系统可以实现共享主机,在某个时刻使用户感觉独占系统。

实现分时操作系统的关键问题是:如何使用户能与自己的作业进行交互。因此,分时操作系统采用多路卡、命令缓冲区等技术及时接收和处理用户命令,也可以采用轮转运行方式,使得作业直接进入内存。

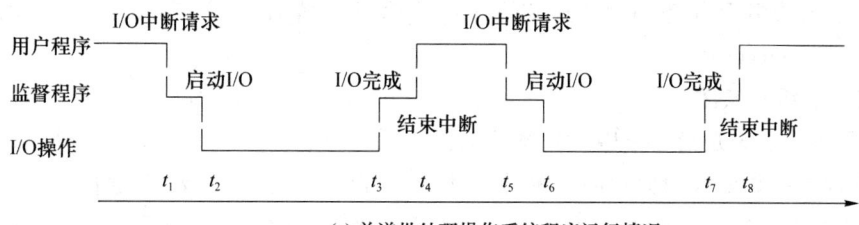

(a) 单道批处理操作系统程序运行情况

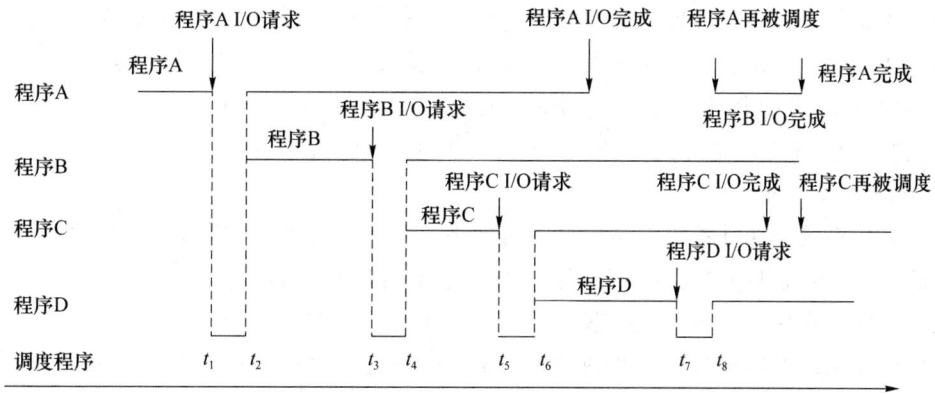

(b) 四道批处理操作系统程序运行情况

图 1-4　单道批处理操作系统和多道批处理操作系统的程序运行情况

分时操作系统的特征是：多路性，允许将多台终端同时连接到一台主机并分时使用；独立性，在某个时刻使用户感觉独占系统；及时性，用户的请求能在很短时间内获得响应（1～3 s）；交互性，用户可通过终端与系统进行广泛的人机对话。

4．实时操作系统

实时操作系统最主要的特征是实时性，实时操作系统能及时响应外部事件的请求，在规定的时间内完成对该事件的处理，并控制所有实时任务协调一致地运行。

相较于分时操作系统，实时操作系统的特点是具有多路性、独立性、及时性、交互性、可靠性等优点。

实时操作系统包括工业（武器）控制系统、信息查询系统、多媒体系统、嵌入式系统等类型。实时操作系统完成的实时任务类型可以从多个角度来划分。根据任务执行时是否呈现周期性，实时操作系统可划分为周期性实时任务、非周期性实时任务；根据对截止时间的要求，实时操作系统可划分为硬实时任务、软实时任务。

5．微机操作系统

微机操作系统的发展可以从单用户单任务操作系统、单用户多任务操作系统、多用户多任务操作系统等几方面来描述。具体介绍如下：

单用户单任务操作系统是指一台计算机同时只能有一个用户在使用，该用户一次只能提交一个作业，一个用户独占系统的全部硬件和软件资源，比较著名的单用户单任务操作系统有 CP/M、MS-DOS 等。

单用户多任务操作系统允许用户一次提交多项任务。例如，用户可以在运行程序的同时开始另一文档的编辑工作。Windows 95/98 就是典型的单用户多任务操作系统。

多用户多任务操作系统是指一台计算机可以同时供多个用户使用，并且同时可以执行由多个用户提交的多个任务,比较著名的多用户多任务操作系统有 Solaris OS、Linux OS、Windows、NT/Server 等。

6. 嵌入式操作系统

嵌入式操作系统是指用于嵌入式系统的操作系统。嵌入式操作系统是一种用途广泛的系统软件,通常包括与硬件相关的底层驱动软件、系统内核、设备驱动接口、通信协议、图形界面、标准化浏览器等。嵌入式操作系统负责嵌入式系统的全部软、硬件资源的分配、任务调度,控制、协调并发活动。

嵌入式操作系统必须体现其所在系统的特征,能够通过装卸某些模块来达到系统所要求的功能。嵌入式操作系统有实时约束,如响应速度、测量精度、持续时间等的要求。

典型的嵌入式操作系统有 μC/OS-II、嵌入式 Linux、Windows Embedded、VxWorks、Android、iOS 等,其特点是内核小、精简,具有高实时性和可配置性。

7. 网络操作系统

网络操作系统是在计算机网络环境下对网络资源进行管理和控制,实现数据通信及对网络资源的共享,为用户提供与网络资源接口的一组软件和规程的集合。

典型的网络操作系统包括 UNIX、Linux、Window NT/2000/Server。

网络操作系统的特征包括硬件独立性、接口一致性、资源透明性、系统可靠性、执行并行性等。

网络操作系统的功能包括数据通信、应用互操作、网络管理等。

8. 分布式操作系统

分布式系统是基于软件实现的一种多处理机系统,是多个处理机通过通信线路互连而构成的松耦合系统。分布式系统具有分布性、透明性、一致性、全局性等特征。

分布式操作系统就是配置在分布式系统上的公用操作系统。典型的分布式操作系统有万维网、鸿蒙操作系统。

分布式操作系统不但要具备单处理机操作系统的主要功能,还要具备网络操作系统所拥有的全部功能,包括通信管理功能、资源管理功能、进程管理等。

1.3 操作系统的基本特性和主要功能

1.3.1 操作系统的基本特性

操作系统的基本特性有并发性、共享性、虚拟性、异步性等 4 个特性,具体描述如下:

1. 并发(concurrence)性

操作系统的并发性是指计算机系统中同时存在有多个运行着的程序,因此,操作系统应该具有处理和调度多个程序同时执行的能力。在这种多道程序环境下,一段时间内,宏观上有多个程序在同时运行,而在每一时刻,单处理器环境下实际仅有一道程序在执行,故微观上这些程序还是在分时地交替执行。操作系统的并发性是通过分时得以实现的。而并行则是指两个或者多个事件在同一时刻发生,即两个或者多个事件互不影响,计算机在同一时间完成两种或两种以上的工作。

2. 共享(sharing)性

操作系统的共享性即资源共享,指系统中的资源供内存中的多道程序共同使用。

共享的方式有两种,分别为互斥共享和同时访问。

互斥共享:系统中的某些资源,虽然可以提供给多个进程使用,但是在一个时间段内,只允许一个进程访问。

同时共享:系统中的某些资源,允许一个时间段内多个进程同时对该资源进行访问,这个同时是从宏观上来说的,而在微观上,依然是多个进程交替访问该资源。

3. 虚拟(virtual)性

操作系统的虚拟性是一种管理技术,是指把物理上的一个实体变成逻辑上的多个对应物,或把物理上的多个实体变成逻辑上的一个对应物的技术。采用虚拟技术的目的是为用户提供易于使用、方便高效的操作环境。

利用虚拟性,分时操作系统将一机虚拟为多机,使得用户在未来进行资源共享时更加方便。具体表现为两种虚拟,分别为虚拟内存和虚拟外设。

虚拟内存:当要处理的作业所占的内存比计算机的内存大时,操作系统将先调入部分作业,待这部分作业处理完再调入接下来要处理的部分作业,因而程序认为计算机内存足够大,即虚拟了更大内存。

虚拟外设:当计算机连接多个外部设备时,操作系统将多个外设工作的时间差调整在可接受范围内,近似于同时工作。

4. 异步(asynchronism)性

操作系统异步性的关键是进程的异步性。

在多道程序环境下,操作系统允许多个程序并发执行,但由于资源有限,进程的执行不是一贯到底,而是走走停停,以人们不可预知的速度向前推进,也就是进程的执行顺序和执行时间不确定。这就是进程的异步性。

1.3.2 操作系统的主要功能

操作系统的主要功能包括处理机管理功能、存储器管理功能、设备管理功能、文件管理功能、操作系统与用户之间的接口功能、现代操作系统的新功能等,下面对其中一些主要功能做一个简要描述。

1. 处理机管理功能

处理机管理功能主要涉及进程控制、进程同步、进程通信和调度几方面,其中,进程控制包括创建进程、撤销(终止)进程、状态转换等,进程同步主要是信号量机制,进程通信包括直接通信和间接通信,调度包括作业调度和进程调度等。

2. 存储器管理功能

存储器管理功能主要涉及内存分配和回收、内存保护、地址映射、内存扩充(虚拟存储技术)等,其中,内存分配和回收包括内存分配和内存回收;内存保护是要确保每个用户程序仅在自己的内存空间运行,绝不允许用户程序访问操作系统的程序和数据;地址映射主要负责将逻辑地址转换为物理地址;内存扩充(虚拟存储技术)包括请求调入功能、置换功能等。

3. 设备管理功能

设备管理功能的主要任务包括完成I/O请求,提高CPU和I/O设备的利用率,设立缓冲区机制进行缓冲管理,设备分配以及利用设备驱动程序进行设备处理。

4. 文件管理功能

文件管理功能主要是实现对文件存储空间的管理，包括按名存取的目录管理、文件的读/写管理、文件保护等。

5. 操作系统与用户之间的接口功能

操作系统与用户之间的接口功能包括联机用户接口〔如命令行界面(CLI)〕和脱机用户接口〔如批处理系统、作业说明手册、图形用户界面(GUI)、程序接口〕。此外，操作系统与用户之间的接口功能还包括系统调用，特指能完成特定功能的子程序。

6. 现代操作系统的新功能

现代操作系统功能包括系统安全、网络功能和服务、支持多媒体等。系统安全包括认证技术、密码技术、访问控制技术、反病毒技术，网络功能和服务包括网络通信、资源管理、应用互操作等，支持多媒体包括接纳控制技术、实时调度、多媒体文件的存储等。

1.4 开源社区的 Linux 学习新体验

1.4.1 自由软件和开源软件

1. 自由软件——开源软件的源头

理查德·马修·斯托曼(Richard Matthew Stallman)于 1983 年 9 月推出 GNU 项目，并发起自由软件运动(free software movement, FSM; free/open source software movement, FOSSM)。该运动是一个推广用户有使用、复制、研究、修改和分发软件等权利的社会运动。

1985 年 10 月，斯托曼成立自由软件基金会(free software foundation, FSF)，致力于推广自由软件。

2. 开源软件的两种模式

埃里克·史蒂文·雷蒙德(Eric Steven Raymond)于 1997 年 5 月 27 日发表《大教堂与集市》*The Cathedral and the Bazaar*。该书以 Linux 的核心开发过程以及作者本人主持开发的开放源代码软件 Fetchmail 为案例，讨论了两种不同的自由软件开发模式，分别为大教堂模式(The Cathedral Model)和集市模式(The Bazaar Model)。

同时，商业发行版与社区发行版同时出现，其区别是比较明显的，如表 1-1 所示。

表 1-1 商业发行版与社区发行版的区别

	商业发行版	社区发行版
支持/服务	商业支持/服务	社区支持/服务
特点	聚焦稳定和生产价值	创新版、稳定版兼顾
模式	客户/厂商模式	开发者模式
主导方	厂商主导的开发	社区开发者主导的开发

3. 开源软件的概念

开放源代码促进会(open source initiative, OSI)于 1998 年 2 月创建，旨在推动开源软件发展，首次正式提出开源软件(open source software)的概念。

开源软件指一种源代码可以任意获取的计算机软件，这种软件的著作权持有者在软件协议的规定之下保留一部分权利并允许用户学习、修改,以及允许用户以任何目的向任何人分享该软件。

开源协议通常符合开放源代码的定义的要求,网址为 https://opensource.org/。

1.4.2 开源软件协议

1. 开源软件协议(license)

License 是游戏规则,也是开源软件许可证。在开源软件代码仓/包中,通常在 notice、copyright、author、readme、copying、license 说明其采用的开源许可证。

用户使用开源软件时应履行如下 4 种义务:

① 开源软件使用遵从义务;

② 开源使用声明义务;

③ 代码对外开源义务;

④ 修改声明义务。

开源软件协议主要包括以下 10 种:

① Apache License 2.0;

② BSD 3-Clause "New" or "Revised" License;

③ BSD 2-Clause "Simplified" or "FreeBSD" License;

④ GNU General Public License (GPL);

⑤ GNU Library or "Lesser" General Public License (LGPL);

⑥ MIT License;

⑦ Mozilla Public License 2.0;

⑧ Common Development and Distribution License;

⑨ Eclipse Public License 2.0;

⑩ Mulan Permissive Software License v2 (MulanPSL v2)。

开源软件协议的网址为 https://opensource.org/licenses。

2. GPL(gnu public license)

GPL 许可证的核心含义是:允许任何人观看、修改,并散播程序软件中的原始程序码,条件是当使用者要发布修改后的版本时,需要连同源代码一起公布。

GPL v2 的许可说明如下:

① GPL v2 允许各种链接,但被链接的整个产品均需要开源;

② GPL v2 允许修改,但被修改的部分及整个产品均需要开源;

③ 通过 pipes、sockets 的命令行参数与 GPL 软件进行通信,不会导致私有软件被传染;

④ 仅原则性声明专利应免费许可,无详细规定。

LGPL v2 的许可说明如下:

① LGPL v2 允许各种链接,其中,动态链接无开源义务,静态链接需要开放与之链接私有软件的.o 文件与 makefile;

② LGPL v2 允许修改后再链接到私有软件,但是个性增加的功能实现不能依赖私有软件的数据功能;

③ LGPL v2 允许不受限制地使用头文件中数值参数、数据结构布局、存取、小宏、内联参数,十行以内的模板;

④ 仅原则性声明专利应免费许可,无详细规定。

3. 木兰宽松许可证第 2 版(MulanPSL v2)

2020 年 2 月 14 日,木兰宽松许可证第 2 版(MulanPSL v2)经过严格审批,正式通过开源促进会(OSI)认证,被批准为国际类别开源许可证(international licenses)。这意味着其正式具有国际通用性,可被任一国际开源基金会或开源社区支持采用,并可为任一开源项目提供服务。

与众多开源协议相比,Mulan PSL 在其他协议的基础上进行了以下优化:

① 木兰宽松许可证第 2 版的内容以中英文双语表述,中英文版本具有同等法律效力,方便更多的开源参与者阅读、使用,降低了中国使用者进行法律解释时的复杂度。

② 木兰宽松许可证第 2 版明确授予用户永久性、全球性、免费的、非独占的、不可撤销的版权和专利许可,并针对目前专利联盟存在的互诉漏洞问题,明确规定禁止"贡献者"或"关联实体"直接或间接地(通过代理、专利被许可人或受让人)进行专利诉讼或其他维权行动,否则将终止专利授权。

③ 木兰宽松许可证第 2 版明确不提供对"贡献者"的商品名称、商标、服务标志等的商标许可,保护"贡献者"的切身利益。

④ 木兰宽松许可证第 2 版经技术专家和法律专家共同修订,在明确合同双方行为约束的前提下尽可能地精简条款、优化表述,降低产生法律纠纷的风险。

木兰宽松许可证的网址为 https://license.coscl.org.cn/MulanPSL2/index.html。

1.4.3 著名的开源软件

1. Linux

1991 年,芬兰大学生林纳斯·本纳第克特·托瓦兹(Linus Benedict Torvalds)在 GNU 通用公共许可证下发布了其自己创作的 Linux 操作系统内核,最初这只是他的一项兴趣爱好。随后,这项兴趣爱好便逐步演变成了拥有最大用户群的操作系统,并逐渐发展成为当时世界上最活跃的开源基金会 Linux Foundation,吸引了来自世界各地的超过 500 家公司的超过 235 000 名开发者参与。

2. 华为 openEuler

openEuler 源自 EulerOS,EulerOS 是华为公司自 2010 年起研发使用的服务器操作系统,是 Linux 发行版之一。其名字来源于著名数学家莱昂哈德·欧拉(Leonhard Euler),发展历程如下:

① 2019 年 9 月,EulerOS 正式开源,命名为 openEuler;

② 2021 年 9 月 25 日,openEuler 全新发布,升级为统一的面向数字基础设施的开源操作系统,通过一套操作系统架构,南向支持多样性设备,北向覆盖全场景应用,横向对接鸿蒙,通过能力共享实现生态互通;

③ 2021 年 11 月,openEuler 被正式捐献给开放原子开源基金会。

1.5 创建和管理一个开源项目

本节将介绍如何创建和管理一个开源项目,包括签署 CLA,使用 Git,以及提交 PR 的流程等内容,还提供了一个参考实验样例。

1.5.1 签署 CLA 和使用 Git

在介绍如何提交 PR 之前,我们先介绍一些相关概念。

1. 签署 CLA

CLA 为贡献许可协议(contribution license agreement)。

开源社区一般都会要求贡献者签署 CLA,只有签署了 CLA 的贡献者,其提供的内容才能被接受。

签署 CLA 后,贡献者提供的贡献(包括捐款、源代码)将授权给社区使用,CLA 的网址为 https://clasign.osinfra.cn/sign-cla。

2. 使用 Git

Git 是一个开源的分布式版本控制系统,用于敏捷高效地处理任何或小或大的项目。

Git 是托瓦兹为了帮助管理 Linux 内核开发而开发的一个开放源码的版本控制软件。Git 的网址为 https://git-scm.com/。Git 使用教程的网址为 https://www.runoob.com/git/git-tutorial.html。

一般来讲,国内 git 开源托管平台大多采用 Gitee,例如,openEuler 代码就托管在 Gitee 平台上。用户想要参与 openEuler 社区贡献,首先需要注册 Gitee 账号,网址为 https://gitee.com/signup。因此,用户需要先注册 Gitee。

1.5.2 提交 PR 的流程

提交 PR(pull request)的流程如图 1-5 所示,具体包括以下 7 步。

步骤 1:贡献者从社区官方代码库中下载(fork)一份代码到自己的库;

步骤 2:将自己社区库中的代码复制(clone)到本地开发环境上;

步骤 3:更改(update)代码,解决错误(bug)或开发新特征(feature);

步骤 4:提交修改确认(commit);

步骤 5:将本地上传(push)到自己的社区库中;

步骤 6:向社区官方代码库提交 PR;

步骤 7:等待维护员(maintainer)核验(review)后合入社区官方代码库。

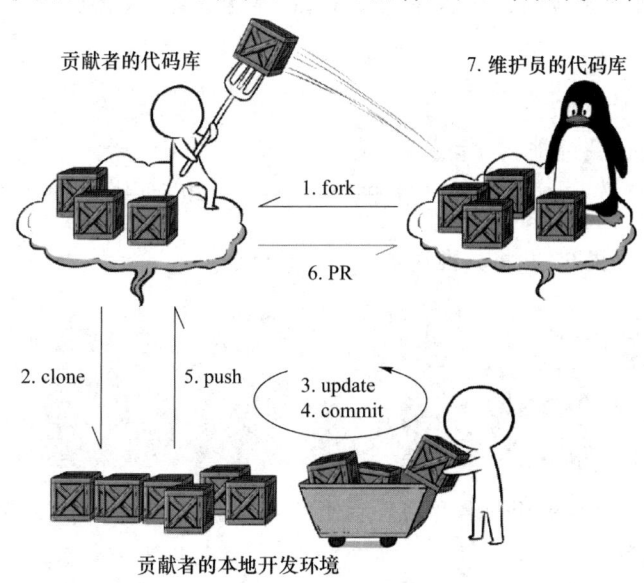

图 1-5 提交 PR 的流程

1.5.3 实验详解

本实验以国内开源托管平台 Gitee 为例介绍如何创建和管理一个开源项目。

1. 创建账号

登录 Gitee 官网，注册一个新账号，如图 1-6 所示。

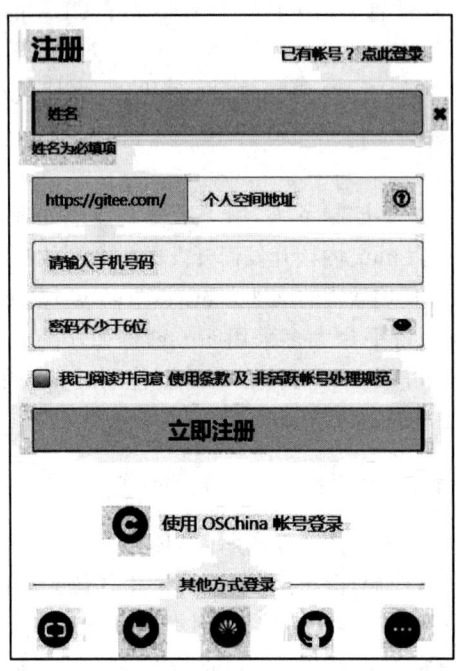

图 1-6　注册 Gitee 页面

2. 新建一个开源项目

在 Gitee 官网上创建一个新的开源项目，然后通过 git 命令将本地代码推送到 Gitee 中。

在本地新建一个开源项目：首先，建立一个 git 本地仓库，或者在本地已有的代码中执行如下命令；

```
$ git init
$ git remote add origin <你的项目地址>
//注：项目地址形式为 https://gitee.com/xxx/xxx.git 或者 git@gitee.com:xxx/xxx.git
```

其次，创建第一个提交，并将其推送到 Gitee 平台上；

```
$ git pull origin master
$ git add .
$ git commit -m "第一次提交"
$ git push origin master
```

最后，输入 Gitee 平台的用户名和密码后便可以创建完成第一个开源项目。

3. 管理开源项目

开源项目的开发和管理最常用的是"Fork＋Pull"模式。在"Fork＋Pull"模式下，项目参与者不必向项目创建者申请提交权限,而是在自己的托管空间下建立项目的派生(fork)。在派生项目中创建的提交,可以非常方便地利用 Gitee 的 PR 工具向原始项目的维护者发送 PR。

PR 是两个仓库提交变更的一种方式,通常用于派生项目与被派生项目的差异提交,同时也是一种非常好的团队协作方式。

除上述用法外,Gitee 还提供团队协作、文档协作等团队开发所需要的功能。

课 程 思 政

激发爱国热情,强化刻苦学习的自觉性

纵观操作系统的发展史,可谓源远流长。

早在 20 世纪 40 年代中期,便出现了世界上第一台真正的"电子计算机"。此后,社会便逐步产生了对操作系统内核的紧迫需求。

在此背景下,各类操作系统不断涌现,其中较为成功的(早期)操作系统当属 UNIX 系统,其面向使用者提供了多任务、多层次的软件计算环境,并逐步发展为主机时代的操作系统。

1991 年 10 月 5 日,托瓦兹对外发布了其独立开发的类 UNIX 操作系统内核,当该内核与自由软件集体协作计划(GNU 计划)相结合时,便形成了现在大家所熟知的开源(开放源代码)Linux 系统。至此,Linux 问世。

与 Linux 发展完全不同的另一个典型操作系统是由微软公司研发的 Windows 系统,其于 1985 问世之初仅是 Microsoft-DOS 模拟环境,之后经过不断完善系统体验,丰富图形用户界面,逐步变为目前全世界使用最广泛的操作系统内核。

20 世纪 90 年代初,我国考虑操作系统本质安全和国家信息产业安全,开始倡导自主研发国产操作系统(知识产权归属于我国)。

由此可见,国家对自主可控的国产操作系统研发工作尤为重视。知识分子与科技人才作为社会进步与国家发展的中流砥柱,应当激发爱国热情,强化刻苦学习的自觉性。

课后练习题

1. 请介绍用户与计算机硬件系统之间的接口主要有哪 3 种方式?
2. 请列举计算机系统资源管理主要的 4 个部分是什么?
3. 请简述多道批处理操作系统的优缺点。
4. 请简述操作系统的 4 个基本特性。
5. 请简述系统安全主要涉及的技术。

第 2 章
Linux 操作系统内核实战环境搭建

Linux 是一种免费使用和自由传播的类 UNIX 操作系统。本章主要介绍 Linux 操作系统内核实战环境搭建,包括 Linux 操作系统简介、Linux 内核设计、Linux 内核开发模式、Linux 内核架构总览。本章还介绍了如何搭建和配置操作系统内核实验环境。

2.1 Linux 操作系统简介

2.1.1 Linux 系统发展史

1. Linux 系统无处不在

Linux 作为一个开源的操作系统,以其卓越的稳定性、高度的可定制性和强大的安全性,已经渗透到我们生活的方方面面。从服务器和网络管理,到软件开发和嵌入式系统,再到科学研究和数据分析,甚至是家用计算机和日常应用,Linux 系统都发挥着不可替代的作用。

根据 Linux 基金会 2017 年发布的一组数据:90%的公有云应用在使用 Linux 系统,62%的嵌入式市场在使用 Linux 系统,99%的超级计算机在使用 Linux 系统,82%的手机在使用 Linux 系统,全球 100 万个顶级域名中超过 90%都在使用 Linux 系统,全球大部分的股票交易市场都是基于 Linux 系统来部署的,全球知名的淘宝网、亚马逊网、易趣网、沃尔玛等电子商务平台都在使用 Linux 系统。

Linux 的开源特性也意味着企业和组织可以根据自身的需求对操作系统进行深度定制,从而更好地满足特定的业务需求。这种灵活性是许多商业操作系统所无法比拟的。

Linux 提供了丰富的开发工具和环境,支持几乎所有主流的编程语言和开发框架。这意味着开发者可以在 Linux 上进行应用程序、网站和移动应用的开发,而无须担心平台限制或兼容性问题。

随着虚拟化技术和云计算的兴起,Linux 的地位也进一步提升。作为主机操作系统,Linux 可以用于虚拟化技术,如虚拟机、容器化等。这使得企业可以更加灵活地分配和管理计算资源,提高资源利用率和降低运营成本。

Linux 社区活跃且友好,用户可以在社区中寻求帮助和分享经验。这种互助和分享的精神是 Linux 社区的一大特色,也是吸引越来越多个人用户选择 Linux 的重要原因之一。

2. Linux 发展历史

Linux 主要受到 UNIX 和 Minix 的启发,是一个基于 POSIX 的多用户、多任务、支持多线程和多 CPU 的操作系统。它支持 32 位和 64 位硬件,能运行主要的 UNIX 工具软件、应用程序和网络协议。Linux 继承了 UNIX 以网络为核心的设计思想，是一个性能稳定的多用户网络操作系统。

UNIX 起源于 20 世纪 60 年代开发的一个多用途、分时及多用户的操作系统项目（multics）。Multics 项目被终止后，贝尔实验室的人们决定开发一个新的操作系统，即 UNIX。UNIX 的设计和发展对 Linux 产生了深远的影响。

Linux 操作系统诞生于 1991 年，由 Linux 之父托瓦兹首次发布。Linux 是一种免费使用和自由传播的类 UNIX 操作系统，托瓦兹的工作基于其对开源社区的贡献，以及对自由软件理念的追求。

GNU(GNU's not UNIX)计划是一个旨在开发一个完全自由的 UNIX 兼容软件系统的计划。虽然 GNU 计划未能开发出一个完整的操作系统，但其开发的许多工具软件为 Linux 的开发提供了基础。

以下是其中一些里程碑事件的简述：

1983 年，斯托曼发起 GNU(GUN's not UNIX)计划；

1991 年，托瓦兹在一台 386 计算机上学习 Minix 操作系统，并动手实现了一个新的操作系统；

1993 年，Linux 0.99 的代码已经有大约 10 万行；

1994 年，采用通用公共许可证(general public license, GPL)协议的 Linux 1.0 正式发布，使用 GPL 协议的软件被称为自由软件；

1995 年，Bob Young 创办了 Red Hat 公司，该公司以 GNU/Linux 为核心，把当时大部分的开源软件打包成一个发行版，这就是 RedHat Linux 发行版；

2003 年，Linux 2.6 发布，该版本增加了很多性能优化的新特性，使它成为真正意义上的现代操作系统；

2008 年，谷歌正式发布 Android 1.0，Android 系统基于 Linux 内核构建。在此之后的十年里，Android 系统占据了手机系统的霸主地位；

2015 年，Linux 4.0 发布；

2019 年，Linux 5.0 发布；

2022 年，Linux 6.0 正式版发布。

2.1.2　Linux 发行版介绍

1. Linux 发行版——Red Hat

（1）Fedora Core

Fedora Core 发行版是 Red Hat 公司的新技术测试平台，很多新的技术首先会应用到 Fedora Core 上，待测试稳定后才会将其加入 Red Hat 的 RHEL 版本中。

（2）RHEL(red hat enterprise Linux)

RHEL 是面向服务器应用的 Linux 发行版，注重性能、稳定性和服务器端软件的支持。2018 年 4 月，Red Hat 公司发布的 RHEL 7.5 操作系统，该操作系统提升了性能，增强了安全性。

（3）CentOS(community enterprise operating system)

CentOS 是根据 RHEL 的源代码重新编译而成的，不包含封闭源代码的软件，可以免费使用，并由社区主导。

2. Linux 发行版——Debian 系列

（1）Debian Linux

Debian 由伊恩·默多克（Ian Murdock）在 1993 年创建，是一个致力于创建自由操作系统的合作组织。因为 Debian 项目以 Linux 内核为主，所以 Debian 一般指的是 Debian GNU/Linux。Debian 能风靡全球的主要原因是其特有的 apt-get/dpkg 软件包管理工具，该工具被誉为所有 Linux 软件包管理工具中最强大、最好用的一个。

（2）Ubuntu Linux

Ubuntu 的中文音译是乌班图，是以 Debian 为基础打造的以桌面应用为主的 Linux 发行版。Ubuntu 注重提高桌面的可用性以及安装的易用性等方面，因此，经过这几年的发展，Ubuntu 已经成为最受欢迎的桌面 Linux 发行版之一。

（3）优麒麟 Linux

优麒麟（ubuntu kylin）Linux 诞生于 2013 年，是由中国国防科技大学联合 Ubuntu、CSIP 开发的开源桌面 Linux 发行版，是 Ubuntu 的官方衍生版。该项目以国际社区合作的方式进行开发，并遵守 GPL 协议。

2.1.3 Linux 内核源码目录结构

Linux 内核源码主要目录结构如图 2-1 所示。

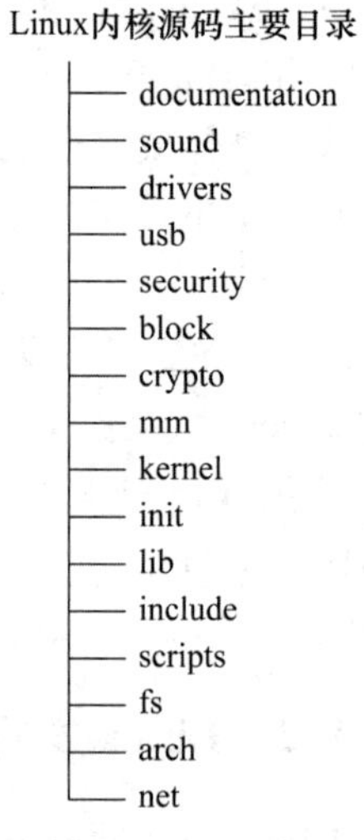

通常可以将 Linux 内核源代码分为 3 个主要部分，即内核核心代码、其他非核心代码和辅助性文件，下面对这 3 个部分进行更详细的说明。

1. 内核核心代码

内核核心代码，包括各个子系统和子模块，以及其他的支撑子系统，例如，电源管理、Linux 初始化等。

arch：与体系结构相关的代码，如 X86、ARM、PowerPC 等。对应每个支持的体系结构，都有一个与之对应的子目录，如 X86、arm 等，对应子目录下有与之对应的芯片。

lib：与体系结构无关的内核库代码，与系统调用相关、与体系结构相关的内核库代码在 arch/arm/lib 下。

block：块设备子系统的代码，用于处理块设备（硬盘、SSD 等）。

crypto：加密算法和模块的实现，包含常用的加密和散列算法，还包含一些压缩和 CRC 校验算法。

```
Linux内核源码主要目录
├── documentation
├── sound
├── drivers
├── usb
├── security
├── block
├── crypto
├── mm
├── kernel
├── init
├── lib
├── include
├── scripts
├── fs
├── arch
└── net
```

图 2-1 Linux 内核源码主要目录结构

fs：文件系统实现的代码，包括 ext4、Btrfs、FAT 等。每个支持的文件系统都有对应的子目录，如 cramfs、yaffs、jffs2 等。

include：内核中使用的数据结构及宏的头文件。具体头文件及其路径有：与平台无关的头文件，在 include/linux 子目录下；与体系（如 arm）相关的头文件，在 arch/arm/include 子目录下；与驱动或功能部件相关的头文件，在 include/media 或 include/net 等子目录下。

init：初始化代码，包括启动过程和初始化子系统的代码，其中，main.c 中的 start_kernel 函数是系统引导后运行的第 1 个函数，这是研究内核工作过程的起点。

ipc：进程间通信机制的实现，如消息队列、信号量等。

kernel：内核核心代码，包含调度程序、定时器、进程管理等。此目录下的文件实现了大多数 Linux 系统的内核函数，与体系结构相关的代码位于 arch/arm/kernel 目录下。

mm：内存管理子系统，与体系结构无关且与处理器体系结构相关的代码位于 arch/arm/mm 目录下。

2．其他非核心代码

其他非核心代码，例如，库文件（因为 Linux 内核是一个自包含的内核，即内核不依赖其他的任何软件，所以 Linux 自己就可以编译通过）、固件集合、KVM（虚拟机技术）等。

drivers：各种硬件设备的驱动程序，如网络接口、图形卡、声卡等。设备驱动代码，占整个内核代码量的一半以上，里面的每个子目录对应一类驱动程序，如：块设备（block）、字符设备（char）、网络设备（net）等。

sound：声音子系统的实现。

usb：USB 设备的支持。

net：网络协议栈的实现，如 TCP/IP、UDP 等。

3．辅助性文件

辅助性文件，例如，编译脚本、配置文件、帮助文档、版权说明等辅助性文件。

documentation：内核的文档和说明。

scripts：编译脚本、配置脚本等用于构建内核的脚本。

licenses：许可证文件，指定内核代码的开源许可证。

makefile：用于构建内核的 makefile。

kconfig：配置文件，用于配置内核编译选项。

maintainers：维护者文件，列出内核的不同部分的维护者。

credits：贡献者名单，列出对内核做出贡献的人员。

上述划分更直观地反映了 Linux 内核源代码的结构，使不同类型的文件和目录更容易被理解和管理。

2.2 Linux 内核设计

2.2.1 宏内核与微内核

操作系统内核由 4 大部分组成，分别为调度系统、内存管理、硬件驱动和文件系统，其中，调度系统和内存管理是操作系统的核心。操作系统内核设计最关键的就是如何对这几部分进行管理，操作系统内核分为宏内核和微内核两个阵营，其区别如图 2-2 所示。

1．微内核

在微内核下，调度系统和内存管理构成内核核心模块，工作在内核态；硬件驱动和文件系统构成内核周边模块，工作在用户态。内核周边模块和内核核心模块通过 IPC 机制进行通信和访问，应用和内核之间通过 IPC 机制进行通信和访问。微内核把操作系统分成多个独立的功能模块，每个功能模块之间的访问都需要通过消息来完成，其结构如图 2-3 所示。

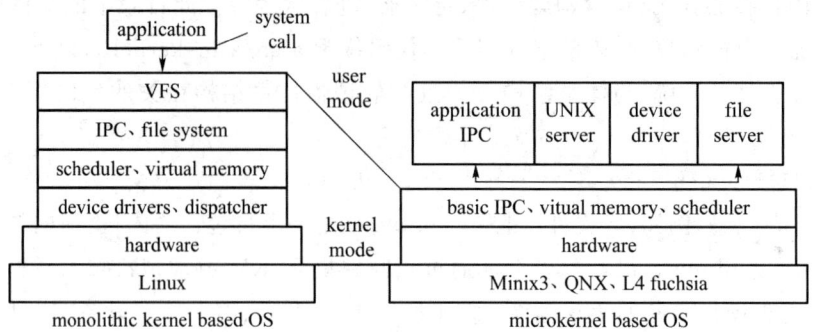

图 2-2　宏内核和微内核

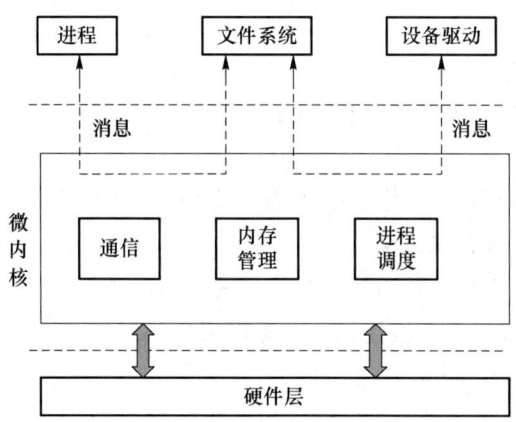

图 2-3　微内核

2. 宏内核

在宏内核下，硬件驱动和调度系统、文件系统、内存管理都工作在内核态，彼此之间可以直接调用函数和访问变量，内核和应用之间通过 IPC 机制进行通信和访问。所有的内核代码都编译成一个二进制文件，所有的内核代码都运行在一个大内核地址空间里，内核代码可以直接访问和调用，效率高并且性能好。

Linux 就是常见的宏内核之一，其结构如图 2-4 所示。

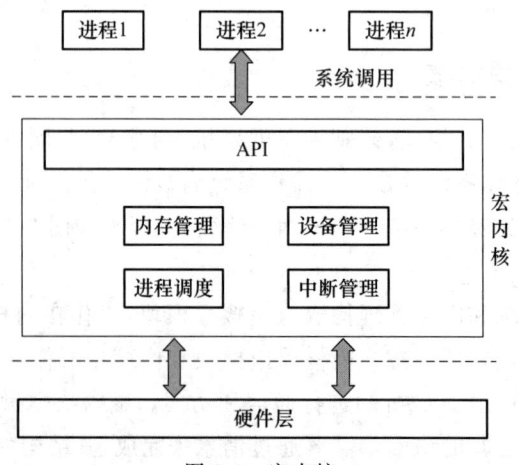

图 2-4　宏内核

2.2.2 Linux 内核模块的设计及可加装

1. 内核模块与内核的关系

内核模块与内核紧密集成，但它们在技术上并不是内核的固有部分。模块的设计理念是提供一种机制，使得开发者可以在不更改主内核代码的情况下，向内核动态添加新的功能。这种方法减少了对内核重新编译和重启的需求，使得系统管理更为灵活。

在设计之初，Linus 并没有使用当时学术界流行的微内核架构，而是采用实现方式比较简单的宏内核架构。Linux 在当时是业余作品，Linus 本人更喜欢宏内核的设计。宏内核架构的优点是设计简洁和性能比较好，微内核架构最大的问题是高度模块化带来的交互的冗余和效率的损耗。所有的理论设计放在现实的工程实践中都是一种折衷的艺术。

Linux 内核融合了宏内核和微内核的优点，包括模块化设计、抢占式内核、动态加载内核模块等。

2. 内核模块的基本概念

动态加载和卸载：内核模块可以在系统运行时动态加载和卸载，这意味着用户可以根据需要添加或移除功能，而无须重启系统。

内核空间执行：加载到内核的模块在内核空间执行，这意味着它们运行在更高的权限级别，可以直接访问硬件和内核函数，拥有对硬件和系统资源的完全访问权限。

初始化和清理函数（特定的入口和退出函数）：每个模块必须实现两个基本函数：init_module()或使用 module_init()宏定义的入口函数，以及 cleanup_module()或使用 module_exit()宏定义的退出函数。init_module()函数在模块加载时调用，而 cleanup_module()函数在模块卸载前调用。

3. 可加装的 Linux 内核模块（LKM）

Linux 的动态可加载模块（LKM）是 Linux 内核的一大特色，它允许在不重启系统的情况下扩展内核的功能。这对于实时应用和实时操作系统扩展，如 RTAI（real-time application interface），尤为重要，因为它们通常需要高度的模块化和灵活性来满足特定的实时性要求。

2.2.3 Linux 内核模块编程入门

任何模块都要包含三个头文件：

```
#include <linux/module.h>
#include <linux/kernel.h>
#includue <linux/init.h>
```

其中，module.h 头文件包含了对模块的版本控制；kernel.h 包含了常用的内核函数；init.h 包含了宏 __init 和 __exit，宏 __init 告诉编译程序相关的函数和变量仅用于初始化，编译程序将标有 __init 的所有代码存储到特殊的内存段中，初始化结束就释放这段内存。

在此使用了 printk()函数，该函数是由内核定义的，其功能和 C 库中的 printf()类似，它把要打印的日志输出到终端或系统日志。

下面动手写一个自己的 Linux 内核模块，如下代码分别是 helloworld.c 和 Makefile 文件，在 sample/chp2/module/下：

```c
#include<linux/init.h>
#include<linux/kernel.h>
#include<linux/module.h>
//内核模块初始化函数
static int __init lkm_init(void)
{
    printk("Hello World\n");
    return 0;
}
//内核模块退出函数
static void __exit lkm_exit(void)
{
    printk("Goodbye\n");
}
module_init(lkm_init);
module_exit(lkm_exit);
MODULE_LICENSE("GPL");
```

内核模块的 Makefile 文件：

```
obj-m: = helloworld.o      #产生 helloworld 模块的目标文件
CURRENT_PATH: = $(shell pwd)      #模块所在的当前路径
LINUX_KERNEL: = $(shell uname -r)      # Linux 内核代码的当前版本
LINUX_KERNEL_PATH: = /usr/src/linux-headers-$(LINUX_KERNEL)
all:
    make -C $(LINUX_KERNEL_PATH) M = $(CURRENT_PATH) modules      #编译模块
clean:
    make -C $(LINUX_KERNEL_PATH) M = $(CURRENT_PATH) clean      #清理模块
```

其中，内核模块不是独立的可执行文件，但在运行时其目标文件被链接到内核中，只有超级用户才能加载和卸载模块；obj-m:= 这个赋值语句的含义是说明要使用目标文件 module_example.o 建立一个模块，最后生成的模块名为 module_example.ko;.o 文件是指经过编译和汇编而没有经过链接的中间文件。

在 makefile 文件中，若某一行是命令，则它必须以一个 Tab 键开头。

模块插入命令：

```
$ insmod module_example.ko
```

查看模块信息的命令：

```
$ dmesg
```

代码运行效果如图 2-5 所示。

记得最后退出的时候，删除模块。

```
root@ubuntu:/home/lab466/# insmod helloworld.ko
root@ubuntu:/home/lab466/# dmesg
[  251.484839] helloworld: loading out-of-tree
               module taints kernel.
[  251.486901] Hello World
```

图 2-5 代码运行效果

模块删除命令：

```
$ rmmod module_example
```

2.2.4　Linux 内核模块程序与 C 语言应用程序的比较

Linux 内核模块程序与 C 语言应用程序貌似很相似，但其实它们有很多不同的地方，本小节从使用函数、运行空间、运行权限、入口函数、出口函数、编译、连接、运行、调试等方面对这两者进行比较。

使用函数不同：C 语言应用程序使用的是 ibc 库，Linux 内核模块程序使用的是内核函数。

运行空间不同：C 语言应用程序运行在用户空间，Linux 内核模块程序运行在内核空间。

运行权限不同：C 语言应用程序运行权限可以是普通用户，Linux 内核模块程序必须是超级用户。

入口函数不同：C 语言应用程序入口函数是 main()，Linux 内核模块程序入口函数是 module_init()。

出口函数不同：C 语言应用程序出口函数是 exit()，Linux 内核模块程序出口函数是 module_cleanup()。

编译不同：C 语言应用程序编译用 gcc-c，Linux 内核模块程序编译用 make。

连接不同：C 语言应用程序连接用 gcc，Linux 内核模块程序连接用 insmod。

运行不同：C 语言应用程序直接运行，Linux 内核模块程序运行用 insmod。

调试不同：C 语言应用程序调试采用 gdb，Linux 内核模块程序调试采用 kdbug、kdb、kgdb 等。

2.3　Linux 内核开发模式

1．Linux 内核开发模式

Linux 内核的开发模式完全由社区来主导。

Linus 是 Linux 内核的最大的维护者和导演，每个子模块都有各自维护者，邮件列表为讨论主战场，例如，LKML(Linux kernel mailing list)。

Linux 大约 60～70 天就会有一个新内核版本发布，以 Linux 内核版本 3.19 到 4.7 为例，发布日期和开发天数如表 2-1 所示。

表 2-1 Linux 部分内核版本发布日期和开发天数

Linux 内核版本	发布日期	开发天数
3.19	2015-2-8	63
4.0	2015-4-12	63
4.1	2015-6-21	70
4.2	2015-8-30	70
4.3	2015-11-1	63
4.4	2016-1-10	70
4.5	2016-3-13	63
4.6	2016-5-15	63
4.7	2016-7-24	70

1991 年，Linux 内核最初仅有 10 000 行代码，近年来，代码量快速发展，截至 2020 年 1 月 1 日，Linux 内核 Git 源码树中的代码达到了 2 780 万行。

2. Linux 内核开发参与者

Linux 内核参与的开发者遍布全球，数以千计的开发者、众多顶尖的 IT 公司都参与其中，以 Linux 内核版本 3.19 到 4.7 为例，开发者人数和参与公司数如表 2-2 所示。

表 2-2 Linux 部分内核版本开发者人数和参与公司数

Linux 内核版本	开发者人数	参与公司数
3.19	1 451	230
4.0	1 458	214
4.1	1 539	238
4.2	1 591	251
4.3	1 625	211
4.4	1 575	220
4.5	1 537	231
4.6	1 678	243
4.7	1 582	221

3. 主要的内核开发贡献者和参与公司

Linux 作为最大的开源软件，其正常运行自然也是建构在整个互联网的协助之上的。统计 Linux 内核的贡献者，会发现这约等于写一本全球 IT 厂商点名册：英特尔、谷歌、IBM、英伟达、Red Hat……

值得注意的是，在这些 Linux 内核的贡献者中，华为公司的排名已经攀升到了第一。

2021 年 7 月，Linux 发布了有史以来最大的发行版之一——Linux 5.8。Linux 5.8 内核贡献排行统计如表 2-3 所示，华为公司的代码修改行(line changed)位列第一，占比27.8%，是第二名的 3 倍以上；代码贡献(changesets)位列第二，占比 8.6%，仅次于 Intel。

表 2-3　Linux 5.8 内核开发贡献者和参与公司一览

（数据来源为 https://baijiahao.baidu.com/s?id=1739285930791353863&wfr=spider&for=pc。）

Linux 5.8 内核贡献排行					
代码贡献			代码修改行		
Intel	1 939	11.9%	Huawei	293 365	27.8%
Huawei	1 299	8.6%	Habana Labs	93 213	8.8%
Red Hat	1 079	6.6%	Intel	88 288	8.4%
Google	791	4.9%	Unknown	36 786	3.5%
IBM	542	3.3%	Linaro	36 322	3.4%
Linaro	513	3.1%	Red Hat	34 737	3.3%
AMD	503	3.1%	Google	34 209	2.2%
SUSE	463	2.8%	IBM	24 233	2.2%
Mellanox	445	2.7%	Mellanox	23 364	2.2%
NXP Semiconductors	330	2%	AMD	21 411	2%
Renesas Electronics	332	2%	NXP Semiconductors	21 328	2%

2.4　Linux 内核架构总览

2.4.1　Linux 内核系统的划分

Linux 操作系统中，内核将整个系统分为用户空间和内核空间，如图 2-6 所示。

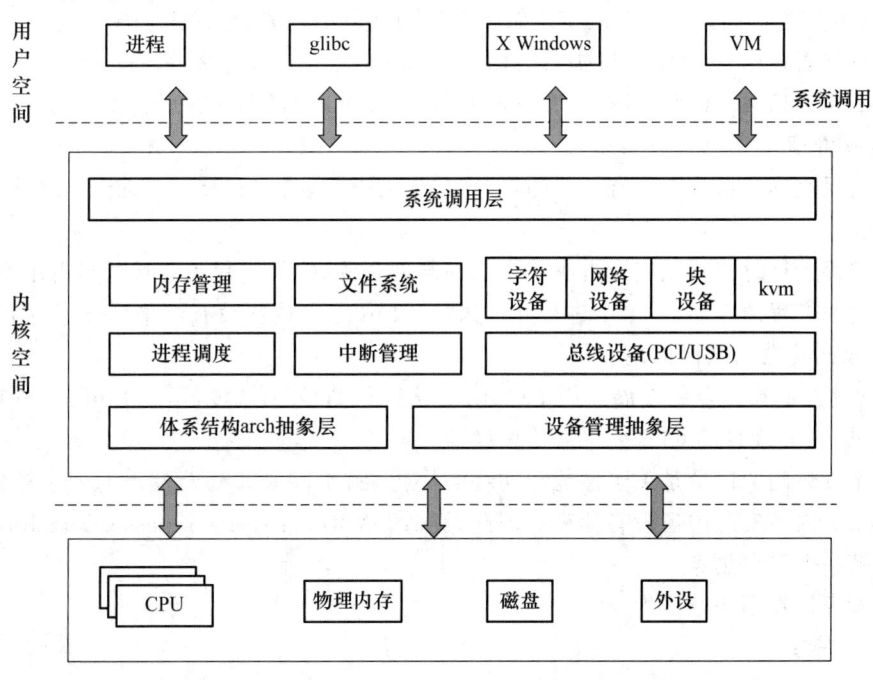

图 2-6　Linux 内核架构

这是一种内存隔离技术，旨在保护系统不受应用程序的错误影响，并防止应用程序直接执行内核代码。

用户空间和内核空间是通过特权级别进行区分的。内核空间在内核态(特权级 0)运行，而用户空间的应用程序在用户态(特权级 3)运行。内核态(特权级 0)的代码拥有对硬件的最高权限，而用户态(特权级 3)的代码只能执行一些受限制的操作。

当需要执行特权操作时，如读写文件，应用程序需要通过系统调用(system call)或库函数进行请求。这会导致 CPU 切换到内核态(特权级 0)，并执行内核中的相应代码来完成请求的操作。完成后，CPU 再次切换回用户态(特权级 3)，并将控制权返还给应用程序。

2.4.2 Linux 内核系统各层情况

本小节将介绍 Linux 内核架构中各层情况。

1. 系统调用层

Linux 内核为内核态和用户态之间的切换，设置了软件抽象层，即系统调用(system call)层。每个处理器体系结构的设计中，Linux 内核都提供了一些特殊的指令，来实现内核态和用户态之间的切换。

Linux 内核充分利用了这种硬件提供的机制，来实现系统调用层。系统调用层最大的目的是让用户进程看不到真实的硬件信息。当用户需要读取某个文件的内容时，编写用户进程的程序员不需要知道这个文件具体存放在磁盘的哪个扇区里，只需要调用 open()、read() 或 mmap() 等函数即可。

系统调用将在第 7 章详细介绍。

2. 处理器体系结构抽象层

Linux 最初的设计只支持 X86 体系结构，后来经过不断扩展，到现在已经支持几十种体系结构。

Linux 内核为不同体系结构的实现做了很好的抽象和隔离，也提供了统一的接口。例如，在内存管理方面，Linux 内核把和体系结构相关部分的代码，都存放在 arch/xx/mm 目录下；把和体系结构不相关的代码，都存放在 mm 目录下，从而实现完好的分层。

3. 进程管理

进程是现代操作系统中非常重要的概念，包括上下文切换(context switch)以及进程调度(scheduling)。

每个进程运行时都感觉完全占有了全部的硬件资源，但是进程不会长时间占用硬件资源。操作系统利用进程调度器，让多个进程并发执行。Linux 内核并没有严格区分进程和线程，而常用 task_struct 数据结构描述。

Linux 内核的调度器的发展经历了好几代，从很早的 $O(n)$ 调度器，到 Linux 2.6 内核中的 $O(1)$ 调度器，再到现在的 CFS 公平算法调度器。

目前比较热门的讨论是关于性能和功耗的优化，例如，ARM 阵营提出的大小核体系结构至今在 Linux 内核实现中还没有体现。因此，类似 EAS(energy awareness scheduling)这样的调度算法是一个研究热点。

进程管理将在第 4 章详细介绍。

4. 内存管理

内存管理模块是 Linux 内核中最复杂的模块，它涉及物理内存管理和虚拟内存管理。

虚拟内存管理包括反向映射、页面回收、KSM（kernel samepage merging）、mmap 映射、缺页中断、共享内存、进程虚拟地址空间管理等。

物理内存管理包括物理内存初始化、页面分配器（page allocator）、伙伴算法、slab 分配器等。

内存管理将在第 5 章详细介绍。

5. 中断管理

中断管理包含处理器的异常（exception）处理和中断（interrupt）处理。

异常通常是指，如果处理器在执行指令时检测到一个反常条件，那么处理器就必须暂停当前执行的指令来处理该反常条件，如常见的缺页异常（page fault）。

中断异常一般是指，外设通过中断信号线路来请求处理器，处理器会暂停当前正在做的事情来处理外设的请求。

Linux 内核在中断管理方面有上半部和下半部之分。上半部是在关闭中断的情况下执行的，因此处理时间要求短、平、快；下半部是在开启中断的情况下执行的，很多对处理时间要求不高的操作可以放到下半部来执行。Linux 内核为下半部提供了多种机制，如软中断、tasklet 和 workqueue 等。

中断管理将在第 6 章详细介绍。

6. 文件系统

为了支持各种各样的文件系统，Linux 抽象出了一个称为虚拟文件系统（VFS）层的软件层，这样 Linux 内核就可以很方便地集成多种文件系统。

一个优秀的操作系统必须包含优秀的文件系统，但是文件系统有不同的应用场合，如基于闪存的文件系统 F2FS、基于磁盘存储的文件系统 ext4 和 XFS 等。

文件管理将在第 9 章详细介绍。

7. 设备管理

设备管理对于任何操作系统来说都是重中之重。Linux 内核之所以这么流行，就是因为它支持的外设是所有开源操作系统中最多的。每当大公司有新的芯片诞生时，第一个要支持的操作系统就是 Linux，也就是新的芯片需要尽可能地在 Linux 内核社区里推送。

Linux 内核的设备管理包含的内容很多，如 ACPI、设备树、设备模型 kobject、设备总线（如 PCI 总线）、字符设备驱动、块设备驱动、网络设备驱动等。

设备管理将在第 10 章详细介绍。

2.5 操作系统内核实验环境搭建和配置

本书中操作系统内核的实验环境，主要基于 VMware 虚拟机环境中的 Linux 内核源代码（以目前比较稳定的 Linux 4.X 为主），本节将介绍 VMWare WorkStation 的安装，利用 VMWare 虚拟机安装 Linux，编译安装所需的 Linux 内核。

2.5.1 VMWare WorkStation 的安装

1. VMWare WorkStation 的下载和安装

VMware Workstation 的版本：因为是用于教学，所以可以采用 VMware Workstation 15

Pro 或 16 Pro。

下载地址为 https：//www.vmware.com/cn/products/workstation-pro/workstation-pro-evaluation.html。

安装过程中,安装程序会要求用户选择安装位置及配置,如图 2-7 所示。

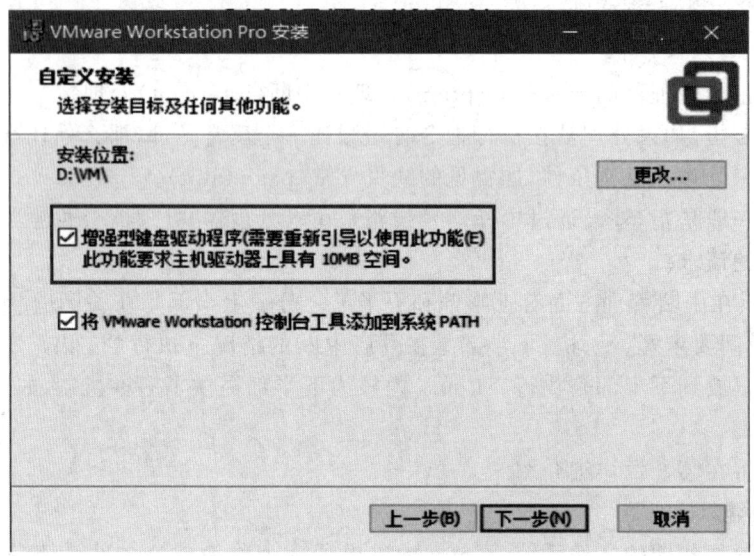

图 2-7　自定义安装界面

2. 编辑虚拟机设置

在【虚拟机设置】界面,用户可以设置内存大小、处理器的个数、硬盘的占用空间大小、网络适配器和对应的 USB 控制器等,如图 2-8 所示。

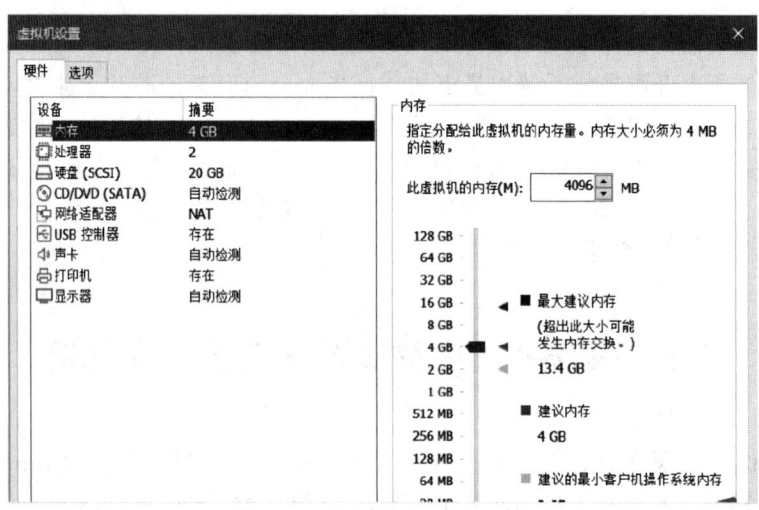

图 2-8　虚拟机设置

2.5.2　利用 VMWare 虚拟机安装 Linux

Ubuntu Linux 的下载地址为 https：//ubuntu.com/download/desktop。

版本可自行选择，本小节以 Ubuntu Linux 24.04 为例，如图 2-9 所示。

图 2-9 Ubuntu Linux 24.04 下载

下载完毕后，安装 Linux 映像文件（ubuntu-24.04.3-desktop-amd64.iso），如图 2-10 所示。

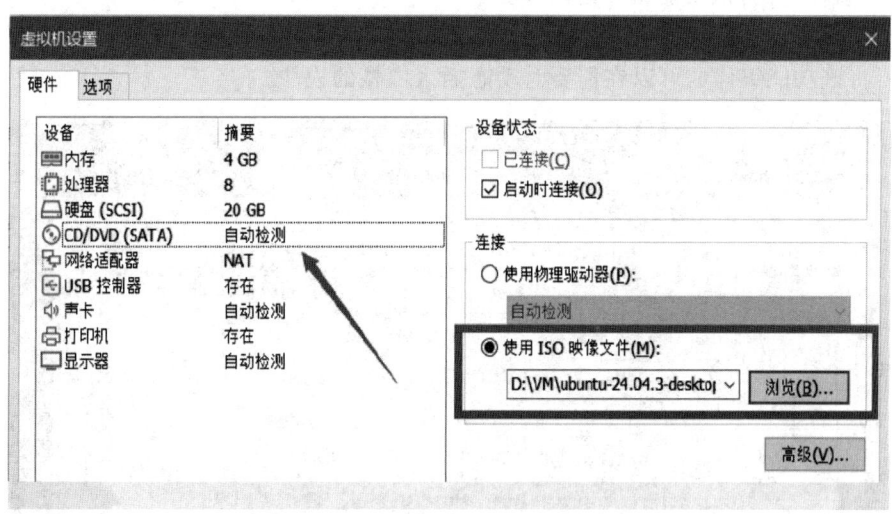

图 2-10 安装 Linux 映像文件

安装完毕后，用户需要重新启动计算机以使用新安装的系统。

2.5.3 编译安装所需的 Linux 内核

1. Linux 内核编译

编译 Linux 的内核包括以下内容：①下载内核源代码，Linux 受 GNU 通用公共许可证（GPL）保护，内核源代码是完全开放的，用户可在 Linux 的官方网站下载；②配置内核源代码，

操作系统内核

配置的作用是精确控制新内核的功能,即控制哪些功能需要编译到内核的二进制映像中;③编译内核和模块,安装和启动 Linux 内核。

2. 内核编译具体步骤

编译 Linux 内核包括如下几个步骤:

(1) 下载所需内核版本

首先下载所需要编译安装的内核版本,例如,Linux 5.8.5 的下载压缩包为 linux-5.8.5.tar.gz。用户可以通过 Linux 官方网站下载内核。

(2) 解压

将压缩包解压到/usr/src,例如,可使用命令:

```
# tar xf linux-5.8.5.tar.gz -C /usr/src
```

解压完成后跳转至/usr/src,利用 ls 查看是否成功。

(3) 配置内核

```
# make menuconfig
```

利用该命令打开 config 菜单来配置哪些功能需要直接编译进内核,哪些编译成模块,哪些不编译。随后使用 save 保存对应的配置文件.config,如图 2-11 所示。

对每个配置选项可通过单击【<Select>】按钮进行选择。

<*>或[*]:将该功能编译进内核。

[ ]:不将该功能编译进内核。

[M]:将该功能编译成可以在需要时动态插入内核的模块。

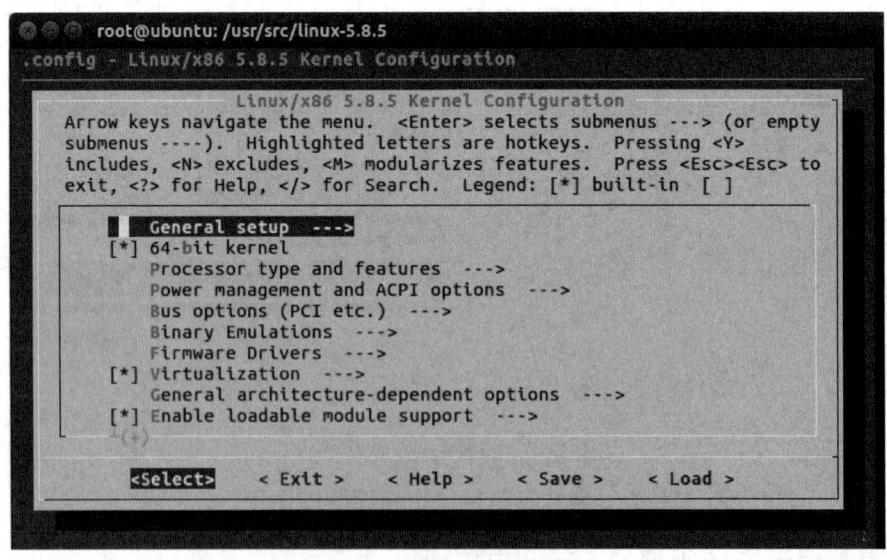

图 2-11 配置内核

(4) 编译内核

```
# make - jn
```

利用 make 命令开始编译内核。使用-j 选项进行多线程处理,可以更有效地利用 CPU 资源。双核的机器上,可以用 make -j4,使 make 最多允许 4 个编译命令同时执行;四核的机器上,可以用 make -j8,使 make 最多允许 8 个编译命令同时执行。

该步骤需要较长的编译时间,make -j8 的编译时间约为 30 min。

(5) 编译和安装模块

```
# make modules
# make modules_install
```

同样,可以使用-j 选项进行多线程处理。例如:

```
# make modules -j8
```

(6) 安装内核

```
# make install
```

(7) 重新启动,检查新内核

```
# reboot
```

重启,以开启新的内核。注意:可能出现短暂死机的情况。

```
# uname -r
```

查看内核版本,检查是否编译成功。

课 程 思 政

增强对学生法律法规观念的培养

我们知道 Linux 的十大法则是:

① 小即是美,小巧的事物能够以独特有效的方式结合其他小事物;

② 让每个程序员制作好一件事情;

③ 尽快建立原型;

④ 舍高效而取可移植性;

⑤ 使用纯文本文件来存储数据,可移植的数据绝不亚于可移植的代码;

⑥ 充分利用软件的杠杆效应;

⑦ 使用 Shell 脚本来提高杠杆效应和可移植性;

⑧ 避免强制性的用户界面,这些命令在运行的时候会阻止用户运行其他命令;

⑨ 让每个程序员都成为过滤器,所有软件程序共有的最基本特性就是,它们只修改数据,从不创造数据;

⑩ 寻找 90% 的解决方案。

操作系统内核

其中，Linux 的第一个基本法则是"小即是美"。这意味着开发者应该尽量保持简单和精简，避免不必要的复杂性。简单的设计更容易理解和维护，并且更具可靠性。这说明 Linux 允许用户定制环境，程序应该只提供解决问题的机制，而不是为解决问题的方法限定标准。同时，Linux 操作系统的内核尽量小而轻巧。各部分之和大于整体，小程序集合而成的大型应用程序比单个的大程序更灵活，也更为实用。寻找能够满足目标用户 90% 要求的解决方案，如果某一个事物的包容性强到足以涵盖几乎所有事物，那么它就比那些"独家"系统要好。从 Linux 的基本法则可知，我们要增强对学生法律法规观念的培养，提高学生思想道德素质和社会责任感。

课后练习题

1. 目前流行哪些版本的 Linux，请简单做一个介绍。
2. 请简述操作系统内核的微内核设计的主要思想。
3. 请简述操作系统内核的宏内核设计的主要思想。
4. 请简述 Linux 操作系统中用户空间的含义。
5. 请简述 Linux 操作系统中内核空间的含义。

第 3 章 内 存 寻 址

本章主要介绍内存寻址,内存寻址是计算机系统中的一个关键概念,它涉及如何定位和访问存储器中的数据。内存寻址方式决定了计算机如何通过特定的地址来访问存储器中的信息。本章主要内容包括内存寻址方法、段式内存管理机制、页式内存管理机制、地址转换实验。

3.1 内存寻址方法

图灵机是当代计算机体系,是包括哈佛结构和冯·诺依曼结构的理论鼻祖。它带来的"数据连续存储和选择读取"思想,是目前使用的几乎所有机器运行背后的灵魂。

如何有效地进行内存寻址,是计算机体系结构的核心问题之一,因为所有运算的前提都是从内存中取得数据,所以从某种程度上来说,内存寻址技术代表了计算机技术。本节首先对比了哈佛结构和冯·诺依曼结构,其次简述内存寻址的概念,最后以X86为例深入了解内存寻址技术。

3.1.1 哈佛结构和冯·诺依曼结构

1. 哈佛结构

哈佛结构(Harvard architecture)是一种将程序指令储存和数据储存分开的存储器结构。哈佛结构是一种并行体系结构,它的主要特点是将程序和数据存储在不同的存储空间中,即程序存储器和数据存储器是两个独立的存储器,每个存储器独立编址、独立访问,如图3-1所示。

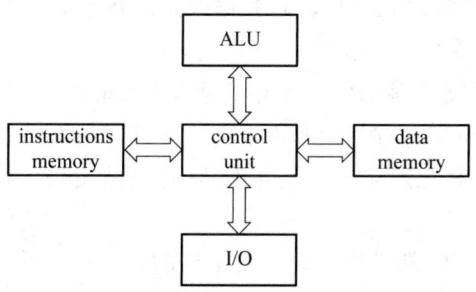

图 3-1 哈佛结构

中央处理器首先到程序指令储存器中读取程序指令内容,解码后得到数据地址,再到对应的数据储存器中读取数据,并进行下一步操作(通常是执行)。程序指令储存和数据储存分开,数据和程序指令的储存可以同时进行,可以使程序指令和数据有不同的数据宽度,如

Microchip 公司的 PIC16 芯片的程序指令是 14 位,而数据是 8 位。

哈佛结构的微处理器通常具有较高的执行效率。由于其程序指令和数据是分开组织和储存的,因此,执行时可以预先读取下一条指令。

目前使用哈佛结构的中央处理器和微控制器有很多,除了上面提到的 Microchip 公司的 PIC 系列芯片,还有摩托罗拉公司的 MC68 系列、Zilog 公司的 Z8 系列、ATMEL 公司的 AVR 系列和 ARM 公司的 ARM9、ARM10 和 ARM11,大多数 DSP 都是哈佛结构的。

2. 冯·诺依曼结构

冯·诺依曼结构(von Neumann architecture),也称普林斯顿结构,是一种将程序指令存储器和数据存储器合并在一起的计算机设计概念结构。该结构隐约指导了将储存装置与中央处理器分开的概念,因此,依据该结构设计出的计算机又称存储程序型计算机。冯·诺依曼结构如图 3-2 所示。

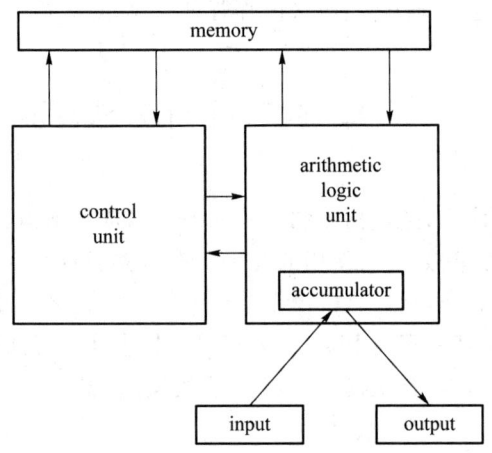

图 3-2　冯·诺依曼结构

冯·诺依曼结构采用存储程序的概念,通过创造一组指令集结构,并将所谓的运算转化成一串程序指令的执行细节,让此机器更有弹性。由于冯·诺依曼结构将指令当成一种特别形态的静态资料,故一台存储程序型计算机可轻易改变其程序,并在程序控制下改变其运算内容。

存储程序的概念也可让程序在执行时自我修改运算内容,其设计动机之一就是让程序自行增加内容,或改变程序指令的内存位置。

从整体而言,将指令当成资料的概念使得组合语言、编译器与其他自动编程工具得以实现。人们可以用这些自动编程的程序,以较易理解的方式编写程序。从局部来看,强调 I/O 的机器,以往是被认为若没有定制化硬件就办不到的,但基于冯·诺依曼结构,这些功能可以借由执行中编译技术而有效达到。

目前大多数 CPU 和 GPU 都是冯·诺依曼结构的。

3. 哈佛结构和冯·诺依曼结构对比

两种结构的区别在于:冯·诺依曼结构采用指令和数据统一编址,使用同一条总线传输,CPU 读取指令和数据的操作无法重叠;哈佛结构采用指令和数据独立编址,使用两条独立的总线传输,CPU 读取指令和数据的操作可以重叠。

两种结构的利弊分析如下:

冯·诺依曼结构主要用于通用计算机领域，需要对存储器中的代码和数据进行频繁的修改，统一编址有利于节约资源。早期的微处理器大多采用冯·诺依曼结构，最典型的就是Intel 的 X86 微处理器，其取指令和取操作数都是在同一总线上，通过分时复用的方式进行，这种结构的优点是硬件简单，但是缺点是在运行时，不能同时进行取指令和取操作数，从而会形成传输过程的瓶颈。

哈佛结构主要用于嵌入式计算机，程序被固化在硬件中，有较高的可靠性、较快的运算速度和较大的吞吐量。哈佛结构以 DSP 和 ARM 为代表，采用哈佛结构的芯片内部程序空间和数据空间是分开的，在硬件上也是分开的，这就允许同时取指令和取操作数，也就是哈佛结构比冯·诺依曼结构快一步，从而大大提高了运算能力。例如，在最常见的运算中，一条指令同时可以取两个操作数，在流水线处理时，同时还可以进行一个取指令操作。冯·诺依曼结构需要先取指令，再取操作数；而哈佛结构则允许这两个操作同时运行，即取指令的同时，直接取操作数，而且可以取完操作数后，直接取下一条指令，这样就不会出现取指令和取操作数重叠执行的情况，效率大大提高。

3.1.2 内存寻址的概念

内存寻址是计算机系统中的一个核心概念，内存寻址是指 CPU 允许支持的内存大小。它涉及如何通过特定的地址来访问存储在计算机内存中的数据。

内存寻址技术允许 CPU 和其他系统组件有效地定位和管理内存中的信息。这个过程涉及一些基本概念，包括分段管理、分页管理、逻辑地址、线性地址和物理地址。

下面对这些基本概念做一个介绍。

1. 分段管理

分段管理的基本原理是指把一个程序分成若干个段(segment)进行存储，每个段都是一个逻辑实体(logical entity)。一个用户作业或进程所包含的段对应一个二维线性虚拟空间，程序通过分段(segmentation)被划分为多个模块，故可以对程序的各个模块分别编写和编译。分段管理程序以段为单位分配内存，然后通过地址映射机制，把段式虚拟地址转换为虚拟地址。

2. 分页管理

分页管理的基本原理是将各进程的虚拟空间划分成若干个长度相等的页，一般为 4 KB，分页管理把内存空间按页的大小划分成片或者页面(page frame)，然后把页式虚拟地址与内存地址建立一一对应页表，并用相应的硬件地址变换机构，来解决离散地址变换问题。

3. 逻辑地址

在计算机系统中，逻辑地址是由程序使用的地址，它通常由一个段选择符和一个偏移量组成。逻辑地址是程序代码和数据的标识符，用于在内存中定位信息。逻辑地址的转换涉及分段机制，其中，段选择符用于从全局描述符表(GDT)或局部描述符表(LDT)中查找对应的段描述符。

4. 线性地址

线性地址也称为虚拟地址，它是逻辑地址转换后的结果，用于在虚拟内存空间中定位信息。线性地址的转换包括分段和分页两个步骤，其中分段机制将逻辑地址转换为线性地址，而分页机制则进一步将线性地址转换为物理地址。

5. 物理地址

物理地址是内存单元的实际地址，用于芯片级内存单元寻址。物理地址的生成涉及分页机制，其中，页表用于将线性地址映射到物理地址。物理地址直接指向内存中的具体位置，是 CPU 实际访问内存时使用的地址。

内存寻址技术的发展与计算机体系结构的变化紧密相关，从早期的分段寻址到现代的虚拟寻址和分页管理，这些技术共同构成了现代计算机系统的内存管理机制。

分段和分页机制允许操作系统有效地管理内存资源，实现内存保护和虚拟内存等功能，从而提高了系统的性能和可靠性。

3.1.3　X86 不同时期的内存寻址

在内核设计中，Linux 目前几乎支持所有主流的 CPU 架构，其设计理念遵循了分离体系结构相关代码的原则。在 Linux 支持的众多的 CPU 体系结构中，与体系结构相关的代码在专门的 arch 目录下，大家最熟悉的就是 X86。因此，本小节所介绍的内存寻址，也是以 X86 为背景，且以 32 位寻址为主。

下面先从 X86 不同时期的内存寻址说起。

历史上第一个微处理器芯片 4004 就是 Intel 制造的，只有 4 位；之后 Intel 推出了一款 8 位处理器叫 8080，这个阶段访问内存都要通过绝对地址，因此，程序中必须给出具体地址，而且也难以重定位。

所谓 X86 系列，是指 Intel 从 16 位微处理器 8086 开始的整个 CPU 芯片系列。在 X86 系列中，8086 和 8088 是 16 位处理器，而从 80386 开始为 32 位处理器。

当我们说一个 CPU 是 16 位或者 32 位时，指的是处理器中算术逻辑单元（arithmetic and logic unit，ALU）的宽度。

系统总线中的数据线部分称为数据总线，通常与 ALU 具有相同的宽度。Intel 在其 16 位的 CPU 8086 中采用 1 MB 地址空间，地址总线的宽度也就相应设计为 20 位。

这样，一个问题摆在了 Intel 的设计人员面前：虽然地址总线的宽度是 20 位，但 CPU 中 ALU 的宽度却只有 16 位，也就是说，可直接加以运算的指针长度为 16 位。

为了解决这个问题，8086 把 1 MB 的空间化整为零，分成数个 64 KB 的段来管理。段描述了一块有限的内存区域，区域的起始位置存在专门的寄存器（段寄存器）中，如图 3-3 所示。

从图中可以看出，Intel 在 8086CPU 中设置了 4 个段寄存器，包括 CS、DS、SS 和 ES，分别用于可执行代码（指令）、数据、堆栈和其他。每个段寄存器都是 16 位的，对应地址总线中的高 16 位。每条访问内存指令中的内部地址都是 16 位的，但是在送上地址总线之前，内部地址都在 CPU 内部自动地与某个段寄存器中的内容相加，形成一个 20 位的实际地址。

这样，就实现了从 16 位内部地址到 20 位实际地址的转换或映射，这种模式也叫实模式或实地址模式，如图 3-4 所示。

但由于这种内存寻址方式缺乏对内存空间的保护，针对 8086 的这种缺陷，随着 Intel 推出 80286，286 地址总线位数增加到了 24 位，一个新理念保护模式开始实现。保护模式下，访问内存时，286 不能直接从段寄存器中获得段的起始地址，而需要经过额外转换和检查。

386 是一个 32 位的 CPU，其寻址能力达到 4 GB。Intel 选择了在段寄存器的基础上构筑保护模式，并且保留 16 位段寄存器。在保护模式下，它的段范围不再受限于 64 KB，可以达到 4 GB。

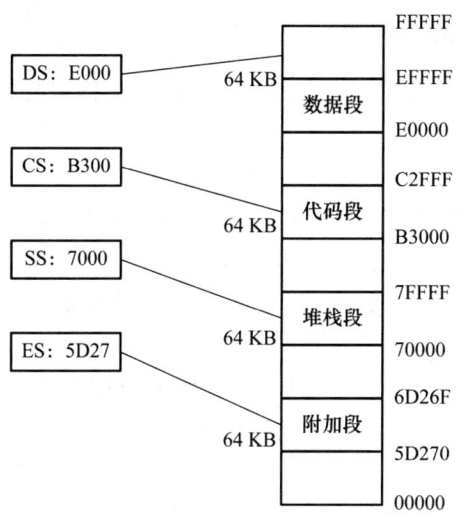

图 3-3 8086 处理器相关段和地址

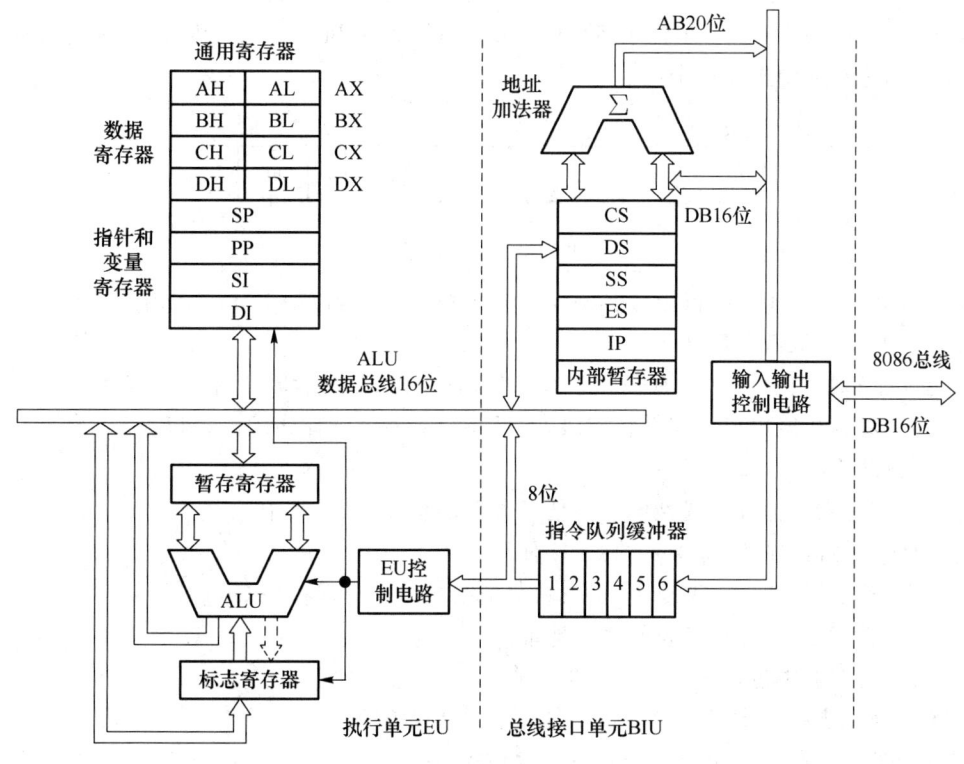

图 3-4 8086 寻址

从 8088/8086 到 80386 完成了一次从较原始的 16 位 CPU 到现代的 32 位 CPU 的飞跃，而 80286 则变成了这次飞跃的一个中间步骤。

自 80386 以后，从 32 位到目前的 64 位，Intel 的 CPU 经历了各种型号，虽然在速度上提高了好几个量级，功能上也有不小的改进，但基本上属于同一种系统结构中的改进和加强，而并无重大的质的改变。因此，业界把 80386 以后的处理器统称为 X86。

3.1.4 保护模式下的寄存器

本小节将首先介绍以下几种保护模式下的基本寄存器,然后介绍实模式与保护模式的区别。

1. 通用寄存器

寄存器组中有 8 个 32 位寄存器,属于 CPU 内的寄存器,也称通用寄存器,按照用途可以分为数据寄存器组和指示器变址寄存器。

数据寄存器组包括 EAX、EBX、ECX、EDX,一般用来保存操作数、运算结果,或作为指示器、变址寄存器等。

指示器变址寄存器组包括 ESI、EDI、ESP、EBP,一般用来存放操作数的偏移地址,用作指示器或变址寄存器。

2. 段寄存器

在保护模式下,从逻辑地址到物理地址的映射过程中涉及分段部件和分页部件,分段部件的作用是将二维的逻辑地址转换为一维的线性地址,在分段部件中有 6 个十六位的段寄存器。

段寄存器中存放索引或叫段号,选择符(段寄存器)的结构如图 3-5 所示,其中,RPL(requestor privilege level)表示请求者的特权级,TI 表示 table index。因此,段寄存器也称选择符,即从描述符表中选择某个段。

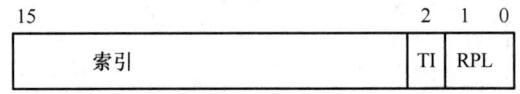

图 3-5 段寄存器

保护模式提供了 4 个特权级,用 0~3 这 4 个数字表示,包括 Linux 在内的很多操作系统都只使用了其中的最低和最高两个。

在这 4 个特权级中,0 表示最高特权级,对应内核态;3 表示最低特权级,对应用户态。保护模式规定,高特权级可以访问低特权级,而低特权级不能随便访问高特权级。

3. 控制寄存器

这几个寄存器中保存全局性的且与任务无关的机器状态,其中:

① CR1 寄存器:保留,供将来的 CPU 使用。

② CR2 寄存器:如果发生缺页,引发缺页的线性地址将保存在 CR2 中。

③ CR3 寄存器:保存页目表的物理地址。

④ CR0 寄存器中包含了 6 个预定义标志。

下面将介绍内核中常用的 0 位和 31 位,如图 3-6 所示。

CR0 寄存器的低 5 位组成机器状态字(MSW),分别为

① PE:0—实模式;1—保护模式。

② MP:1(系统有数学协处理器)。

③ EM:0(仿真协处理器)。

④ TS:任务切换,切换任务时自动设置。

⑤ ET:1(协处理器的类型)。

CR0 的第 0 位是保护允许位(protected enable,PE),用于启动保护模式。

CR0 的第 31 位是分页允许位(paging enable,PE),它表示芯片上的分页部件是否被允许工作。

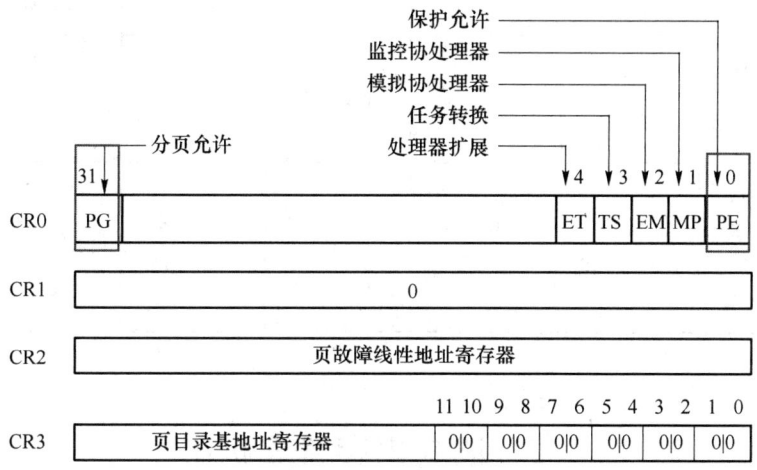

图 3-6　控制寄存器

由 PG 位和 PE 位定义的操作方式如表 3-1 所示。

表 3-1　PG 位和 PE 位定义的操作方式

PG	PE	方式
0	0	实模式,8080 操作
0	1	保护模式,不允许分页
1	0	错误
1	1	允许分页的保护模式

4．GDTR 寄存器

GDTR 寄存器也称全局描述符表寄存器,用于存放 GDT 基址和大小,48 位,其中:
① BASE:32 位,GDT 在内存基地址。
② LIMIT:16 位,GDT 界限(即:长度为－1)。
③ GDT 最多能容纳 65 536/8＝8 192 个描述符。

5．IDTR 寄存器

IDTR 寄存器也称中断描述符表寄存器,48 位。
IDTR 用于存放中断描述符表 IDT 的基地址和限长,支持 256 个中断,其中:
① LIMIT 最大为 07FFH;
② IDT 中的描述符类型为中断门。
此外,还有指令指示器 IP 和标志寄存器 Flags 等,此处不一一详述。

6．实模式和保护模式寄存器对比

保护模式下的寄存器有很大的变化。一些寄存器是专属于操作系统使用的,例如,用于分页的控制寄存器 CR0～CR3,一般用户不能使用。一些寄存器是系统地址寄存器,还有 7 个调试寄存器和 7 个测试寄存器,都是保护模式所特有的。8086 和 80386 寄存器对比如表 3-2 所示。

表 3-2　8086 和 80386 寄存器对比

	通用寄存器	段寄存器	段描述符寄存器	状态和控制寄存器	系统地址寄存器	调试寄存器	测试寄存器
8086	AX、BX、CX、DX、SP、BP、DI、SI	CS、DS、SS、ES	无	FLAGS、IP	无	无	无
80386	EAX、EBX、ECX、EDX、ESP、EBP、EDI、ESI	CS、DS、SS、ES、FS、GS	对程序员不可见	EFLAGS、EIP、CR0、CR1、CR2、CR3	GDTR、IDTR、TR、LDTR	DR0~DR7	TR0~TR7

3.2　段式内存管理机制

3.2.1　段式内存管理

本小节先从逻辑地址和线性地址的转换说起。

逻辑地址由一个段选择符加上一个段内偏移量(offset)组成的,表示为[段选择符:段内偏移量],例如,[CS:EIP]。

虚拟地址是逻辑地址的段内偏移 offset,驱动代码或者应用程序中所用的地址是虚拟地址。

段选择符是由一个 16 位长的字段组成,称为段选择符,由处理器提供段寄存器来存放段选择符,段寄存器有 6 种:

① CS 代码段寄存器,指向包含程序指令的段;

② SS 栈寄存器,指向包含当前程序的段;

③ DS 数据段寄存器,指向包含静态数据或者全局数据段;

④ 其他 3 种寄存器 ES、FS、GS 统称为附加段寄存器,做一般用途,可以指向任意的数据段。

偏移量指明了从段开始的地方到实际地址的距离,偏移量为 32 位。

在段描述符中我们需要关注的字段为 Base,它描述了一个段的开始位置的线性地址。

段描述符存放在全局描述符表(GDT,存放于 gdtr 寄存器中)或局部描述符表(LDT,存放于 ldtr 寄存器中)中,通常只定义一个 GDT,而每个进程除存放在 GDT 中的段外,如果还需要创建附加的段,就可以有其自己的 LDT。

一个逻辑地址是怎样转化成相应的线性地址的,具体步骤如下:

① 先检查逻辑地址的段选择符的 TI 字段,以决定段描述符保存在哪一个描述符表中。(TI=0 表明保存在 GDT 中,TI=1 表明保存在 LDT 中)

② 根据段选择符的索引号,计算查找段描述符的地址,方法为索引号×8+gdtr/ldtr 寄存器中的内容=Base。

③ 把逻辑地址的偏移量与②得到的 Base 字段值相加就可以得到其对应的线性地址。

虚拟地址-线性地址转换就是将虚拟地址空间中偏移量从 0 到 Limit 范围内的一个段映射到线性地址空间中,即从 Base 到 Base+Limit,如图 3-7 所示。

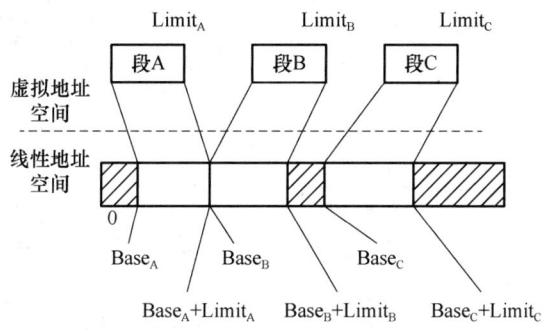

图 3-7　虚拟地址-线性地址转换

3.2.2　程序的地址空间分析

1. 地址空间转换过程

下面以一个"Hello World"程序的编译、链接和装载为例,说明地址空间的转换过程,全部代码参见 sample/chp3 中 helloDev。

```
# include < stdio. h >
int main(void)
{
    printf("Hello World! \r\n");
    return 0;
}
```

程序运行包括以下几步:

① 编译:gcc-S hello. c-o hello. s。
② 汇编:gcc-c hello. s-o hello. o。
③ 链接:gcc hello. c-o a. out。
④ 装载并执行:. /a. out。
⑤ 反汇编:objdump-d a. out。

汇编使用的是 AT&T 的汇编格式,与 Intel 的汇编格式稍有差异,在 C 语言中可以嵌入汇编代码,称为 GCC 嵌入式汇编,GCC 编译链接过程分解图如图 3-8 所示。

该程序通过编译器 GCC 将其编译成汇编程序,经过汇编器(assembler)将其汇编成目标代码,经过链接器(linker)形成可执行文件,最后通过装载器装入内存。

图 3-9 是部分运行结果截图,图中包含编译链接后的 64 位的地址空间,最左边是地址,中间是指令码,右边是 AT&T 格式的汇编指令。

由此可知:线性地址=段的起始地址+偏移量。

Linux 在启动的过程中,设置了段寄存器的值和一些其他内容。内核代码中可以这样定义段:

```
# define __KERNEL_CS    0x10    //内核代码段,index = 2,TI = 0,RPL = 0
# define __KERNEL_DS    0x18    //内核数据段,index = 3,TI = 0,RPL = 0
# define __USER_CS      0x23    //用户代码段,index = 4,TI = 0,RPL = 3
# define __USER_DS      0x2B    //用户数据段,index = 5,TI = 0,RPL = 3
```

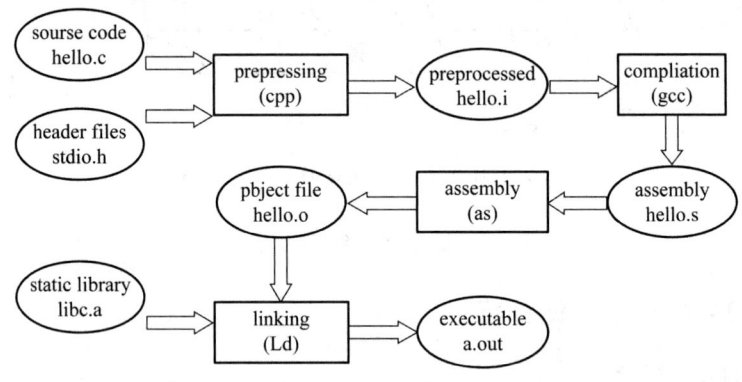

图 3-8　GCC 编译链接过程分解图

```
00000000000004e8 <_init>:
 4e8:   48 83 ec 08             sub    $0x8,%rsp
 4ec:   48 8b 05 f5 0a 20 00    mov    0x200af5(%rip),%rax
 4f3:   48 85 c0                test   %rax,%rax
 4f6:   74 02                   je     4fa <_init+0x12>
 4f8:   ff d0                   callq  *%rax
 4fa:   48 83 c4 08             add    $0x8,%rsp
 4fe:   c3                      retq
```

图 3-9　部分运行结果截图

下面以该程序为例,对其地址空间中的内容进行分析。

首先,当我们编译链接后,会形成虚拟地址,也就是 CPU 要访问的地址。

CPU 把虚拟地址送给内存管理单元(memory management unit,MMU),它和 CPU 是在一起的。MMU 负责处理 CPU 的内存访问请求,它的功能包括虚拟地址到物理地址的转换、内存保护、中央处理器高速缓存的控制。然后,MMU 把虚拟地址转换成物理地址送给存储器,如图 3-10 所示。

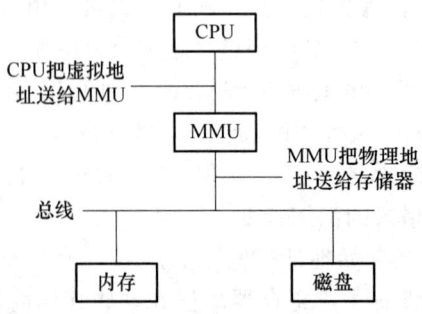

图 3-10　MMU 的位置和作用

2. MMU 的地址转换

MMU 位于处理器内核和连接高速缓存以及物理存储器的总线之间。当处理器内核取指令或者存取数据的时候，MMU 都会提供虚拟地址（或称逻辑地址）。这个地址是可执行代码在编译的时候由链接器生成的。

当应用代码需要使用存储空间时，操作系统通过 MMU 为其分配合适的物理存储空间。有效地址不需要和系统的实际硬件物理地址相匹配，而是通过 MMU 将有效地址映射成对应的物理地址，以访问指令和数据。

为了加快 MMU 规则匹配的处理过程，有效地址和实际物理地址的对应表通常保存在一块单独的高速缓存中，称为对应查找表（translation lookaside buffer，TLB），TLB 和实际物理存储器可以同时进行并行的访问。有效地址的高位作为在 TLB 进行匹配查找的依据，而有效地址的低位作为页面内的偏址。

MMU 的转换分两个阶段：分段机制和分页机制。分段机制把虚拟地址转换为线性地址；分页机制把线性地址转换为物理地址，如图 3-11 所示。

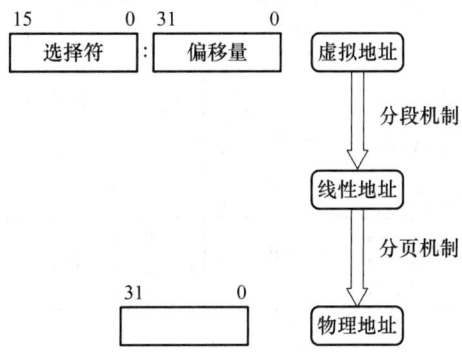

图 3-11　MMU 把虚拟地址转换为物理地址

3.2.3　段描述符表

1. 段描述符表

段描述符表是计算机体系结构中的一个重要概念，主要涉及内存管理和保护机制。它包括全局描述符表（GDT）和局部描述符表（LDT），这些表由操作系统或执行体创建，而不是由应用程序直接创建。段描述符表中的每个条目（即段描述符）均提供了关于一个段的位置、大小以及访问控制的信息。

（1）全局描述符表（global descriptor table，GDT）

GDT 是 X86 架构中用于存储段描述符的表，这些描述符定义了内存段的属性，如段基地址、段限长和段属性等。GDT 中的每个条目由 8 B 组成，这些条目由操作系统或执行体（如编译器、链接器、加载器）创建，而不是由应用程序直接创建。GDT 在操作系统初始化过程中被加载到内存中，并由处理器使用。

（2）局部描述符表（local descriptor table，LDT）

LDT 与 GDT 类似，也是一个段描述符表，但它通常用于实现更细粒度的内存管理和任务隔离。LDT 允许每个任务或进程有其自己的段描述符表，从而实现更灵活的内存访问控制。

LDT 中的每个条目同样由 8 B 组成,并且其创建和使用方式与 GDT 相似。

段描述符表的存在是为了支持操作系统的内存管理和保护机制。通过定义不同的段和它们的属性,操作系统可以实现对内存的分区和访问控制,从而保护应用程序和数据免受非法访问。此外,GDT 和 LDT 还支持中断和异常处理,它们通过中断描述符表(interrupt descriptor table,IDT)将异常或中断向量与相应的处理程序联系起来。

本章使用如表 3-3 所示的段描述符表(或称段表)来描述转换关系。索引号描述的是虚拟地址空间段的编号,基地址是线性地址空间段的起始地址,段描述符表中的每一个表项叫作段描述符。

表 3-3 段描述符表

索引号	0	2	2
基地址	$Base_A$	$Limit_A$	$Attribute_A$
界限	$Base_B$	$Limit_B$	$Attribute_B$
属性	$Base_C$	$Limit_C$	$Attribute_C$

2. 段描述符

段描述符用于描述段的结构,从图 3-12 可以看出,一个段描述符指出了段的 32 位基地址和 20 位段界限(即段长),1.5 B 用于描述段的属性。

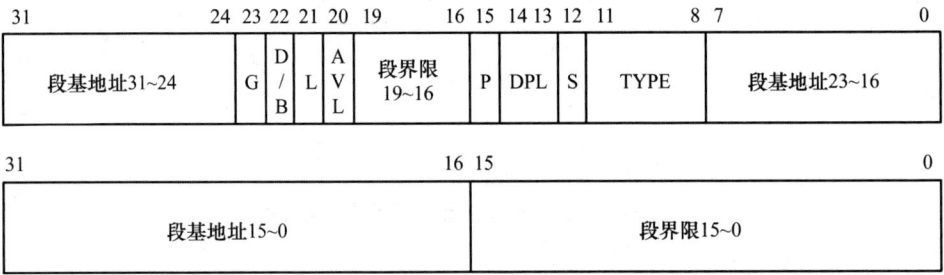

图 3-12 段描述符

图 3-12 中各位的含义分别为

① AVL:系统软件可用位。

② B/D:默认大小(0~16 位,1~32 位段)。

③ DPL:描述符特权级。

④ P:段存在。

⑤ S:描述符类型(0—系统;1—代码或数据)。

⑥ G:颗粒度。

⑦ TYPE:段类型。

为了加快对段描述符表的访问,Intel 设计了专门的寄存器,以存放段描述符表的基地址及表的长度界限。这些寄存器只供操作系统使用。段描述符表的详细内容请参考有关保护模式的相关资料。

3.3 页式内存管理机制

3.3.1 地址转换相关知识

下面先介绍一些线性地址相关的知识。

① 线性地址被分成固定长度为单位的组,称为页。页内部连续的线性地址被映射到连续的物理地址中。

② 分页段元把所有的物理地址分成固定长度的页框,称为物理页。

③ 线性地址映射到物理地址的数据结构称为页表。

④ 32 位的线性地址,被分成 3 个域:目录(directory),位于线性地址的高 10 位;页表(table),位于线性地址的中间 10 位;偏移量(offset),位于线性地址的低 12 位。由偏移量的 12 位可知,每页含有 4 096 B 的数据。

线性地址的转换分两步完成,每一步都基于一种转换表,第一种转换表称为页目录表转换,第二种转换称为页表转换。使用这种二级模式的目的是减少每个进程页表所需的 RAM 的数量。

转换步骤如下:

① 从 CR3 中取出进程的页目录地址,操作系统负责在调度进程的时候将该地址装入对应的寄存器。

② 根据线性地址前十位,在数组中找到对应的索引项,因为引入了二级管理模式,所以页目录中的项不再是页的地址,而是一个页表的地址。此处又引入了一个数组,页的地址被放到页表中。

③ 根据线性地址的中间十位,在页表(也是数组)中找到页的起始地址。

④ 将页的起始地址与线性地址中最后 12 位相加,得到最终的与线性地址对应的物理地址。

3.3.2 分页机制

上文已经介绍过,分段机制把逻辑地址转换成线性地址,而分页机制则把线性地址转换成物理地址。也就是说,分页机制是在分段机制的基础上完成从虚拟地址到物理地址的转换过程。分页机制可用于任何一种分段模型。处理器分页机制会把线性地址空间划分成页面,然后这些线性地址空间页面被映射到物理地址空间的页面上。分页机制的几种页面级保护措施可以和分段机制保护措施合用,或直接替代分段机制的保护措施。

分页执行的线性地址—物理地址的转换过程,可以参考图 3-13 所示的虚拟地址和物理地址转换。

1. 分页的原理

分页的原理是使得每个进程可以拥有自己独立的虚拟内存空间。

分页机制通过把线性地址空间中的页面重新定位到物理地址空间中进行操作。由于 4 KB 大小的页面作为一个单元进行映射,并且对应于 4 KB 边界。因此,线性地址的低 12 位可作为页内偏移地址,即直接作为物理地址的低 12 位。分页机制执行的重定向功能,可以看作是把线性地址的高 20 位转换到对应物理地址的高 20 位。

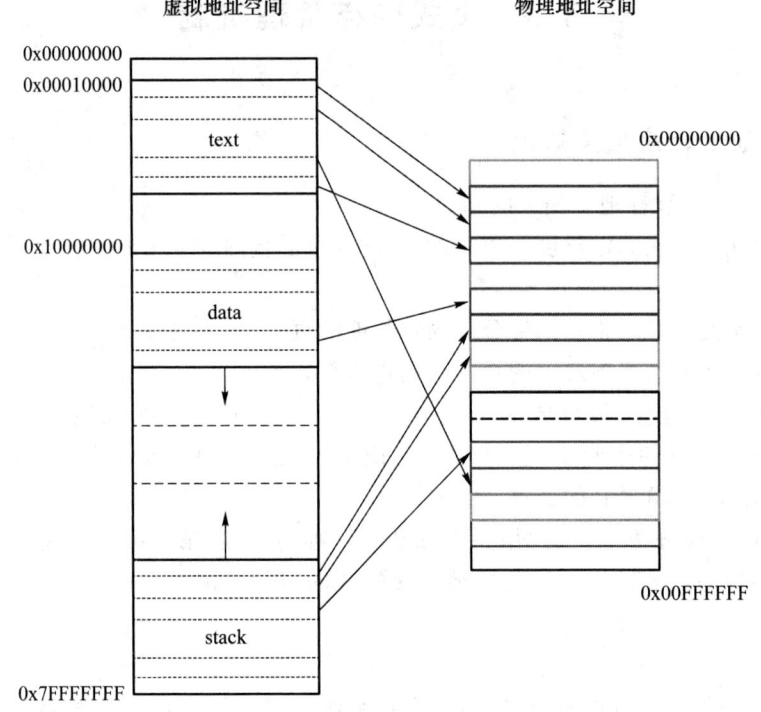

图 3-13　线性地址和物理地址转换

线性地址到物理地址的转换功能,被扩展成允许一个线性地址必须产生一个对应的物理地址。为达到这个目的,CPU 在访存的时候,就需要进行一次地址变换,如图 3-14 所示,于是可以给出映射函数:Pa＝f(va)。

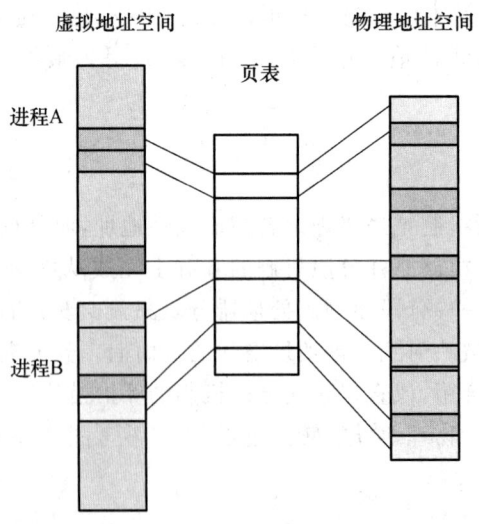

图 3-14　进程、页表与空间转换

2. 分页机制如何启用

在我们进行程序开发的时候,一般情况下,是不需要管理内存的,也不需要操心内存够不够用,其实,这就是分页机制带给我们的好处。它是实现虚拟存储的关键,位于线性地址与物理地址之间,在使用这种内存分页管理方法时,每个执行中的进程(任务)均可以使用比实际内存容量大得多的连续地址空间。而且当系统内存实际上被分成很多凌乱的块时,它可以建立一个大而连续的内存空间的映象,以使程序无须管理这些分散的内存块。分页机制增强了分段机制的性能。页地址变换是建立在段变换基础之上的。

因为段管理机制对于 Intel 处理器来说是最基本的,任何时候都无法关闭。所以即使启用了页管理功能,分段机制依然是起作用的,段部件也依然工作。

3. 页和页框

页(page)是逻辑地址空间划分出来的固定大小的单元(页)。每个页都有一个唯一的页号,用于标识该页在逻辑地址空间中的位置。页在 IA-32 中的大小为 4 KB,2 MB 和 4 MB;在 IA-64 中的大小为 4 KB,8 KB,64 KB,256 KB,1 MB,4 MB,16 MB 和 256 MB,其中,IA 是英特尔架构(Intel architecture)的缩写。

页框(page frame)是指物理内存中划分出来的固定大小的存储区域,用于存储页面。页框与页面通常是大小相等的存储块,也称为块,每个页框可以包含一页。

页框与页的关系可以用以下几点来描述:

① 在分页存储管理中,每个页都对应一个页框。页框是物理内存中的实际存储单元,而页是逻辑地址空间中的抽象概念。

② 当进程需要访问某个页时,操作系统会将该页从磁盘或其他外部存储设备中调入物理内存的页框中。这个过程称为页的装入。

③ 如果物理内存中的页框已经全部被占用,而又需要装入新的页,操作系统就需要选择一个页框来替换。这个过程称为页的替换。页的替换算法会根据一定的策略选择一个页框,将其中的页换出到磁盘或其他外部存储设备中,以便为新的页腾出空间。

④ 为了实现页到页框的映射,操作系统会维护一个页表。页表记录了每个页在物理内存中的页框号,以及其他相关信息。通过页表,操作系统可以快速地将逻辑地址转换为物理地址,从而实现对内存的访问。

页框和页的概念是分页存储管理的核心。通过将逻辑地址空间划分为页,并将物理内存划分为页框,操作系统可以有效地管理内存,提高内存的利用率和系统的性能。总之,页框是物理内存中的存储单元,页是逻辑地址空间中的抽象概念,它们之间通过页表进行映射,实现了分页存储管理。

3.3.3 页表

在虚拟内存中,页表(page table)是映射表的概念,即从进程能理解的线性地址映射到存储器上的物理地址,也就是页号对应的页框号,如图 3-15 所示。

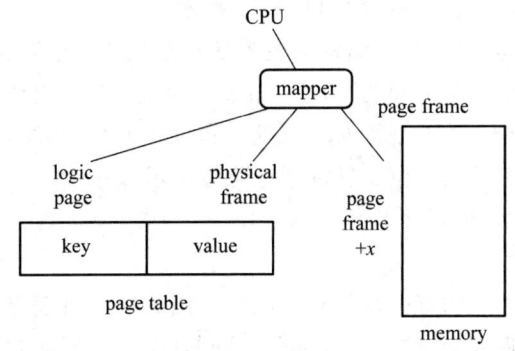

图 3-15 页表

显然,这个页表是需要常驻内存的,以便应对频繁的查询映射,处理器一般有一个 TLB 硬件级页表缓存部件来支持它。

1. 页表项结构

图 3-16 为 32 位 X86 页表项的具体结构。

页表属性中的 P 位需要重点关注,它就是存在位,是判别缺页的重要标志,详细的描述可以查阅 Intel 资料手册。

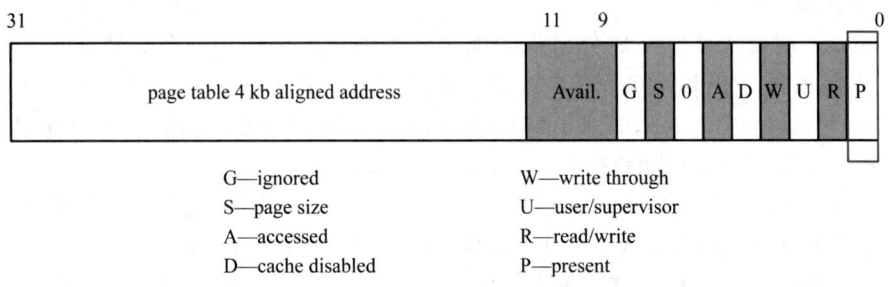

图 3-16 32 位 X86 页表项具体结构

2. 不同架构的分页机制

对于不同的体系结构,Linux 采用的页表目录的大小有所不同:对于 Intel 80386 而言,仅采用二级页表,即页上层目录和页中层目录长度为 0;对于启用 PAE 的 Intel 80386,采用了三级页表,即页上层目录长度为 0;对于 64 位体系结构,可以采用三级或四级页表,具体选择由硬件决定。

对于没有启用物理地址扩展的 32 位系统,两级页表已经足够了。从本质上来说,Linux 通过使页上级目录位和页中间目录位全为 0,彻底取消了页上级目录和页中间目录字段。不过,页上级目录和页中间目录在指针序列中的位置被保留,以便同样的代码在 32 位系统和 64 位系统下都能使用。内核为页上级目录和页中间目录保留了一个位置,这是通过把它们的页目录项数设置为 1,并把这两个目录项映射到页全局目录的一个合适的目录项而实现的。

启用了物理地址扩展的 32 位系统使用了三级页表。Linux 的页全局目录对应 80x86 的页目录指针表(PDPT),取消了页上级目录,页中间目录对应 80x86 的页目录,Linux 的页表对应 80x86 的页表。

最终,64 位系统使用三级还是四级分页取决于硬件对线性地址的位的划分。

下面将分别介绍单级页表、二级页表和四级页表的结构。

3. 单级页表结构

在 32 位地址空间中,单级页表结构如图 3-17 所示。

在 32 位逻辑地址空间,单级页表结构的逻辑地址结构中,用高 20 位表示页的起始地址,低 12 位表示页的属性。页表项大小为 4 B,页面大小为 4 KB,页内地址占 12 位。

页的大小为 4 KB,1 个页表项占 4 B,1 页就可存放 1 KB(1 024)个页表项(4 KB/4)。

进程最多有 2^{20} 个页面,用 20 位二进制刚好可以表示 $0 \sim (2^{20}-1)$ 个页号。每个页面可以存放 4 KB/4=1 KB=1 024 个页面。

4. 二级页表结构

如果只用单级页表,那么内存分配将存在困难。因为每个页表最大可占 4 MB 的空间,而且必须连续。因此,可以将高 20 位分为两部分,分别占 10 位,形成二级页表。

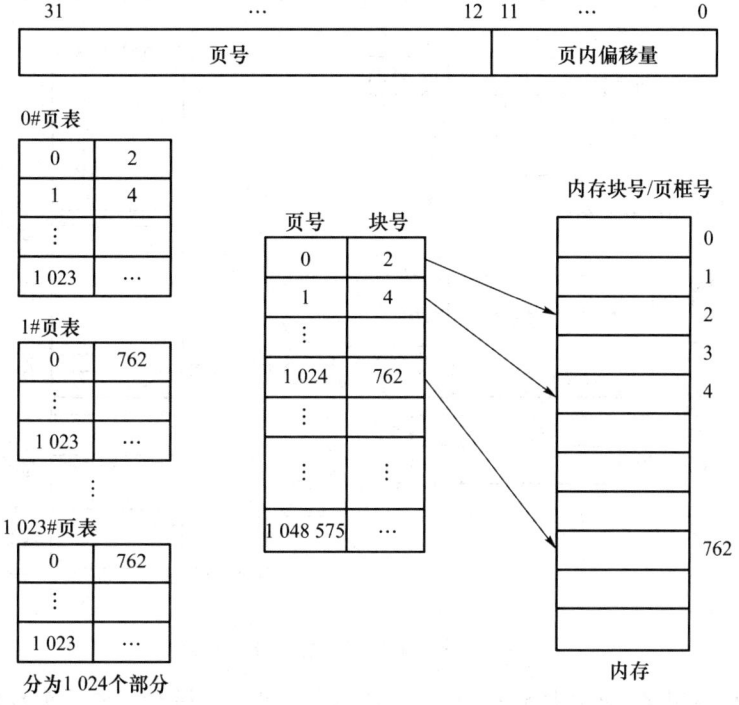

图 3-17 单级页表结构

二级页表进行地址转换的方法如图 3-18 所示。

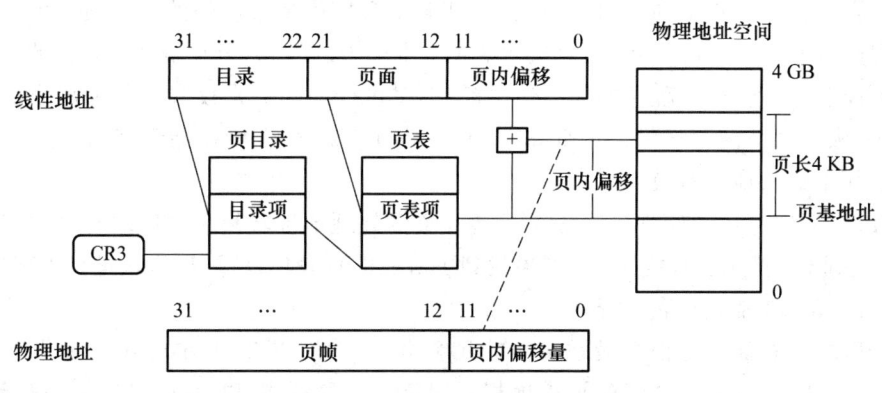

图 3-18 两级页表进行地址转换

二级页表线性地址到物理地址的转换过程如图 3-19 所示,具体的转换步骤如下:

① 用最高 10 位作为页目录项的索引,将该索引乘以 4,再与 CR3 中的页目录的起始地址相加,获得对应目录项在内存的地址。

② 从这个地址开始读取 32 位页目录项,取出其高 20 位,再给低 12 位补 0,形成页表在内存的起始地址。

③ 用中间的 10 位作为页表中页表项的索引,将该索引乘以 4,再与页表的起始地址相加,获得对应页表项在内存的地址。

④ 从这个地址开始读取 32 位页表项,取出其高 20 位,再将线性地址的第 11～0 位放在低 12 位,形成最终 32 位的页物理地址。

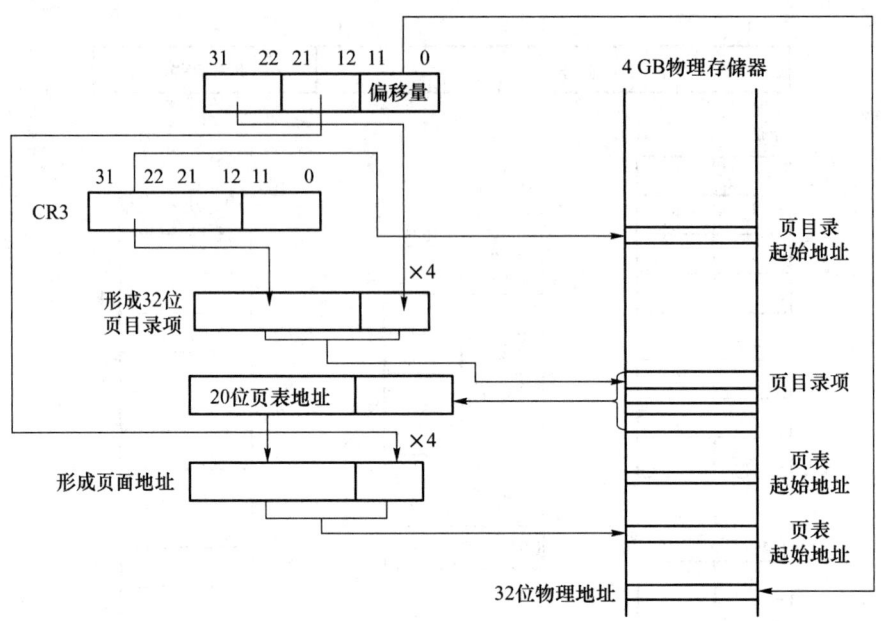

图 3-19 线性地址到物理地址的转换

由于在分页情况下,页表是放在内存中的,这使 CPU 在每次存取一个数据时,都要至少进行两次访存,从而大大降低了访问速度。为提高速度,在 X86 中设置一个高速缓存硬件机制,也叫转换旁路缓冲器(translation lookaside buffer,TLB)。

TLB 是一个位于 CPU 芯片中的缓存,用于存储程序中最常访问的页表项,以加快虚拟地址到物理地址的转换速度。多级页表虽然解决了空间上的问题,但是增加了转换的工序,导致时间上的开销。然而,由于程序的局部性原理,程序执行期间通常仅限于某一部分,访问的存储空间也局限于某个内存区域。因此,通过将最常访问的页表项存储到 TLB 这个硬件缓存中,可以更快地进行地址转换。

在 CPU 芯片中,内存管理单元 MMU 芯片负责处理地址转换和 TLB 的访问与交互。当 CPU 进行寻址时,首先会查找 TLB,如果找到了对应的页表项,就可以直接进行物理地址的访问,避免了继续查找常规页表的开销。

由于 TLB 中存储的是程序最常访问的几个页表项,所以 TLB 的命中率通常是很高的。这是因为程序执行过程中,访问的页表项相对固定。通过利用 TLB,可以大大提高地址转换的速度,加快程序的执行效率。

平均来说,页高速缓存大约有 90% 的命中率,也就是说每次访存时,只有 10% 的情况必须访问两级页表,这大幅加快了访存速度。页高速缓存过程如图 3-20 所示。

5. 四级页表结构

Linux 内核仅使用了较少的分段机制,但是却对分页机制的依赖性很强,为了保持可移植性,Linux 目前采用一种适合 32 位和 64 位结构的通用分页模型,该模型使用四级分页机制,即:

① 页全局目录(page global directory),包含若干页上级目录的地址;

② 页上级目录(page upper directory),包含若干页中间目录的地址;

③ 页中间目录(page middle directory),包含若干页表的地址;

④ 页表(page table),每一个页表项指向一个页框。

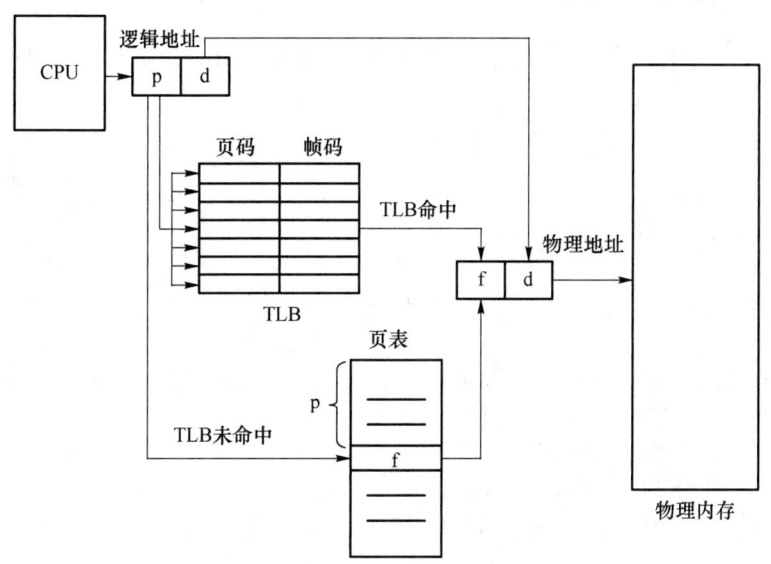

图 3-20　页高速缓存

因此,线性地址因此被分成 5 个部分,而每一部分的大小与具体的计算机体系结构有关,如图 3-21 所示。

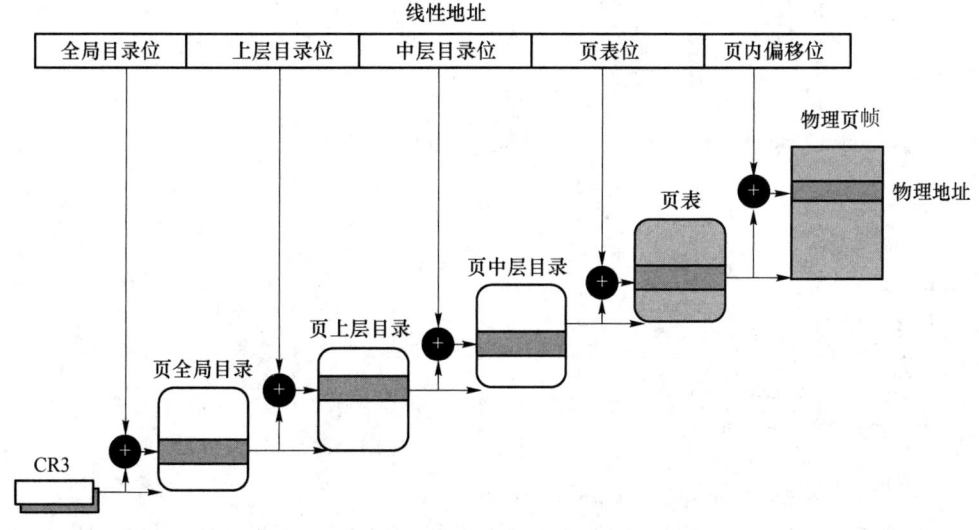

图 3-21　四级分页结构

Linux 内核代码进行了巧妙的处理,以便四级页表或三级页表与二级页表兼容,详情请参考相关源代码。

3.4　地址转换实验

本节将练习把虚拟地址转换成物理地址。

3.4.1 查看地址转换实验

查看地址转换的主要代码在 sample/chp3/addtest 中的 lmem.c,以下是部分代码。

```c
static void get_pgtable_macro(void)
{
    cr0 = read_cr0();
    cr3 = read_cr3_pa();

    printk("cr0 = 0x%lx, cr3 = 0x%lx\n",cr0,cr3);

    printk("PGDIR_SHIFT = %d\n", PGDIR_SHIFT);
    printk("P4D_SHIFT = %d\n",P4D_SHIFT);
    printk("PUD_SHIFT = %d\n", PUD_SHIFT);
    printk("PMD_SHIFT = %d\n", PMD_SHIFT);
    printk("PAGE_SHIFT = %d\n", PAGE_SHIFT);

    printk("PTRS_PER_PGD = %d\n", PTRS_PER_PGD);
    printk("PTRS_PER_P4D = %d\n", PTRS_PER_P4D);
    printk("PTRS_PER_PUD = %d\n", PTRS_PER_PUD);
    printk("PTRS_PER_PMD = %d\n", PTRS_PER_PMD);
    printk("PTRS_PER_PTE = %d\n", PTRS_PER_PTE);
    printk("PAGE_MASK = 0x%lx\n", PAGE_MASK);
}

static unsigned long vaddr2paddr(unsigned long vaddr)
{
    pgd_t *pgd;
    p4d_t *p4d;
    pud_t *pud;
    pmd_t *pmd;
    pte_t *pte;
    unsigned long paddr = 0;
    unsigned long page_addr = 0;
    unsigned long page_offset = 0;
    pgd = pgd_offset(current->mm,vaddr);
    printk("pgd_val = 0x%lx, pgd_index = %lu\n", pgd_val(*pgd),pgd_index(vaddr));
    if (pgd_none(*pgd)){
        printk("not mapped in pgd\n");
        return -1;
    }

    p4d = p4d_offset(pgd, vaddr);
    printk("p4d_val = 0x%lx, p4d_index = %lu\n", p4d_val(*p4d),p4d_index(vaddr));
    if(p4d_none(*p4d))
    {
```

```c
        printk("not mapped in p4d\n");
        return -1;
    }

    pud = pud_offset(p4d, vaddr);
    printk("pud_val = 0x%lx, pud_index = %lu\n", pud_val(*pud),pud_index(vaddr));
    if (pud_none(*pud)) {
        printk("not mapped in pud\n");
        return -1;
    }

    pmd = pmd_offset(pud, vaddr);
    printk("pmd_val = 0x%lx, pmd_index = %lu\n", pmd_val(*pmd),pmd_index(vaddr));
    if (pmd_none(*pmd)) {
        printk("not mapped in pmd\n");
        return -1;
    }

    pte = pte_offset_kernel(pmd, vaddr);
    printk("pte_val = 0x%lx, ptd_index = %lu\n", pte_val(*pte),pte_index(vaddr));

    if (pte_none(*pte)) {
        printk("not mapped in pte\n");
        return -1;
    }
    page_addr = pte_val(*pte) & PAGE_MASK;
    page_offset = vaddr & ~PAGE_MASK;
    paddr = page_addr | page_offset;
    printk("page_addr = %lx, page_offset = %lx\n", page_addr, page_offset);
    printk("vaddr = %lx, paddr = %lx\n", vaddr, paddr);
    return paddr;
}
```

程序运行流程如下：

先移动到程序所在位置，然后编译：

```
cd lmem
make
```

加载模块：

```
insmod lmem.ko
```

然后用 dmesg 查看相关信息，如图 3-22 所示。

最后移除模块：

rmmod lmem

```
[  105.942130] vaddr to paddr module is running..
[  105.942132] cr0 = 0x80050033, cr3 = 0x7b966000
[  105.942132] PGDIR_SHIFT = 39
[  105.942133] P4D_SHIFT = 39
[  105.942133] PUD_SHIFT = 30
[  105.942134] PMD_SHIFT = 21
[  105.942134] PAGE_SHIFT = 12
[  105.942135] PTRS_PER_PGD = 512
[  105.942135] PTRS_PER_P4D = 1
[  105.942136] PTRS_PER_PUD = 512
[  105.942136] PTRS_PER_PMD = 512
[  105.942137] PTRS_PER_PTE = 512
[  105.942137] PAGE_MASK = 0xfffffffffffff000
[  105.942152] get_page_vaddr=0xffff8aa13baa6000
[  105.942153] pgd_val = 0x5eb40067, pgd_index = 277
[  105.942154] p4d_val = 0x5eb40067, p4d_index = 0
[  105.942154] pud_val = 0x13ffff067, pud_index = 132
[  105.942155] pmd_val = 0x7bab2063, pmd_index = 477
[  105.942156] pte_val = 0x800000007baa6063, ptd_index = 166
[  105.942157] page_addr = 800000007baa6000, page_offset = 0
```

图 3-22　地址转换信息

3.4.2　获取物理内存地址实验

获取物理内存地址的主要代码在 sample/chp3/paddr/ 的 paddr.c 和 fileview 中,以下是 paddr.c 中的部分代码。

```
static int __init paddr_init( void ){
    printk( "<1>\nInstalling \'%s\' module ", modname );
    printk( "(major = %d)\n", my_major );
    paddr_size = 0x25f5ffff8;
    printk( "<1>   ramtop = %08lX (%lu MB)\n", paddr_size, paddr_size >> 20 );
    return register_chrdev( my_major, modname, &my_fops );
}
static void __exit paddr_exit( void ){
    unregister_chrdev( my_major, modname );
    printk( "<1>Removing \'%s\' module\n", modname );
}
ssize_t my_read( struct file *file, char *buf, size_t count, loff_t *pos ){
    struct page   *pp;
    void      *from;
    int        page_number, page_indent, more;
    ……
}
```

程序运行流程如下:
先移动到程序所在位置,然后编译:

```
cd Accpaddr
make
```

加载模块 insmod paddr.ko,并用 dmesg 查看,如图 3-23 所示。

```
/home/lab466/# insmod dram.ko
/home/lab466/# dmesg
[  299.663151] <1>
                Installing 'dram' module
[  299.663154] (major=85)
[  299.663158] <1>  ramtop=25F5FFFF8 (9717 MB)
```

图 3-23 加载模块

手工创建一个设备:

```
mknod /dev/paddr c 85 0
```

对 fileview 进行编译,并查看相关信息,如图 3-24 所示。

```
gcc -o fileview fileview.cpp
./fileview /dev/paddr
```

```
0000000000000 53 FF 00 F0 53 FF 00 F0 C3 E2 00 F0 53 FF 00 F0  S...S.......S...
0000000000010 53 FF 00 F0 54 FF 00 F0 88 84 00 F0 53 FF 00 F0  S...T.......S...
0000000000020 A5 FE 00 F0 87 E9 00 F0 56 0D 00 F0 56 0D 00 F0  ........V...V...
0000000000030 56 0D 00 F0 56 0D 00 F0 57 EF 00 F0 00 F5 00 F0  V...V...W.......
0000000000040 16 0B 00 C0 4D F8 00 F0 41 F8 00 F0 17 01 00 C8  ....M...A.......
0000000000050 39 E7 00 F0 59 F8 00 F0 AC 22 4A EA D2 EF 00 F0  9...Y...."J.....
0000000000060 59 FF 00 F0 F2 E6 00 F0 6E FE 00 F0 53 FF 00 F0  Y.......n...S...
0000000000070 53 FF 00 F0 A4 F0 00 F0 ED 81 00 F0 3A 13 00 C0  S...........:...
0000000000080 56 0D 00 F0 56 0D 00 F0 56 0D 00 F0 56 0D 00 F0  V...V...V...V...
0000000000090 56 0D 00 F0 56 0D 00 F0 56 0D 00 F0 56 0D 00 F0  V...V...V...V...
00000000000A0 56 0D 00 F0 56 0D 00 F0 56 0D 00 F0 56 0D 00 F0  V...V...V...V...
00000000000B0 56 0D 00 F0 56 0D 00 F0 56 0D 00 F0 56 0D 00 F0  V...V...V...V...
00000000000C0 56 0D 00 F0 56 0D 00 F0 56 0D 00 F0 56 0D 00 F0  V...V...V...V...
00000000000D0 56 0D 00 F0 56 0D 00 F0 56 0D 00 F0 56 0D 00 F0  V...V...V...V...
00000000000E0 56 0D 00 F0 56 0D 00 F0 56 0D 00 F0 56 0D 00 F0  V...V...V...V...
00000000000F0 56 0D 00 F0 56 0D 00 F0 56 0D 00 F0 56 0D 00 F0  V...V...V...V...

                      filesize: 10190061560 (=0x000025F5FFFF8)
```

图 3-24 fileview 查看到的信息

最后移除模块:

```
rmmod paddr
```

课 程 思 政

运用科学、辩证的观点和思想方法分析问题

20 世纪 90 年代初期,基于 MINIX 和 UNIX 思想而研发的开源 Linux 系统面世,其是一

操作系统内核

款支持多用户、多任务、多线程和多内核的操作系统,不仅能够运行 UNIX 工具软件、应用程序和网络协议,还具有稳定的系统性能。发展至今,Linux 已有上百种不同的发行版本。

在 Linux 系统稳步发展过程中,Windows 系统亦不分昼夜地进行着功能完善、界面美化以及版本更新等工作。进入 21 世纪后,微软公司的 Windows 系统在个人计算机领域基本占领了垄断地位。

由垄断所导致的潜在安全问题是各国相关部门尤为关心的核心问题,而解决该问题(即去微软公司化)的主流途径便是采用开源 Linux 系统。

但是,要想简单地通过采用 Linux 系统实现去微软公司化,实属不易。例如,2004 年,德国慕尼黑政府宣布将政府办公计算机中所采用的 Windows 系统换为 Linux 系统,然而 10 年之后试验并未获得预期的效果。

从此类案例中可以看出,单纯地通过采用 Linux 系统+开源软件的模式来降低运维信息化成本,效果并不理想,后期维护工作量大,原因是采用 Linux 系统实现去微软公司化缺乏对应的产业基础。

但我们也绝对不应放弃反垄断!在此情形下,我们作为将来的知识分子与科技人才应当运用科学、辩证的观点和思想方法分析问题,思考究竟应当如何解决操作系统垄断问题,以及如何在解决该问题的过程中,通过发挥自身的价值,助力研发自主可控的国产操作系统。

课后练习题

1. 图灵机是一种通用自动机器模型,请对图灵机的理念做一个简述。
2. 请简述 8 位时期的 X86 内存寻址的不同时期有何特点?
3. 请简述 X86 内存寻址的 4 个不同时期分别是什么,各时期有何特点?
4. 请简述相较于之前的模式,保护模式下的寄存器有什么大的变化?
5. 请按顺序对程序从编译到执行过程中的各步骤做一个介绍。
6. MMU 的转换分为两个阶段,请对其中的分段机制做一个介绍。
7. 请简述分页机制中的页与块。
8. 页表是一种映射机制,其中存放的是什么之间的映射?
9. 请简述二级页表如何进行地址转换?
10. 页高速缓存有什么作用,请简述。
11. Linux 定义了 4 种类型的页表,请简述是哪 4 种?

第 4 章

进 程 管 理

进程是正在运行的程序实体,并且包括这个运行的程序占据的所有系统资源。操作系统的职能之一就是通过进程管理来协调多道程序之间的关系,使 CPU 得到充分的利用。本章主要内容包括进程概述、Linux 进程创建、Linux 进程调度、进程管理实验。

4.1 进 程 概 述

4.1.1 从程序到进程

如 3.2.2 小节所述,一个程序通过编译器编译成汇编程序,经过汇编器将其汇编成目标代码,经过链接器形成可执行文件格式,最后交给操作系统执行。该过程经历了编译、链接、运行、调试等全过程(图 3-6)。

一旦程序执行,程序就变成了进程。进程是程序在计算机系统上运行时的一个实例,管理着计算机系统分配给它的各种资源,如:

① 程序的可运行机器码在内存中的映像;

② 分配到的内存,包括可运行代码、特定于进程的输入、输出数据、堆、用于保存运行时运输中途产生数据的栈;

③ 分配给该进程的资源的操作系统描述信息,如 UNIX 中的文件描述子(或 Windows 的文件句柄)、数据源和数据终端;

④ 安全特性,如进程拥有者和进程的权限集(可以容许的操作);

⑤ 处理器上下文状态,如寄存器内容等,当进程正在运行时,状态通常存储在 CPU 的寄存器,其他情况则存储在内存中。

ELF(executable and linkable format)是 Linux 的主要可执行文件格式,图 4-1 通过一个样例详细解析 ELF 的内部结构。

从图中我们可以看到 ELF 包括 ELF 文件头、程序头表、节头表、节区、字符串表、符号表和重定位表等诸多内容。其中关键部分如下:

① ELF 头部(ELF_header):每个 ELF 文件都必须存在一个 ELF_header,这里存放了很多重要的用来描述整个文件的组织的信息,如版本信息、入口信息、偏移信息等,程序执行也必须依靠其提供的信息。

② 程序头部表(program_header_table):可选的一个表,用于告诉系统如何在内存中创建映像,从图中也可以看出,有程序头部表才有段,有段就必须有程序头部表,其中存放了各个段的基本信息(包括地址指针)。

③ 节区头部表(section_header_table)：与 program_header_table 类似，但与其相对应的是节区(section)。

④ 节区(section)：将文件分成一个个节区，每个节区都有其对应的功能，如符号表，哈希表等。

⑤ 段(segment)：将文件分成一段一段映射到内存中，段中通常包括一个或多个节区。

若要对各个部分进行详细的了解，请参阅与 ELF 相关的技术文档。

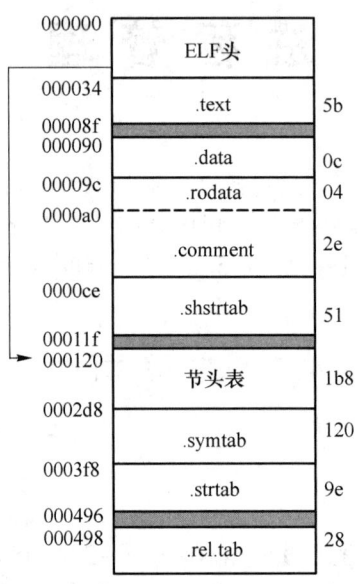

图 4-1　ELF 内部结构

站在 Linux 的角度，每个进程都被封装在这样的可执行文件格式中。在内存管理部分，下面将详细介绍进程的执行和加载。

读者可以通过 top 命令，感知系统中各个进程及其动态变化，如图 4-2 所示。

```
top - 08:26:04 up 57 min,  1 user,  load average: 0.00, 0.13, 0.28
Tasks: 301 total,   1 running, 224 sleeping,   0 stopped,   0 zombie
%Cpu(s):  0.2 us,  0.6 sy,  0.0 ni, 99.2 id,  0.0 wa,  0.0 hi,  0.0 si,  0.0 st
KiB Mem :  4015680 total,   266048 free,  1470748 used,  2278884 buff/cache
KiB Swap:  2097148 total,  2097148 free,        0 used.  2236204 avail Mem

  PID USER      PR  NI    VIRT    RES    SHR S  %CPU %MEM     TIME+ COMMAND
 2174 lab466    20   0  544872  91804  60196 S   1.0  2.3   1:23.40 Xorg
 2337 lab466    20   0 3642816 172560  81036 S   1.0  4.3   2:02.48 gnome-shell
 8252 lab466    20   0  735368  41108  29008 S   0.7  1.0   0:03.43 gnome-terminal-
 8275 lab466    20   0   51328   4116   3412 R   0.7  0.1   0:00.08 top
  909 root      20   0  207160  11824  10396 S   0.3  0.3   0:12.68 vmtoolsd
 2376 lab466    20   0  435420   7984   6420 S   0.3  0.2   0:03.59 ibus-daemon
 2730 lab466    20   0  644920  31588  25448 S   0.3  0.8   0:00.96 update-notifier
    1 root      20   0  160376   9548   6616 S   0.0  0.2   0:13.27 systemd
    2 root      20   0       0      0      0 S   0.0  0.0   0:00.03 kthreadd
    4 root       0 -20       0      0      0 I   0.0  0.0   0:00.00 kworker/0:0H
    6 root       0 -20       0      0      0 I   0.0  0.0   0:00.00 mm_percpu_wq
    7 root      20   0       0      0      0 S   0.0  0.0   0:00.77 ksoftirqd/0
    8 root      20   0       0      0      0 I   0.0  0.0   0:06.54 rcu_sched
    9 root      20   0       0      0      0 I   0.0  0.0   0:00.00 rcu_bh
   10 root      rt   0       0      0      0 S   0.0  0.0   0:00.05 migration/0
   11 root      rt   0       0      0      0 S   0.0  0.0   0:00.01 watchdog/0
   12 root      20   0       0      0      0 S   0.0  0.0   0:00.00 cpuhp/0
   13 root      20   0       0      0      0 S   0.0  0.0   0:00.00 cpuhp/1
   14 root      rt   0       0      0      0 S   0.0  0.0   0:00.01 watchdog/1
```

图 4-2　top 命令

4.1.2 进程树

进程是一个动态的实体,它具有生命周期,维持着家族关系,系统中进程的生死随时会发生。

在 Linux 系统中,进程 0 和 1 是由内核创建的,进程 1(init)是其他进程的祖先。在 Linux 中,通过 fork 系统调用,创建一个新的进程。新创建的子进程同样也能执行 fork 系统,故可以形成一棵完整的进程树。

如图 4-3 所示,这是 Linux 系统启动以后形成的一棵进程树。

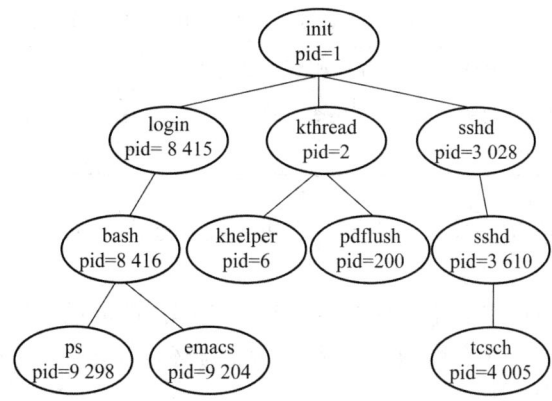

图 4-3 进程树

可以通过命令:

```
ps -ejH
```

查看本机上的进程树,如图 4-4 所示。

```
lab466@ubuntu:~$ ps -ejH
  PID  PGID   SID TTY          TIME CMD
    2     0     0 ?        00:00:00 kthreadd
    4     0     0 ?        00:00:00   kworker/0:0H
    6     0     0 ?        00:00:00   mm_percpu_wq
    7     0     0 ?        00:00:00   ksoftirqd/0
    8     0     0 ?        00:00:01   rcu_sched
    9     0     0 ?        00:00:00   rcu_bh
   10     0     0 ?        00:00:00   migration/0
   11     0     0 ?        00:00:00   watchdog/0
   12     0     0 ?        00:00:00   cpuhp/0
   13     0     0 ?        00:00:00   cpuhp/1
   14     0     0 ?        00:00:00   watchdog/1
   15     0     0 ?        00:00:00   migration/1
   16     0     0 ?        00:00:00   ksoftirqd/1
   18     0     0 ?        00:00:00   kworker/1:0H
   19     0     0 ?        00:00:00   cpuhp/2
   20     0     0 ?        00:00:00   watchdog/2
   21     0     0 ?        00:00:00   migration/2
   22     0     0 ?        00:00:00   ksoftirqd/2
   24     0     0 ?        00:00:00   kworker/2:0H
   25     0     0 ?        00:00:00   cpuhp/3
   26     0     0 ?        00:00:00   watchdog/3
   27     0     0 ?        00:00:00   migration/3
   28     0     0 ?        00:00:04   ksoftirqd/3
   30     0     0 ?        00:00:00   kworker/3:0H
   31     0     0 ?        00:00:00   kdevtmpfs
```

图 4-4 本机上的进程树

操作系统内核

进程具有父子关系，不仅如此，还具有兄弟关系。所以，进程描述符中必须有几个成员是记录这种关系的（P 是创建的进程），具体可以参考表 4-1。

表 4-1 进程中家族成员关系表

成员名称	描述
real_parent	如果不存在指向进程 1 时，指向创建 P。例如，在 shell 中启动了一个后台进程，然后退出 shell，则后台进程的父进程就是 init
parent	指向 P 的当前父进程。当子进程结束时，必须发送信号通知的那个进程，通常等于 real_parent；当另一个进程发送 ptrace() 系统调用去监控进程 P 时，该信号会不同
children	包含创建 P 的所有子进程的列表的表头
sibling	包含指向兄弟关系的进程链表中的下一个元素和前一个元素的指针，这些进程的父进程都是 P

系统创建的进程具有父子关系。由于一个进程能创建多个子进程，因此，子进程之间有兄弟关系。

在 PCB 中引入几个域，来表示这些关系。其中，进程 1(init) 是所有进程的祖先，系统中的进程形成一棵进程树，进程 0(也称 idle 进程)。为了描述进程之间的父子及兄弟关系，需要在进程的 PCB 中引入几个域。

图 4-5 为进程之间的父子、兄弟关系。图中 P_0 有 3 个儿子 P_1、P_2、P_3，P_1 有两个兄弟，P_3 有一个儿子。这些父子、兄弟之间复杂的链表关系都可以通过指针或双向链表关联起来，这样设计数据结构是为了方便在内核代码中快速获取当前进程之间的父子、兄弟关系。

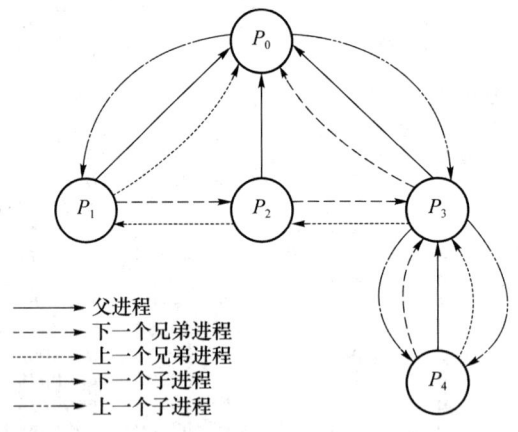

图 4-5 进程之间的父子、兄弟关系

从这些关系我们可以看出，进程完全模拟人类的家庭生活状态。例如，代码描述了进程的父子、兄弟关系，父进程（real_parent、parent）记录了当前进程，双向链表（struct list_head children）记录了当前进程的子进程，双向链表（structlist_head sibling）记录了当前进程的兄弟进程。

本小节对进程状态、标识符及亲属关系进行了描述，这些域描述在内核进程的描述符 struct task_struct 数据结构中的源代码中，4.1.3 小节对 task_struct 数据结构做一个详细分析。

4.1.3　task_struct 数据结构分析

struct task_struct 的源代码在 include/linux/sched.h 文件中,读者可以进入源代码查看,task_struct 部分代码片段如下:

```
struct task_struct {
    volatile long state;      //说明了该进程是否可以执行,还是可中断等信息
    unsigned long flags;      //Flage 是进程号,在调用 fork()时给出
    int sigpending;           //进程上是否有待处理的信号
    mm_segment_t addr_limit;  //进程地址空间,区分内核进程与普通进程
    //在内存存放的位置不同,0－0xBFFFFFFF 普通进程,0－0xFFFFFFFF 内核进程
    volatile long need_resched; //调度标志,表示该进程是否需要重新调度
    //若非 0,则当从内核态返回到用户态,会发生调度
    int lock_depth;           //锁深度
    long nice;                //进程的基本时间片
    unsigned long policy;
    //进程的调度策略,有 3 种,包括实时进程 SCHED_FIFO 和 SCHED_RR,分时进程 SCHED_OTHER
    struct mm_struct * mm;    //进程内存管理信息
    int processor;            //若进程不在任何 CPU 上运行,cpus_runnable 的值是 0,否则是 1
    //这个值在运行队列被锁时更新
    unsigned long cpus_runnable, cpus_allowed;
    struct list_head run_list;    //指向运行队列的指针
    unsigned long sleep_time;     //进程的睡眠时间
    struct task_struct * next_task, * prev_task;
    //用于将系统中所有的进程连成一个双向循环链表,其根是 init_task
    struct mm_struct * active_mm;
    struct list_head local_pages;   //指向本地页面
    unsigned int allocation_order, nr_local_pages;
    struct linux_binfmt * binfmt;   //进程所运行的可执行文件的格式
    int exit_code, exit_signal;
    int pdeath_signal;        //父进程终止时向子进程发送的信号
    unsigned long personality;
    ...
    pid_t pid;                //进程标识符,用来代表一个进程
    pid_t pgrp;               //进程组标识,表示进程所属的进程组
    pid_t tty_old_pgrp;       //进程控制终端所在的组标识
    pid_t session;            //进程的会话标识
    pid_t tgid;
    int leader;               //表示进程是否为会话主管
    struct task_struct * p_opptr, * p_pptr, * p_cptr, * p_ysptr, * p_osptr;
    struct list_head thread_group;   //线程链表
    struct task_struct * pidhash_next;  //用于将进程链入 HASH 表
    struct task_struct ** pidhash_pprev;
    wait_queue_head_t wait_chldexit;    //供 wait4()使用
    struct completion * vfork_done;     //供 vfork()使用
```

```c
        unsigned long rt_priority;        //实时优先级,用它计算实时进程调度时的weight值
        unsigned long it_real_value, it_prof_value, it_virt_value;
        unsigned long it_real_incr, it_prof_incr, it_virt_value;
        struct timer_list real_timer;     //指向实时定时器的指针
        struct tms times;      //记录进程消耗的时间
        unsigned long start_time;         //进程创建的时间
        //记录进程在每个CPU上所消耗的用户态时间和核心态时间
        long per_cpu_utime[NR_CPUS], per_cpu_stime[NR_CPUS];
        //内存缺页和交换信息
        unsigned long min_flt, maj_flt, nswap, cmin_flt, cmaj_flt, cnswap;
        int swappable:1;      //表示进程的虚拟地址空间是否允许换出
        //进程认证信息
        uid_t uid,euid,suid,fsuid;
        gid_t gid,egid,sgid,fsgid;
        int ngroups;          //记录进程在多少个用户组中
        gid_t groups[NGROUPS];      //记录进程所在的组
        //进程的权能,分别是有效位集合,继承位集合,允许位集合
        kernel_cap_t cap_effective, cap_inheritable, cap_permitted;
        int keep_capabilities:1;
        struct user_struct * user;
        struct rlimit rlim[RLIM_NLIMITS];    //与进程相关的资源限制信息
        unsigned short used_math;     //是否使用FPU
        char comm[16];        //进程正在运行的可执行文件名
        //文件系统信息
        int link_count, total_link_count;
        //NULL if no tty 进程所在的控制终端,如果不需要控制终端,则该指针为空
        struct tty_struct * tty;
        unsigned int locks;
        //进程间通信信息
        struct sem_undo * semundo;    //进程在信号灯上的所有undo操作
        struct sem_queue * semsleeping;
        //当进程因为信号灯操作而挂起时,他在该队列中记录等待的操作
        struct thread_struct thread;
        //进程的CPU状态,切换时,要保存到停止进程的task_struct中
        struct fs_struct * fs;        //文件系统信息
        struct files_struct * files;  //打开文件信息
        spinlock_t sigmask_lock;      //信号处理函数
        struct signal_struct * sig;   //信号处理函数
        sigset_t blocked;     //进程当前要阻塞的信号,每个信号对应一位
        struct sigpending pending;    //进程上是否有待处理的信号
        ……
};
```

其中的一些较重要的域如下:

① it_real_value、it_real_incr 等定时器信息:计算实时进程调度时的 weight 值。it_real_value、it_real_incr 用于 REAL 定时器,单位为 jiffies。系统根据 it_real_value 设置定时器的

第一个终止时间。在定时器到达终止时间时,向进程发送 SIGALRM 信号,同时根据 it_real_incr 重置终止时间。it_prof_value、it_prof_incr 用于 profile 定时器,单位为 jiffies。

② uid、gid 等进程认证信息:运行该进程的用户标识符和组标识符,通常进程创建者的 uid、gid、euid、egid 为有效,uid、gid、fsuid、fsgid 为文件系统,uid、gid 的 ID 号通常与有效 uid、gid 相等,在检查对文件系统的访问权限时使用它们。suid、sgid 为备份 uid、gid。

③ min_flt、maj_flt 等内存缺页和交换信息:累计进程的次缺页数(copy on write 页和匿名页)和主缺页数(从映射文件或交换设备读入的页面数)。nswap 记录进程累计换出的页面数,即写到交换设备上的页面数。cmin_flt、cmaj_flt、cnswap 记录以本进程为祖先的所有子孙进程的累计次缺页数、主缺页数和换出页面数。在父进程回收终止的子进程时,父进程会将子进程的这些信息累积到自己结构的这些域中。

注意:Copy on Write 的概念将在 5.2.1 小节介绍,另外,从 Linux 4.9 task_struct 结构体有一些变化,加入了不少新功能,有兴趣的读者可以查看源码。

4.1.4 进程控制块

Linux 进程控制块(process control block,PCB)是用来管理进程的一个数据结构,它包含了进程的管理和控制信息,例如,进程标识符、进程状态、优先级、程序计数器等。

在 Linux 内核中,把对进程的描述结构称为 task_struct,在内核源代码中,具体定义在 include/linux/sched.h 文件中。

进程控制块通常记载进程的相关信息,包括:

① 程序计数器:后续要运行的指令地址。

② 进程状态:可以是 new、ready、running、waiting 或 blocked 等。

③ CPU 暂存器:如累加器、索引暂存器(index register)、堆栈指针,以及一般用途暂存器、状况代码等,主要用于在中断时暂时存储数据,以便稍后继续利用,其数量及类随架构不同有所差异。

④ CPU 排班法:优先级、排班队列等指针以及其他参数。

⑤ 存储器管理:如标签页表等。

⑥ 会计信息:如 CPU 使用时间、实际运行时间等与进程资源使用、管理相关的信息。

⑦ 输入/输出状态:配置进程使用 I/O 设备,如磁带机。

要了解 PCB 的具体信息,读者可以通过查看源码加深对它们的认识。

1. 进程控制块的组织方式

进程控制块的组织方式包括线性表方式、索引表方式,以及链接表方式。

① 线性表方式:不论进程的状态如何,将所有的 PCB 连续地存放在内存的系统区,这种方式适用于系统中进程数目不多的情况。

② 索引表方式:系统按照进程的状态分别建立就绪索引表、阻塞索引表等,该方式是线性表方式的改进。

③ 链接表方式:系统按照进程的状态将进程的 PCB 组成队列,从而形成就绪队列、阻塞队列、运行队列等。

2. Linux 进程状态及转换

状态是用来描述进程的动态变化的,这些状态的转换是操作系统管理进程的关键,确保了资源的有效利用和系统的稳定运行。

在具体的操作系统中,可能实例化出多个状态,图 4-6 给出 Linux 进程状态及转换。

进程状态主要有以下几个基本状态：

① 运行态：进程正在 CPU 上运行或者正在等待 CPU 执行。在单处理机环境下，每一时刻最多只有一个进程处于运行状态。

② 就绪状态：进程已处于准备运行的状态，即进程获得了除处理机外的一切所需资源，一旦得到处理机即可运行。

③ 阻塞状态(等待状态)：进程正在等待某一事件而暂停运行，如等待某资源可用(不包括处理机)或等待输入/输出完成。即使处理机空闲，该进程也不能运行。

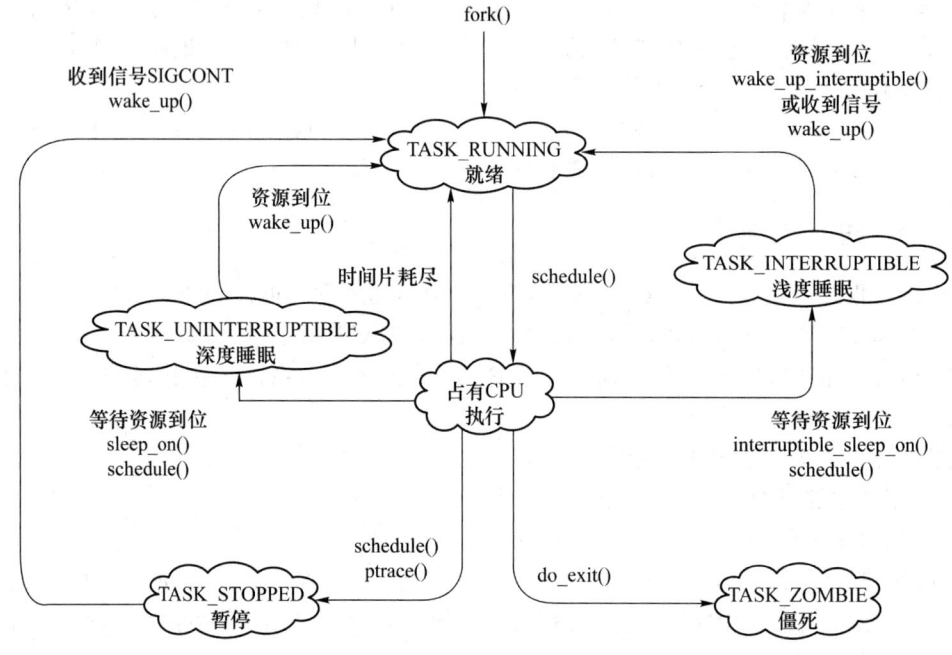

图 4-6　Linux 进程状态及转换

下面对 Linux 进程的状态做一个详细解释。

(1) 可执行状态(TASK_RUNNING)

可执行状态包括正在运行的和等待运行的两种，只有在该状态的进程才可能在 CPU 上运行，若 CPU 没有多余时间片，将等待运行。而同一时刻可能有多个进程处于可执行状态，这些进程的 task_struct 结构(进程控制块)被放入对应 CPU 的可执行队列中，一个进程最多只能出现在一个 CPU 的可执行队列中。进程调度器的任务就是从各个 CPU 的可执行队列中分别选择一个进程在该 CPU 上运行。

(2) 可中断的睡眠状态(TASK_INTERRUPTIBLE)

处于可中断的睡眠状态的进程因为等待某事件的发生而被挂起，例如，等待 socket 连接、等待信号量、sleep 函数等。这些进程的 task_struct 结构被放入对应事件的等待队列中。当这些事件由外部中断或由其他进程触发时，对应的等待队列中的一个或多个进程将被唤醒。

(3) 不可中断的睡眠状态(TASK_UNINTERRUPTIBLE)

不可中断的睡眠状态与 TASK_INTERRUPTIBLE 状态类似，进程处于睡眠状态，但是此刻进程是不可中断的。不可中断指的并不是 CPU 不响应外部硬件的中断，而是指进程不响应异步信号。而 TASK_UNINTERRUPTIBLE 状态存在的意义就在于，内核的某些处理流程是不能被打断的。如果响应异步信号，程序的执行流程中就会被插入一段用于处理异步信号的流程,原有的流程就被中断了。注意这个插入的流程可能只存在于内核态,也可能延伸到用户态。

(4) 空闲状态(idle)

发生在不可中断的睡眠状态的内核线程上执行由硬件交互导致的不可中断进程,但对于某些内核线程而言,它们有可能实际上并没有任何负载,因此,用 idle 正是为了区分这种情况。

(5) 暂停状态或跟踪状态(TASK_STOPPED 或 TASK_TRACED)

向进程发送一个 SIGSTOP 信号,它就会因响应该信号而进入 TASK_STOPPED 状态,除非该进程本身处于 TASK_UNINTERRUPTIBLE 状态而不响应信号。向进程发送一个 SIGCONT 信号,可以让其从 TASK_STOPPED 状态恢复到 TASK_RUNNING 状态。当进程正在被跟踪时,它处于 TASK_TRACED 这个特殊的状态,对于进程本身来说,TASK_STOPPED 和 TASK_TRACED 状态很类似,都是表示进程暂停下来。

(6) 退出状态(TASK_DEAD-EXIT_ZOMBIE)

进程在退出的过程中处于 TASK_DEAD 状态。在这个退出的过程中,进程占有的所有资源将被回收,除 task_struct 结构及少数资源外。于是进程就只剩下 task_struct,此时,该进程称为僵尸进程。之所以保留 task_struct,是因为 task_struct 中保存了进程的退出码,以及一些统计信息,而其父进程很可能会关心这些信息。因此,只要父进程不退出,这个僵尸状态的子进程就一直存在。

(7) 退出状态(TASK_DEAD-EXIT_DEAD)

进程在退出过程中也可能不会保留它的 task_struct。此时,进程将被置于 EXIT_DEAD 退出状态,这意味着接下来的代码立即就会将该进程彻底释放,进程即将被销毁,所以 EXIT_DEAD 状态是非常短暂的。

3. 进程状态的转换

从图 4-6 中我们可以看出进程状态之间的转换种类有很多,其中最常见的包括:

① 运行态到就绪态:当分配给进程的一个时间片已用完而不得不让出处理机时,进程将从执行状态转变成就绪状态。

② 就绪态到运行态:CPU 空闲时,调度将选中一个就绪进程执行。

③ 运行态到阻塞态:正在执行的进程因等待某个事件发生而无法继续执行时,便从执行状态变成阻塞状态。例如,等待 I/O 完成、申请缓冲区不能满足、等待信件(信号)等。

④ 阻塞态到就绪态:资源得到满足或某事件已经发生,如外设传输结束、人工干预完成,进程可以从阻塞态转变为就绪态。

如果把就绪态和运行态合并为一个状态,那么这个状态称为绪态,调度程序从就绪队列中,选中一个进程投入运行。

睡眠态又被划分为两种:浅度睡眠和深度睡眠。其中,浅度睡眠很容易被唤醒。除此之外,还有一些其他的状态,例如,调试程序时所处的暂停状态及进程死亡,以及未释放 PCB 时候的僵死状态。

4. 进程控制块、进程状态

Linux 源代码中对状态的定义在源代码 include/linux/sched.h 中,部分代码片段如下:

```
# define TASK_RUNNING          0
# define TASK_INTERRUPTIBLE    1
# define TASK_UNINTERRUPTIBLE  2
```

```
# define __TASK_STOPPED    4
# define __TASK_TRACED     8        //由调试程序暂停进程的执行
// in tsk->exit_state
# define EXIT_ZOMBIE   16
# define EXIT_DEAD     32       //最终状态,进程将被彻底删除,但需要父进程来回收
// in tsk->state again
# define TASK_DEAD     64       //与 EXIT_DEAD 类似,但不需要父进程回收
# define TASK_WAKEKILL 128      //接收到致命信号时唤醒进程,即使进程处于深度睡眠状态
……
```

注意每个状态的值都定义为 2^n。

读者在查看源代码时,可以看到不同版本的状态个数存在少许差异。

5. 内核栈、thread_info 和进程控制块的存放

(1) 内核栈

进程在内核态运行时需要自己的堆栈信息,因此,Linux 内核为每个进程都提供了一个内核栈 kernel stack,以下是 stack 在 task_struct 中的位置。

```
struct task_struct
{
    ……
    void * stack;      //  指向内核栈的指针
    ……
};
```

内核态的进程访问处于内核数据段的栈,这个内核栈是当进程从用户空间进入内核空间时,特权级发生变化,需要切换堆栈,而该内核空间中使用的就是这个内核栈。因为内核控制路径仅使用了很少的栈空间,所以只需要几千个字节的内核态堆栈。

(2) thread_info

内核需要存储每个进程的 PCB 信息,Linux 内核是支持不同体系的,但是不同的体系结构可能进程需要存储的信息不尽相同,这就需要实现一种通用的方式,将与体系结构相关的部分和无关的部分进行分离,这就是 struct task_struct,而 thread_info 保存了特定体系结构的汇编代码段需要访问的那部分进程的数据。

通过在 thread_info 中嵌入指向 task_struct 的指针,用户就可以很方便地通过 thread_info 来查找 task_struct。

Linux 将内核栈和进程控制块 thread_info 融合在一起,组成一个联合体 thread_union。

内核中用如下的联合结构表示这个混合结构,源代码在 include/linux/sched.h 中,部分代码片段如下:

```
union thread_union {
    struct thread_info thread_info;
    unsigned long stack[THREAD_SIZE/sizeof(long)];
    //大小一般是 8 KB,但也可以配置为 4 KB
};
```

thread_info 表示和硬件关系更密切的数据，第一个字段就是 task_sturct 结构。

X86 上 thread_info 的源代码在 arch/x86/include/asm/thread_info.h 中，部分代码片段如下：

```
struct thread_info {
    struct pcb_struct       pcb;
    struct task_struct      * task;       //task 指针指向的是所创建的进程的 task_struct
    unsigned int            flags;
    unsigned int            ieee_state;
    struct exec_domain      * exec_domain;
    //表明当前进程是属于哪一种规范的可执行程序
    //不同的系统产生的可执行文件的差异存放在变量 exec_domain 中
    mm_segment_t            addr_limit;    //线程地址空间
    unsigned                cpu;           //当前 CPU
    int                     preempt_count; // 0 = > preemptable, < 0 = > BUG
    int bpt_nsaved;
    unsigned long bpt_addr[2];             // breakpoint handling
    unsigned int bpt_insn[2];
    struct restart_block    restart_block;
};
```

thread_info 保存了线程所需的所有特定处理器的信息，以及通用的 task_struct 的指针进程，以节省空间。Linux 把内核栈 stack 和一个紧挨着 PCB 的数据结构 thread_info 放在一起，占用 8 KB 的内存区。

(3) 将进程控制块与内核栈放在一起的原因

首先，内核可以方便而快速地找到 PCB，只要知道栈指针，就可以找到 PCB 的起始地址，伪代码描述如下：

```
p = (struct task_struct * ) STACK_POINTER &0xffffe000
```

其次，避免在创建进程时，动态分配额外的内存。

在 Linux 中，为了表示当前正在运行的进程，定义了一个 current 宏，可以把它看作全局变量，例如，current->pid 是返回正在执行的进程的标识符。

PCB 和内核栈的存放，如图 4-7 所示。

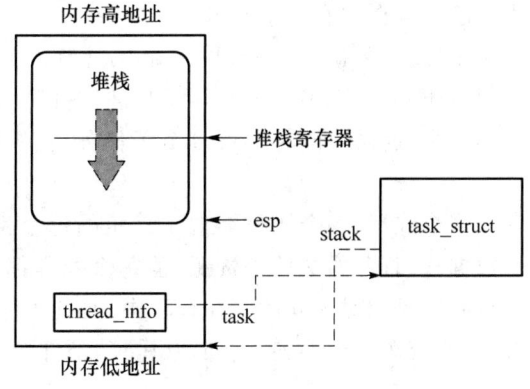

图 4-7　PCB 和内核栈的存放

进程采用进程链表的组织方式，在 task_struct 中的定义如下：

```
struct task_struct{
    ……
    struct list_head tasks;
    char comm[TASK_COMM_LEN];     //可执行程序的名字
    ……
};
```

如图 4-8 所示，链表的头和尾都为 init_task，这是 0 号进程（idle 进程）的 PCB，0 号进程永远不会被撤销，它的 PCB 被静态地分配到内核数据段中。也就是说，init_task 的 PCB 是预先由编译器分配的，在运行的过程中保持不变。而其他 PCB 是在运行的过程中，由系统根据当前的内存状况随机分配的，撤销时再归还给系统。

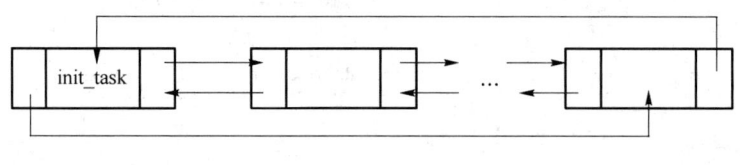

图 4-8 链表示意图

4.2 Linux 进程创建

4.2.1 进程和线程

1. 进程和线程的基本概念

进程（process）是资源分配的基本单位，它是程序执行的一个实例，在程序运行时创建。例如，对于操作系统来说，一个任务就是一个进程，打开一个浏览器就是启动一个浏览器进程，打开一个记事本就是启动一个记事本进程，打开两个记事本就是启动两个记事本进程。

在 Linux 环境下，每个进程都有各自独立的 4 GB 地址空间。不同的进程通过页表映射，将 4 GB 地址空间映射到物理内存上各自独立的存储空间，在操作系统的调度下，轮流占用 CPU 运行，互不影响。在每个进程看来，CPU 是被它独占的，虽然不停地被睡眠，但是醒来后仿佛什么都没发生过，认为自己一直在占有整个 CPU。

线程（thread）是程序执行的最小单位，是进程的一个执行流，一个进程由多个线程组成的。例如，有些进程还不止同时干一件事，Word 可以同时进行打字、拼写检查、打印等事情。在一个进程内部，要同时干多件事，就需要同时运行多个子任务，我们把进程内的这些子任务称为线程。

在一个进程中，可能存在多个线程，每个线程类似于合租的每个租客，同一个进程内多个线程之间可以共享代码段、数据段、打开的文件等资源，但每个线程都有其独立的一套寄存器和栈，这样可以确保线程的控制流是相对独立的。在线程中，通过各种加锁、解锁的同步机制，一样可以防止多个线程访问共享资源产生冲突，例如，互斥锁、条件变量、读写锁等。

2. 线程和进程的区别

由前述可知,进程是系统资源分配的基本单位,线程是独立运行的基本单位,两者都可并发执行。

进程拥有自己的地址空间,每启动一个进程,系统就会为它分配地址空间;而线程与CPU资源分配无关,多个线程共享同一进程内的资源,使用相同的地址空间。

线程依赖于进程而存在,一个线程只能属于一个进程,而一个进程可以有多个线程,且至少有一个线程。

进程切换的开销也远大于线程切换的开销。

多线程程序只要有一个线程死掉,整个进程也跟着死掉了,而一个进程死掉并不会对另外一个进程造成影响,因为进程有自己独立的地址空间。

如图4-9所示,进程和线程几乎共享所有的资源,包括代码、数据、进程空间、打开的文件等,线程只拥有自己的寄存器和栈。

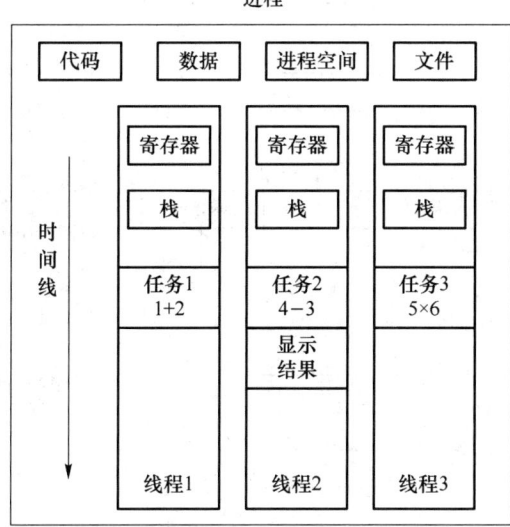

图4-9 进程和线程

3. task_struct 结构的统一性与多样性

Linux 内核坚持平等原则,对待进程、线程和内核线程,内核使用唯一的数据结构 task_struct 来分别表示他们;也使用相同的调度算法,对这三者进行调度。表面看起来它们有区别,但是在内核中最终都通过 do_fork() 分别创建。

这样处理对内核来说简单方便,在统一的基础上又保持其各自的特性。

4.2.2 进程的 API 实现

在 Linux 系统中,创建进程的方式有两种:操作系统创建和父进程创建。操作系统创建的进程是平等关系的,而父进程创建的子进程不是平等关系的,而是相互之间存在资源继承的关系的。而且父进程创建的子进程又可以创建子进程,从而形成一个进程家族。

站在用户态函数库角度,创建进程和线程调用了不同的函数,系统创建进程的通用方法是使用函数 fork(),对应的系统调用为 fork()。通过在 Linux 终端输入 man 2 fork 命令,可以看到 fork 的使用说明。

fork 函数的返回类型为整形，若是父进程则返回值为一个正整数，是子进程的 pid 号；若是子进程，则返回值为 0。

系统创建线程的通用方法是使用函数 pthread_create()，对应的系统调用为 clone()。vfork 与 fork 类似。

也就是说 fork、vfork、clone 都是 Linux 的系统调用，这 3 个函数分别调用了 sys_fork、sys_vfork、sys_clone，最终都调用了 do_fork 函数，差别在于参数的传递和一些基本的准备工作不同，主要用于 Linux 创建新的子进程或线程（vfork 创造出来的是线程）。

看起来，只有一个入口供所有的系统调用进入内核，进去以后，系统调用又各自进入自己的服务例程，但最终都会聚合到 do_fork 处，如图 4-10 所示。

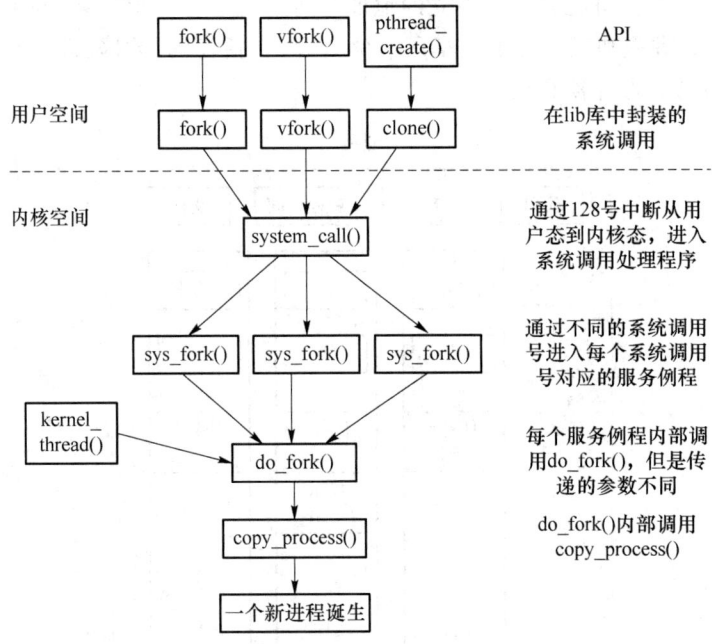

图 4-10 进程的 API 实现

下面介绍 fork()、vfork()、clone() 及其实现，再介绍内核线程的创建，do_fork() 的执行流程。

1. fork 及其实现

fork 子进程完全复制父进程的栈空间，也复制了页表，但没有复制物理页面。所以，子进程序与父进程的虚拟地址相同，物理地址也相同，但是会把父子共享的页面标记为只读。如果父子进程一直面对着同一个页面，当其中任何一个进程要对共享的页面写操作时，内核会复制一个物理页面给这个进程使用，同时修改页表，而将原来的只读页面标记为可写，留给另外一个进程使用。这就是所谓的写时复制（COW），本教材将在 5.2.1 小节详述。

fork 调用的 do_fork，除 SIGCHLD 参数外，有 3 个参数是置空（NULL）的，有两个参数似乎也没有明确的目标，sys_fork 的部分代码片段如下：

```
int sys_fork(struct pt_regs * regs){
    return do_fork(SIGCHLD,reg->sp,regs,0,NULL,NULL);
};
```

2. vfork 及其实现

vfork 是一个过时的应用，vfork 也是创建一个子进程，但是子进程共享父进程的空间。在 vfork 创建子进程之后，父进程阻塞，直到子进程执行了 exec() 或者 exit()。vfork 最初是因为 fork 没有实现写时复制机制，而在很多情况下，fork 之后会紧接着 exec，此时，exec 的执行相当于之前 fork 复制的空间全部变成了无用功，所以设计了 vfork。而现在 fork 使用了写时复制机制，唯一的代价仅仅是复制父进程页表，所以 vfork 不应该出现在新的代码之中。

vfork() 用法与 fork() 相似，但是也有区别，具体区别是：fork() 子进程拷贝父进程的数据段、代码段，vfork() 子进程与父进程共享数据段；fork() 父子进程的执行次序不确定，vfork()：保证子进程先运行。

sys_vfork 的部分代码片段如下：

```
int sys_vfork(struct pt_regs * regs){
    return do_fork(CLONE_VFORK|CLONE_VM|SIGCHLD,reg->sp,regs,0,NULL,NULL);
};
```

3. clone 及其实现

clone 是 Linux 为创建线程设计的。可以说 clone 是 fork 的升级版本，它不仅可以创建进程或者线程，还可以指定创建新的命名空间（namespace），有选择的继承父进程的内存，甚至可以将创建出来的进程变成父进程的兄弟进程，等等。

clone 函数功能强大，参数众多，提供了一个灵活的常见进程方法。由其创建的进程比之前的两种方法复杂。clone 允许子进程选择性地继承父进程的资源，可像 vfork 一样创造线程和父进程共享虚存空间，也可以不和父进程共享，甚至可以将创造出来的进程与父进程设置为兄弟关系。

clone 和 fork 的区别是：clone 和 fork 的调用方式不相同，clone 调用需要传入一个函数，该函数在子进程中执行；clone 不再复制父进程的栈空间，而是自己创建一个新的，void * child_stack，即第二个参数，需要分配栈指针的空间大小，这意味着它是全新的创造，不再是继承或者复制。

sys_clone 的部分代码片段如下：

```
int sys_clone(unsigned long clone_flags, unsigned long newsp,void __user * parent_tid, void __user * child_tid, struct pt_regs * regs){
    if (! newsp)
    newsp = regs->sp
        return do_fork(clone_flags,newsp,0, parent_tid, child_tid);
};
```

4. 内核线程的创建

内核经常需要在后台执行一些操作，这种任务可以通过内核线程（kernel thread）完成，内核线程是独立运行在内核空间的标准进程。

内核线程和普通进程一样，可以被调度，也可以被抢占。它和普通进程之间的区别在于，内核线程没有独立的地址空间，mm 指针被设置为 NULL；它只在内核空间运行，从来不切换到用户空间。

> **操作系统内核**

内核线程只能由其他内核线程创建，Linux 驱动模块可以用 kernel_thread()、kthread_create()、kthread_run() 等方式创建内核线程，另外还可用第三方库如 pthread 等，在驱动模块中创建线程，pthread 也可以用在用户空间。

目前内核通过调用 kthread_create() 创建，其本质也是向 do_fork() 提供特定的 flags 标志而创建。

5. do_fork() 的执行流程

借助于 task_struct 的统一性，进程、线程和内核线程的诞生和生命历程有诸多相似，不管是被调度到 CPU 上运行，还是分配各种资源，直到最终诞生，都是调用了相同的函数 do_fork()。

do_fork() 在内核中的原型在 kernel/fork.c 中，部分代码片段如下：

```
long do_fork(unsigned long clone_flags,
    unsigned long stack_start,
    unsigned long stack_size,
    int __user * parent_tidptr,
    int __user * child_tidptr)
```

该函数的参数有很多，所以在用户态调用 fork() 时，不需要给参数，3 个系统调用如何调用 do_fork，源代码参见 include/linux/syscalls.h。

do_fork() 代码流程内容较复杂，大致分为以下 4 步：①调用 copy_process() 复制父进程的进程控制块；②获得子进程的 pid；③如果设置了暂停标志，则子进程的状态被设置为暂停，否则，通过唤醒函数，将子进程的状态设置为就绪，并且将子进程加入就绪队列；④如果使用 vfork() 创建进程，则阻塞父进程。

下面是 do_fork() 函数执行的详细的流程：

① 通过查找 pidmap_array 位图，为子进程分配新的 PID。

② 检查父进程的 ptrace 字段：如果它的值不等于 0，说明有另外一个进程正在跟踪父进程，因而，do_fork() 函数检查 debugger 程序是否自己想跟踪子进程。在这种情况下，如果子进程不是内核线程（CLONE_UNTRACED 标志被清 0），则 do_fork() 函数设置 CLONE_PTRACE 标志。

③ 调用 copy_process() 函数复制进程描述符。如果所有必需的资源都是可用的，则函数返回刚创建的 task_struct 描述符的地址。

④ 如果设置了 CLONE_STOPPED 标志，或者必须跟踪子进程，即在 p->ptrace 中设置 PT_PTRACED 标志，那么子进程的状态被设置成 TASK_STOPPED 状态，并且为子进程增加挂起的 SIGSTOP 信号。在另一个进程把子进程状态恢复成 TASK_RUNNING 之前，一直保持该状态。

⑤ 如果没有设置 CLONE_STOPPED 标志，则调用 wake_up_new_task(p, clone_flags) 函数以执行以下操作：

调整父进程和子进程的调度参数。如果子进程和父进程运行在同一个 CPU 上，而且父进程和子进程不能共享同一组页表（CLONE_VM 标志被清 0），那么就把子进程插入父进程的运行队列，插入时让子进程恰好在父进程前面，因此，迫使子进程先于父进程运行。如果让父进程先运行，那么写时复制机制将会执行一些不必要的页面复制。

如果子进程与父进程运行在不同 CPU 上，或者父进程和子进程共享同一组页表（CLONE_

VM 标志被设置),那么就把子进程插入父进程所在运行队列的队尾。

⑥ 如果设置了 CLONE_STOPPED 标志,则子进程的状态被设置成 TASK_STOPPED 状态。

⑦ 如果父进程被跟踪,则把子进程的 PID 存入 current 的 ptrace_message 字段并调用 ptrace_notify 函数使当前进程停止运行,并向当前进程的父进程发送 SIGCHLD 信号。子进程的祖父进程是跟踪父进程的 debugger 进程。SIGCHLD 信号通知 debugger 进程:当前进程 current 已经创建了一个子进程,可以通过 current->ptrace_message 字段获得该子进程的 PID。

⑧ 如果设置了 CLONE_VFORK 标志,则把父进程插入等待队列,并挂起父进程直到子进程释放自己的内存地址空间(也就是说,直到子进程结束或执行新的程序)。

⑨ 结束并返回子进程的 PID。

do_fork()函数执行中的 copy_process()主要用于创建进程控制块,以及子进程执行时所需要的其他数据结构。

copy_process 函数在进程创建的 do_fork 函数中调用,主要完成进程数据结构、各种资源的初始化。初始化方式可以重新分配,也可以共享父进程资源,主要根据传入 CLONE 参数确定。copy_process()所做的处理必须考虑各种可能的情况,这些特殊情况可以通过 clone_flags 来具体体现。

copy_process 的源代码在 kernel/fork.c,部分代码片段如下:

```
static struct task_struct * copy_process(unsigned long clone_flags,
    unsigned long stack_start, unsigned long stack_size,
    int __user * child_tidptr,struct pid * pid, int trace)
```

下面描述 copy_process 中最重要的一些处理步骤:

① 检查参数 clone_flags 所传递标志的一致性。通过调用 security_task_create(clone_flags)函数以及稍后的 security_task_alloc(p)函数执行所有附加的安全检查。

② 调用 dup_task_struct(current)函数为子进程获得进程描述符。检查存放在 p->signal->rlim[RLIMIT_NPROC].rlim_cur 变量中的值是否小于或等于用户所拥有的进程数。如果是,则返回错误码,除非进程没有 root 权限。

③ 递增 user_struct 结构中的使用计数器(tsk->user->__count)和用户所拥有的进程计数器(tsk->user->processes)。检查系统中的进程数量(存放在 nr_threads 变量中)是否超过 max_threads 变量的值。

④ 如果实现新进程的执行域和可执行格式的内核函数都包含在内核模块中,则递增它们的使用计数器。设置与进程状态相关的几个关键字段,把新进程的 PID 存入 tsk_pid 字段。

⑤ 初始化子进程描述符中的 list_head 数据结构和自旋锁,并为与挂起信号、定时器及时间统计表相关的若干字段赋初值。

⑥ 调用 copy_semundo、copy_files、copy_fs、copy_sighand、copy_signal、copy_mm 和 copy_namespace 来创建新的数据结构,并把父进程的相应数据结构的值复制到新数据结构中,除非 clone_flags 参数指出它们有不同的值。

⑦ 清除子进程 thread_info 结构的 TIF_SYSCALL_TRACE 标志,以使 ret_from_fork()函数不会把系统调用结束的消息通知给调试进程。

⑧ 用 clone_flags 参数低位的信号数字编码初始化 tsk-> exit_signal 字段，如果 CLONE_THREAD 标志被设置，就把 tsk-> exit_signal 字段初始化为 −1。

⑨ 调用 sched_fork(p) 完成对新进程调度程序数据结构的初始化。把新进程的 thread_info 结构的 cpu 字段设置为由 smp_processor_id() 所返回的本地 CPU 号。

⑩ 初始化表示亲子关系的字段。执行 SET_LINKS 宏，把新进程描述符插入进程链表。现在，新进程已经被加入进程集合，递增 nr_threads 变量的值。

⑪ 递增 total_forks 变量以记录被创建的进程的数量。

⑫ 终止并返回子进程描述符指针。

这个函数主要是为子进程创建父进程 PCB 的副本，然后对子进程 PCB 中的各个字段进行初始化。同时，子进程对父进程的各种资源进行复制或共享，具体取决于 clone_flags 所设置的标志。每种资源的复制或共享，都通过形如 copy_XYZ() 这样的函数完成，当然子进程获得了新的 pid。

4.2.3 进程中的其他系统调用

4.2.2 小节介绍了 fork 的创建过程，除此之外还有 exec、wait、exit 等系统调用，如图 4-11 所示。

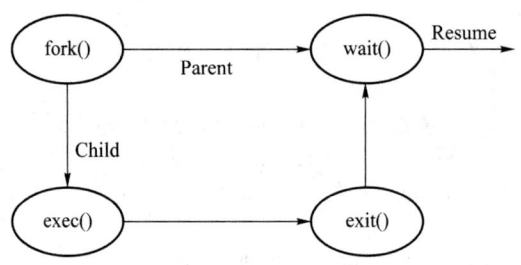

图 4-11 进程中的调用

在 Linux 系统中，一个进程可以调用 fork() 创建一个新的进程（子进程），子进程是父进程的复制品。父进程可以调用 wait() 函数等待一个子进程结束。exec() 函数家族可以用新的进程替换当前进程的内容，也就是说用新的程序代替当前的进程，原有进程的所有内容都被新的程序代替。exit() 函数用于终止当前进程。

一个进程生命周期的观察方案如下：

首先，使用 fork() 创建一个子进程；其次，在子进程中使用 exec() 函数加载并执行一个新的程序；再次，父进程使用 wait() 等待子进程结束；最后，子进程结束后，父进程获取子进程的退出状态，然后子进程被销毁。

下面是一个例子，展示了如何使用这些函数：

```
# include <stdio.h>
# include <stdlib.h>
# include <sys/types.h>
# include <sys/wait.h>
# include <unistd.h>
int main() {
```

```c
pid_t pid = fork();

if (pid == -1) {
    // Fork 失败
    perror("fork failed");
    exit(EXIT_FAILURE);
}
else if (pid == 0) {
    // 子进程
    printf("Child process PID: %d\n", getpid());
    execl("/bin/ls", "ls", NULL);

    // 如果 execl 函数返回,表示执行失败
    perror("execl failed");
    exit(EXIT_FAILURE);
}
else {
    // 父进程
    int status;
    waitpid(pid, &status, 0);
    printf("Child process exited with status %d\n", WEXITSTATUS(status));
}
return 0;
}
```

这段代码首先尝试使用 fork() 创建一个子进程。如果创建成功,子进程使用 execl() 函数运行/bin/ls 命令。如果 execl() 函数调用失败,子进程将打印错误信息并退出。父进程则等待子进程结束,并获取其退出状态。

4.3 Linux 进程调度

Linux 进程调度是一个复杂的过程,涉及多个因素,如进程优先级、运行时间、算法优化等。在 Linux 内核中,进程调度是通过调用 schedule() 函数完成的。

4.3.1 小节将首先介绍一下进程调度的基本模型。

4.3.1 Linux 进程调度基本模型

调度就是从就绪队列中,选择一个进程投入 CPU 运行,其目的是在一个进程占用 CPU 执行自己的操作后,选择下一个进程来占用 CPU。新创建的进程加入就绪队列,退出的进程从队列中删除。如图 4-12 所示。

调度发生的原因很简单,每个进程都希望能够占用 CPU 进行工作。因此,调度程序会进行上下文切换,并选择一个进程来执行其功能。

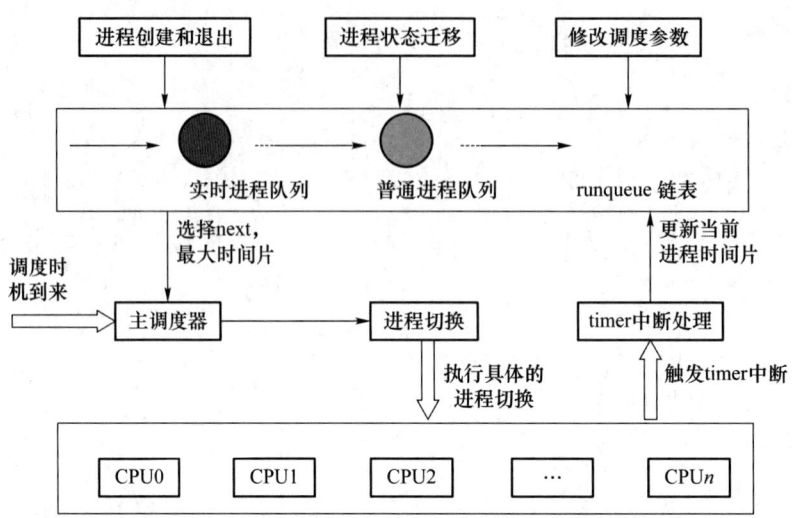

图 4-12 调度基本模型

1. 调度的时机

进程的调度可以理解为在进程的状态发生变化时进行。以下是一些进程状态的示例：

① 就绪态转换为运行态：当一个进程被创建后，它进入就绪队列中等待执行。当操作系统从就绪队列中选择一个进程时，它进入运行态并开始执行。

② 运行态转换为阻塞态：当一个进程执行 I/O 操作时，它可能会进入阻塞态，等待 I/O 操作完成。此时，操作系统会将当前进程放入阻塞队列，并切换到其他可运行的进程继续执行。

③ 运行态转换为结束态：当一个进程完成其任务或遇到终止指令时，它会进入结束态。操作系统会从就绪队列中选择下一个进程进行执行。

因为进程的状态发生变化时，操作系统需要考虑是否切换进程来占用 CPU 执行业务。所以，只要进程状态发生变化，就会触发进程调度。

2. 进程调度的原则

进程调度的原则主要有以下 5 方面：

① CPU 利用率：调度程序应始终使 CPU 运行于繁忙状态，以提高 CPU 的利用率。

② 系统吞吐率：指在一定时间内完成的进程数量。调度程序应尽量选择能够快速完成的进程，以提高系统的吞吐率。

③ 周转时间：指一个进程从创建到完成的总时间。调度程序应尽量减少进程的周转时间，以提高系统的效率。周转时间的计算公式为周转时间＝完成时间－创建时间。

④ 等待时间：指在就绪队列中等待被执行的时间，并非阻塞时间。

⑤ 响应时间：指用户发出请求后系统作出响应的时间。用户与其交互时所产生的消耗时间越少，响应越好。

总之，进程越快、越短，进程调度效果越好；

下面结合内核源代码讲解进程调度的演变过程。

3. 调度中的就绪队列

在内核代码中，我们把就绪状态的进程组成一个双向循环链表，也称就绪队列（runqueue）。

可以参考图 4-8，Linux 2.6 版本在 task_struct 结构中定义了队列结构，task_struct 的源

码在 4.1.3 小节中有介绍，与此部分有关的部分代码片段如下：

```
struct task_struct{
    ……
    struct list_head run_list;
    ……
};
```

其中，init_task(0 号进程的 PCB)为队头。

4.3.2 进程调度优先级及 $O(n)$ 调度器

1. 进程调度——$O(n)$ 调度器

$O(n)$ 调度器：采用基于优先级的一种调度算法，Linux 2.4 内核及更早都是采用这种算法。其定义如下：就绪队列是一个全局链表，从就绪队列中查找下一个最佳的就绪进程需要遍历整个就绪队列，花费的时间与就绪队列的进程数量有关，所耗费的时间是 $O(n)$，所以该调度器被称为 $O(n)$ 调度器。

2. 进程调度优先级

下面先对优先级做一个介绍。

在进程调度算法中，优先级是一个很重要的因素，每个进程都有一个优先级值，通常在创建进程时由操作系统分配。如果多个进程的优先级相同，则按照先来先服务(FIFO)的方式依次执行。

进程优先级这个概念，从用户空间来看，进程优先级就是 nice value 和 scheduling priority，对应到内核，有静态优先级、realtime 优先级、归一化优先级和动态优先级等概念。

下面从用户空间和内核空间两方面来看优先级，如图 4-13 所示。

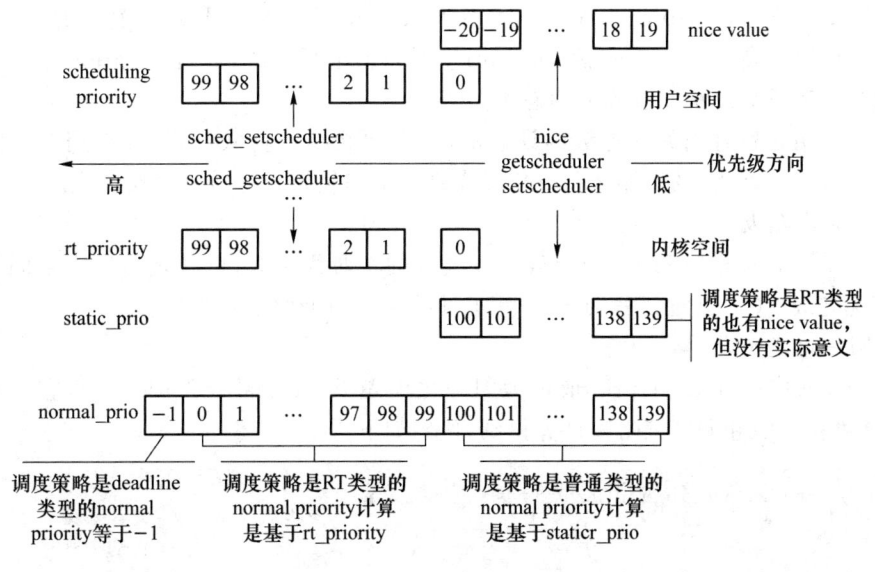

图 4-13 进程调度优先级

3. 用户空间进程调度优先级

从用户空间来看，进程优先级有两种含义：普通优先级(nice value)和调度优先级

(scheduling priority)。

对于普通进程而言,进程优先级就是普通优先级,从-20(优先级最高)~19(优先级最低),通过修改普通优先级可以改变普通进程获取 CPU 资源的比例。

随着实时需求的提出,进程又被赋予了另外一种属性调度优先级,而这些进程被称为实时进程。实时进程优先级的范围可以通过 sched_get_priority_min 和 sched_get_priority_max 来确定。对于 Linux 而言,实时进程的调度优先级的范围是 1(优先级最低)~99(优先级最高)。当然,普通进程也有调度优先级,被设定为 0。

在 task_struct 结构中的表示如下,task_struct 的源代码在 include/linux/sched.h 中,在 4.1.3 小节中有介绍,与此部分有关的代码片段如下:

```
struct task_struct {
    ……
    int prio, static_prio, normal_prio;
    unsigned int rt_priority;
    ……
    unsigned int policy;
    ……
}
```

policy 成员记录了该线程的调度策略,而其他的成员表示了各种类型的优先级。

4. 内核空间进程调度优先级

从内核空间看,进程调度优先级有动态优先级(prio),静态优先级(static_prio),归一化优先级(normal_prio)和实时优先级(rt_priority)等,下面分别介绍。

(1) 静态优先级

task_struct 中的 static_prio 成员,被称为静态优先级,其特点是值越小,进程优先级越高。0~99 用于实时进程(real-time processes),100~139 用于普通进程,缺省值是 120。

用户空间可以通过 nice()或者 setpriority 对该值进行修改,通过 getpriority 可以获取该值。新创建的进程会继承父进程的静态优先级。

静态优先级是所有相关优先级的计算的起点,要么继承自父进程,要么用户空间自行设定。一旦修改了静态优先级,那么归一化优先级和动态优先级都需要重新计算。

(2) 实时优先级

task_struct 中的 rt_priority 成员表示该线程的实时优先级,也就是从用户空间的视角来看的调度优先级。0 是普通进程,1~99 是实时进程,99 的优先级最高。

(3) 归一化优先级

task_struct 中的 normal_prio 成员为归一化优先级(normalized priority),它是根据静态优先级、调度优先级和调度策略来计算得到,代码如下:

```
static inline int normal_prio(struct task_struct * p)
{
    int prio;
    if (task_has_dl_policy(p))
        prio = MAX_DL_PRIO - 1;
    else if (task_has_rt_policy(p))
```

```
        prio = MAX_RT_PRIO-1 - p->rt_priority;
    else
        prio = __normal_prio(p);
    return prio;
}
```

归一化(normalization)就是将数据全部转换成某个特定的数据格式，维持在同一个量纲。对于这里的优先级，调度器需要综合考虑各种因素，例如，调度策略、普通优先级、调度优先级等，把这些因素全部考虑进来，归一化成一个数轴上的数值，以此来表示其优先级，这就是归一化优先级。对于一个线程，其归一化优先级的数值越小，其优先级越大。

调度策略是临期(deadline)进程比实时(RT)进程和常规(normal)进程的优先级还要高，因此它的归一化优先级是负数(-1)。如果采用实时调度策略，那么该线程的归一化优先级和rt_priority 相关。task_struct 中的 rt_priority 成员是用户空间视角的实时优先级，MAX_RT_PRIO-1 是 99，MAX_RT_PRIO-1-p->rt_priority 则翻转了实时进程的实时优先级，最高优先级是 0，最低是 98。注意，归一化优先级是 99 的情况是没有意义的。对于普通进程，归一化优先级就是静态优先级。

(4) 动态优先级

task_struct 中的 prio 成员表示了该线程的动态优先级，也就是调度器在进行调度时使用的那个优先级。动态优先级在运行时可以被修改，例如，在处理优先级翻转问题的时候，系统可能会临时调升一个普通进程的优先级。

一般设定动态优先级的代码如下：

```
p->prio = effective_prio(p)
```

具体计算动态优先级的代码如下：

```
static int effective_prio(struct task_struct * p)
{
    p->normal_prio = normal_prio(p);
    if (! rt_prio(p->prio))
        return p->normal_prio;
    return p->prio;
}
```

rt_prio 是一个根据当前优先级来确定是否是实时进程的函数，包括两种情况，一种情况是该进程是实时进程，调度策略是 SCHED_FIFO 或者 SCHED_RR。另外一种情况是该进程是人为地被提升到 RT priority 的区域，例如，在使用优先级继承的方法解决系统中的优先级翻转问题的时候。

在这两种情况下，我们都不改变其动态优先级，即 effective_prio 返回当前动态优先级 p->prio。在其他情况下，进程的动态优先级跟随归一化优先级的优先级。

4.3.3 O(1)调度器及其特征

O(1)调度的基本思想是根据进程的优先级进行调度。进程有两个优先级，一个是静态优先级,一个是动态优先级。静态优先级是用来计算进程运行的时间片长度的,动态优先级是在调度器进行调度时用到的,调度器每次都选取动态优先级最高的进程运行。由于其在数据结构设计上采用了一个优先级数组,这样在选择最优进程时时间复杂度为 $O(1)$,所以被称为 $O(1)$ 调度。

先回顾一下 $O(n)$ 调度器的问题,$O(n)$ 调度器中只有一个全局的就绪队列(runqueue),严重影响了扩展性。为此,$O(1)$ 调度器引入了每个 CPU 都有一个就绪队列的概念。系统中所有的就绪进程,首先经过负载均衡模块,挂入各个 CPU 的就绪队列,然后由主调度器和周期性调度器驱动该 CPU 上的进程调度行为,如图 4-14 所示。

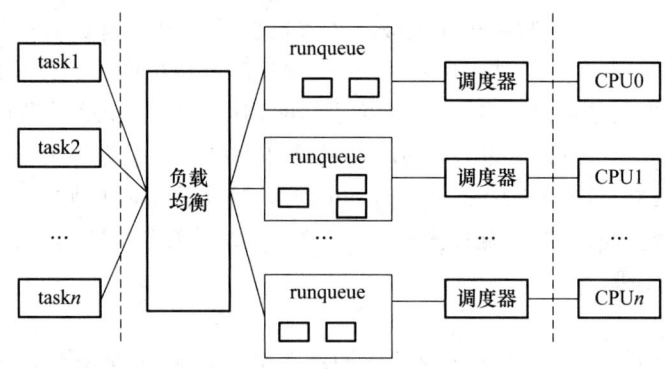

图 4-14 进程调度

$O(n)$ 调度器会在所有进程的时间片用完后,才会重新计算任务的优先级;而 $O(1)$ 调度器则是每当一个进程时间片用完后,就重新计算优先级。

$O(1)$ 调度器还引入了一些新的特性:

① 全局优先级,范围为 0~139,数值越低,优先级越高;

② 将进程拆分成实时进程(0~99)和普通进程(100~139),优先级更高的进程获得更多的时间片;

③ 支持抢占,当任务状态变成 TASK_RUNNING 时,内核会检查其优先级是否比当前任务的优先级更高,如果是的话,则抢占当前正在运行的任务,切换到该任务;

④ 实时进程使用静态优先级;

⑤ 普通进程使用动态优先级,任务优先级会在其使用完自己的时间片后重新计算,内核会考虑它过去的行为,决定它的交互等级,交互型任务更容易得到调度。

$O(1)$ 调度器为每个 CPU 维护了两个队列:

① 活跃(active)队列:存放的是时间片尚未用完的任务。

② 耗尽(expired)队列:存放的是时间片已经耗尽的任务。

当一个队列的时间片用完后,就会被转到 expired 队列,而且会重新计算它的优先级,当 active 队列任务全部转移到 expired 队列后,会交换二者,使得 active 队列指向 expired 队列,expired 队列指向 active 队列。可以看出,优先级的计算和队列切换都和任务数量的多少无关,能够在 $O(1)$ 的时间复杂度下完成。

简言之,$O(1)$ 调度器的基本优化思路就是把原来就绪队列上的单链表,变成多个链表,即每一个优先级的进程被挂入不同链表中,其中每个 runqueue 又会分为 active 和 expired 队列,如图 4-15 所示。

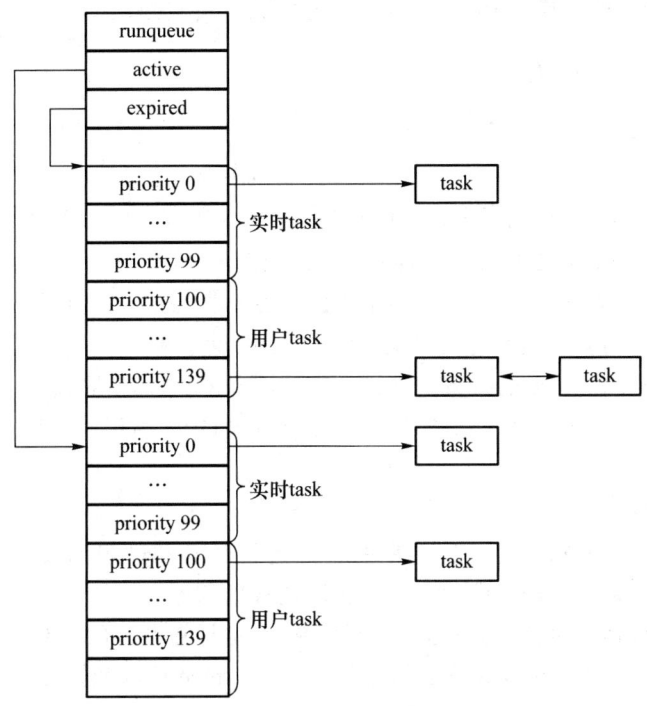

图 4-15 runqueue 中的 active 和 expired 队列

在 Linux 2.4 之前,早期的优先级数组结构表示如下:

```
struct prio_array {
  unsigned int nr_active;
  unsigned long bitmap[BITMAP_SIZE];
  struct list_head queue[MAX_PRIO];
};
```

由于 $O(1)$ 支持 140 个优先级,因此队列成员中有 140 个分别表示各个优先级的链表头,不同优先级的进程挂入不同的链表中。

bitmap 表示各个优先级进程链表是空还是非空,nr_active 表示这个队列中有多少个任务。在这些队列中,100~139 是普通进程的优先级,其他是实时进程的优先级。

在 $O(1)$ 调度器中,因为实时进程和普通进程被区分开了,所以普通进程根本不会影响实时进程的调度。

综上所述,就绪队列中有两个优先级队列,分别用来管理活跃队列 active 和 expired 的进程。随着系统的运行,active 队列的任务一个个地耗尽其时间片,挂入 expired 的队列。当 active 队列的任务为空的时候,两个队列互换,开始一轮新的调度过程。

虽然在 $O(1)$ 调度器中任务组织的形式发生了变化,但是其核心思想仍然和 $O(n)$ 调度器一致,都是把 CPU 资源分成多个时间片,然后分配给每一个就绪的进程。

由于没有遍历整个链表的操作,因此,这个调度器的算法复杂度是一个常量,从而解决了 $O(n)$ 算法复杂度高的问题。但是,$O(1)$ 调度器使用非常复杂的算法来判断进程是否是交互式进程,以及进程的用户交互指数,这仍然存在一定的问题。后期调度模型采用了机制与策略分离的方法,达到了较好的效果,详细内容可以参考相关资料文档。

4.3.4 完全公平调度

1. 完全公平调度

完全公平调度(completely fair scheduler,CFS)的目标,是保证每一个进程的完全公平调度。CFS没有时间片的概念,而是分配CPU使用时间的比例。CFS为了实现公平,要惩罚当前正在运行的进程,以使那些正在等待的进程下次被调度。

CFS引入权重的概念,用权重代表进程的优先级,各个进程按照权重的比例分配CPU的时间。

实际运行时间=调度周期×进程权重/所有进程权重之和

例如:2个进程A和B,A的权重是1 024,B的权重是2 048。那么A获得的CPU使用时间比例是1 024/(1 024+2 048)=33.3%,B进程获得的CPU使用时间比例是2 048/(1 024+2 048)=66.7%。

2. 虚拟运行时间

虚拟运行时间(vruntime)是通过进程的实际运行时间和进程的权重(weight)计算出来的。CFS将进程优先级这个概念弱化,而是强调进程的权重。一个进程的权重越大,则说明这个进程更需要运行,因此它的虚拟运行时间就越小,这样被调度的机会就越大。

CFS用nice值表示优先级,取值范围是[−20,19],nice值和权重是一一对应的。nice值越小代表优先级越大,同时也意味着权重越大。

虚拟运行时间是将各个优先级进程等效为nice值为0的进程所运行的时间,因此,vruntime相等并不代表进程的实际运行时间是相等的。事实上,考虑到优先级,从公平的角度来说,实际运行时间也应该是不相等的。既然vruntime是转换为nice为0的等效运行时间,那么各个进程的vruntime在一个调度周期内相等是理所当然的。

完全公平调度依赖于虚拟时钟,CFS通过每个进程的虚拟运行时间来衡量哪个进程最值得被调度。

3. 红黑树

CFS维护了一个按照虚拟时间排序的红黑树,所有可运行的调度实体按照p->se.vruntime排序插入红黑树,如图4-16所示。

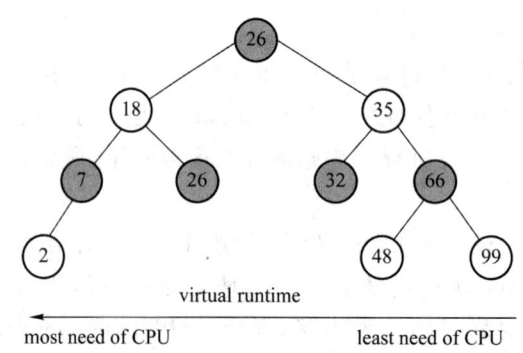

图4-16 红黑树

注意:由于图4-16采用灰度图表示,其中红色部分用白替代,黑色部分用浅灰色替代。

CFS使用红黑树主要是因为调度是一个动态的东西,完全静态使用散列表表示。红黑树是牺牲了严格的高度平衡的优越条件为代价,它只要求达到部分平衡,从而提高性能。红黑

树能够以 $O(\log_2 n)$ 的时间复杂度进行搜索、插入、删除操作。此外，由于它的设计，故任何不平衡都会在 3 次旋转之内解决。

当然，还有一些更好的但实现起来更复杂的数据结构能够做到在 1 步旋转之内达到平衡，但红黑树能够给我们一个比较便捷的解决方案。

CFS 中的就绪队列是一棵以虚拟时间为键值的红黑树，虚拟时间越小的进程，越靠近整个红黑树的最左端。因此，调度器每次选择位于红黑树最左端的那个进程，该进程的虚拟时间最小。

在如图 4-17 所示的红黑树中，CFS 会选择红黑树最左边的进程运行。随着系统时间的推移，原来左边运行过的进程会慢慢地移动到红黑树的右边，原来右边的进程也会最终移动到最左边。因此，红黑树中的每个进程都有机会运行。

4.4 进程管理实验

通过打印进程控制块中的字段和 fork、clone 系统调用的用法这两个内存管理实验，帮助读者了解和熟悉 Linux 中的内存管理机制，以及 fork 和 clone 系统调用的用法。

4.4.1 打印进程控制块中的字段

在本小节，我们编写了一个内核模块，打印系统中所有进程的 PID 和进程名。这个例子仅仅是打印出 PCB 中的 2 个字段，读者可以在此基础上稍加修改，打印出更多字段内容，来观察进程执行过程中其相关字段的具体值。

全部代码在 sample/chp4/ 的 task_print.c 中，部分代码片段如下：

```
static int print_pid( void)
{
  struct task_struct * task, * p;
  struct list_head * pos;
  int count = 0;
  printk("Hello World enter begin:\n");
  task = &init_task;
  list_for_each(pos,&task -> tasks)  {
    p = list_entry(pos, struct task_struct, tasks);
    count ++ ;
    printk(" % d--- > % s\n",p-> pid,p-> comm);
  }
  printk(the number of process is: % d\n",count); return 0;
}
```

4.4.2 fork 和 clone 系统调用的用法

通过本小节的内存管理实验，帮助读者了解和熟悉 Linux 中 fork 系统调用和 clone 系统调用的用法。

本实验先使用 fork() 函数创建一个子进程，然后在父进程和子进程中分别使用 printf 语

操作系统内核

句来判断谁是父进程和子进程。

再使用 clone() 函数创建一个子进程。我们会对父进程和子进程共同访问一个全局变量的情况,以及父进程先于子进程消亡的结果进行分析。

本实验的参考代码在 clone_test.c 中,部分代码如下:

```c
int thread_fn(void * data){
    int j;
    printf("starting child thread_fn, pid = %d\n", getpid());
    for (j = 0; j < 10; j++) {
        param = j + 1000;
        sleep(1);
        printf("child thread running: j = %d, param = %d secs\n", j,
            param);
    }
    printf("child thread_fn exit\n");
    return 0;
}
int main(int argc, char **argv){
    int j, tid, pagesize, stacksize;
    void * stack;
    printf("starting parent process, pid = %d\n", getpid());
    pagesize = getpagesize();
    stacksize = 4 * pagesize;
    /* could probably just use malloc(), but this is safer */
    /* stack = (char *)memalign (pagesize, stacksize); */
    posix_memalign(&stack, pagesize, stacksize);
    printf("Setting a clone child thread with stacksize = %d…", stacksize);
    tid = clone(thread_fn, (char *)stack + stacksize, CLONE_VM | SIGCHLD, 0);
    printf(" with tid = %d\n", tid);
    if (tid < 0)
        exit(EXIT_FAILURE);
    /* could do a  wait (&status) here if required */
    for (j = 0; j < 6; j++) {
        param = j;
        sleep(1);
        printf("parent running: j = %d, param = %d secs\n", j,
            param);
    }
    ……
}
```

下面是本实验的实验步骤。

首先,进入实验代码所在目录:

```
# cd /home/lab466
```

其次，编译测试程序：

```
/home/lab466/      # gcc clone_test.c -o clone_test
```

最后，运行 close_test 程序：

```
/home/lab466/      # ./clone_test
```

结果如图 4-17 所示。

```
lab466@ubuntu:./clone_test
starting parent process, pid=6929
Setting a clone child thread with stacksize
    = 16384.... with tid=6930
starting child thread_fn, pid=6930
child thread running: j=0, param=1000 secs
parent running: j=0, param=1001 secs
child thread running: j=1, param=1 secs
parent running: j=1, param=1002 secs
child thread running: j=2, param=2 secs
parent running: j=2, param=1003 secs
parent running: j=3, param=3 secs
child thread running: j=3, param=4 secs
parent running: j=4, param=1004 secs
child thread running: j=4, param=1004 secs
parent running: j=5, param=1005 secs
parent killitself
child thread running: j=5, param=1005 secs
 child thread running: j=6, param=1006 secs
child thread running: j=7, param=1007 secs
child thread running: j=8, param=1008 secs
```

图 4-17 父子进程运行结果

接着测试代码 testfor.c 中"_"的个数：

```c
int main(void)
{
    int i;
    for(i = 0; i < 2; i++){
        fork();
        printf("_\n");
    }
    wait(NULL);
  wait(NULL);
  return 0;
}
```

编译测试程序：

```
/home/lab466/      # gcc testfork.c -o testfork
```

运行 close_test 程序：

```
/home/lab466/    # ./testfork
```

最终结果是打印了 6 个"_"。

课 程 思 政

学会从唯物辩证法发展观的角度来看待问题

2018 年以来,在"2018 年美国制裁中兴事件""孟晚舟事件"等的影响下,国人尤其觉得倘若核心技术受制于人,我国就无法在对应的科技领域中占据主导地位,而这必将会严重影响国家安全、社会稳定,并限制经济发展。例如,采用 Windows 10 等知识产权非我国所有的操作系统极有可能给我国信息安全带来潜在风险。

值得庆幸的是,近年来,在"核高基"(核心电子器件+高端通用芯片+基础软件产品)等国家科技重大专项的支持与引导下,国产操作系统领域研发人员不断增强自主创新能力,同时促进自主研发的操作系统充分参与市场竞争,使得国产操作系统市场占有率得以大幅提升。那么,国产操作系统究竟能否成功呢?

判定一个操作系统能否成功,主要得看它的生态建设情况。

在上述国际形势下,中国信息技术(information technology,IT)产业从基础硬件到系统软件,再到行业应用软件,在不同层面均迎来了国产替代潮。如今,国产操作系统的应用领域正在逐步拓展,金财、金农、金企等"十二金"工程,以及通信、能源、交通等一系列关键基础设施,都已开始进行部分产品国产化替代。

我们坚信,随着国家战略向国产操作系统倾斜,国产操作系统市场规模必将越来越大,成熟的开源软件(如 Linux 等)所构成的生态圈,也必将会孕育出蓬勃发展的国产操作系统生态环境。但是与此同时,我们也要学会从唯物辩证法发展观的角度来看待问题,清晰地认识到研发国产操作系统依旧任重而道远,促使更多企业投入国产操作系统研发,同时不断培养 IT 产业高级人才,实现国产操作系统发展的良性循环。

课后练习题

1. 进程和程序有什么区别与联系,请简述。
2. 在 Linux 中,通过哪种系统调用创建一个新的进程?
3. 进程包括 5 种状态,请分别对其进行介绍。
4. fork、clone 与 vfork 函数,在使用中有什么区别。
5. 请简述 do_fork()代码流程中的关键步骤。
6. 调度就是从就绪队列中选择一个进程投入 CPU 运行,正确吗?
7. 在用户空间,进程优先级有两种含义,请对其进行简述。
8. 请简述 O(1)调度算法的核心思想是什么?
9. 请对完全公平调度器的目标做一个简要介绍。

第 5 章　内存管理

内存管理是指软件运行时对计算机内存资源的分配和使用进行管理的技术。其最主要的目的是高效、快速地分配计算机内存资源,并在适当的时候释放和回收内存资源。本章主要内容包括 Linux 内存管理机制、进程用户空间管理机制、内核空间划分与管理、物理内存的组织、内存管理实验。

5.1　Linux 内存管理机制

5.1.1　内存的层次

大部分的计算机都有一个存储器层次结构,如图 5-1 所示,即少量的非常快速、昂贵、易变的高速缓存(cache),若干兆字节的中等速度、中等价格、易变的主存储器(RAM),数百兆或数千兆的低速、廉价、不易变的磁盘。

这些资源能否被合理使用,直接关系着系统的效率。

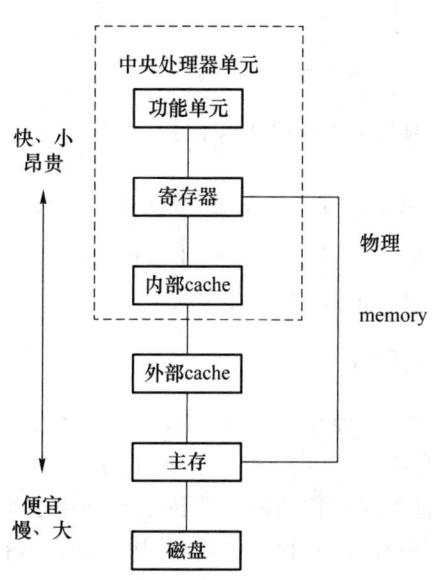

图 5-1　存储器层次结构

和磁盘等外存相比,内存(RAM)明显比外存速度快,但内存速度还是无法与 CPU 的速度匹配。因此，CPU 内部需要更快的存储装置，这就是高速缓存(cache)。

CPU 缓存(cache memory)是位于 CPU 与内存之间的临时存储器，它的容量比内存小得多，但是交换速度却比内存要快得多。缓存的出现主要是为了解决 CPU 运算速度与内存读写速度不匹配的矛盾，因为 CPU 运算速度要比内存读写速度快很多，这样会使 CPU 花费很长时间等待数据到来或把数据写入内存。

高速缓冲存储器是存在于主存与 CPU 之间的一级存储器，由静态存储芯片(SRAM)组成，容量比较小但速度比主存高得多，接近于 CPU 的速度。在计算机存储系统的层次结构中，它是介于中央处理器和主存储器之间的高速小容量存储器。

内存的层次如图 5-2 所示。

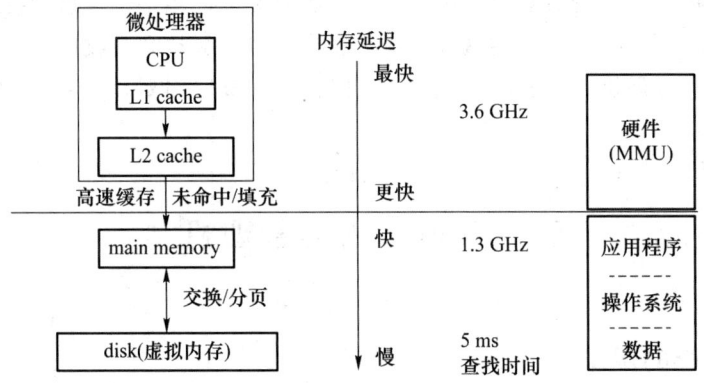

图 5-2　内存的层次

我们可以通过 lscpu 命令，查看内存的层次结构，如图 5-3 所示。

```
lab466@ubuntu:~$ lscpu
L1d cache:        32K
L1i cache:        32K
L2 cache:         256K
L3 cache:         3072K
NUMA node0 CPU(s):  0-3
```

图 5-3　通过 lscpu 命令查看内存的层次

从输出结果看，在 X86 机器上，L1d cache 和 L1i cache，为一级数据和指令 cache，L2 cache 和 L3 cache 为二级和三级 cache，大小各不同。

5.1.2　虚拟内存实现机制

虚拟内存是现代操作系统普遍使用的一种技术。很多情况下，现有内存无法满足一些进程的大的内存要求。物理内存不够用的情况下，出现了覆盖、交换和虚拟内存等技术。

覆盖(overlays)：早期的操作系统曾使用覆盖技术来解决这个问题，将一个程序分为多个块，基本思想是先将块 0 加入内存，块 0 执行完后，将块 1 加入内存，依次类推。覆盖方案最大的问题是需要人为地对程序进行分块，这是一个很费时费力的过程。这个解决方案的修正版就是虚拟内存。

交换(swapping)：可以将暂时不能执行的程序(进程)送到外存中，从而获得空闲内存空间来装入新程序(进程),或读入保存在外存中且处于就绪状态的程序。

虚拟内存:虚拟内存的基本思想是每个进程有独立的逻辑地址空间,内存被分为大小相等的多个块,称为页(page)。每个页都是一段连续的地址。对于进程来看,逻辑上貌似有很多内存空间,其中一部分对应物理内存上的一块,称为页框,通常页和页框大小相等,还有一些没加载在物理内存中的,对应在硬盘上。

下面介绍 Linux 对虚拟内存进行管理中的请页、地址映射、内存分配、缓存和刷新及交换这 5 种内存管理机制。图 5-4 体现了这几种机制之间的相关配合和作用。

首先内核通过地址映射机构来实现地址变换,把进程从磁盘映射到虚拟地址空间,它将文件的内容映射到进程的虚拟地址空间中,使得进程可以直接读写文件而无须通过传统的 I/O 操作。通过内存映射,文件被视为内存的一部分,进程可以像访问普通内存一样对文件进行读写操作。

当进程执行时,访问的数据或指令不在当前的内存中时,就会发生缺页异常。如果发现要访问的页没有在物理内存中,地址映射就发出请页,如图 5-4 中标号 1 所示,将相应的页面从磁盘中调入内存,然后继续执行。

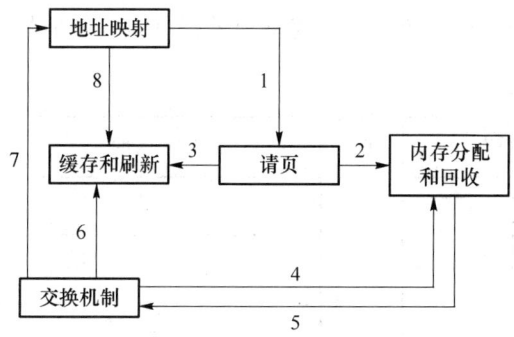

图 5-4 虚拟内存实现机制关系图

如果发现有空闲的内存,请页会利用内存的分配和回收机制,进入如图 5-4 中标号 2 所示的请求分配内存流程。在内存不断分配与回收的过程中,会产生诸多内存碎片,但通过利用相应的机制和技术,内存碎片化的问题能够得到有效的解决。

利用缓存机制,系统把目前在使用中的页记录在页缓存中。为了提高系统读写性能,内核利用一部分物理内存分配出缓冲区,用于缓存系统操作和数据文件。当内核收到读写的请求时,内核先去缓存区找是否有请求的数据,有就直接返回,如果没有则通过驱动程序直接操作磁盘。缓存的优点是减少系统调用次数,降低 CPU 上下文切换和磁盘访问频率。通过将数据存储在内存中,缓存机制可以提高文件系统的性能,减少对磁盘的 I/O 操作,如图 5-4 中标号 3 所示。

如果没有足够的内存可供分配,那么调用交换机制,将一部分硬盘空间作为内存使用,用来临时保存进程的内存数据,以便清理出一部分内存,这个过程称为交换(swapping)。交换发生在两种情况下:系统物理内存不足时,或者当系统认为进程不再需要使用当前分配给它的内存时,如图 5-4 中标号 4 和标号 5 所示。

另外,地址映射要通过 TLB 缓存,它存储最近常用的页表项,以减少访问内存中页表的需求。当 CPU 尝试访问内存中的地址时,它会先检查 TLB,如果找到相应的条目,就会使用该条目来转换地址。如果在 TLB 中找不到相应的条目,CPU 就会去内存中查找页表,并更新

TLB,来加速物理页的寻找,如图5-4中标号8所示。

交换机制中也要用到交换缓存,如图5-4中标号6所示,用于加速对磁盘上交换空间的访问。交换缓存是主内存中的一部分,用来临时保存不常用的内存页,以便于在需要时可以快速地从磁盘上的交换空间中恢复这些页。把物理页内容交换到交换文件中后,也要通过修改页表,映射文件地址,如图5-4中标号7所示。

5.1.3 进程虚拟地址空间

虚拟地址是程序运行时程序访问存储器所使用的逻辑地址,它通过逻辑地址映射到真正的物理内存上。每个进程都可拥有3GB的虚拟地址空间,并且用户进程之间的地址是互不可见、互不影响的。也就是说,即使两个进程对同一块地址进行操作,也不会产生问题。

虚拟地址是不具备存储能力的,数据的存储依然要存放在物理内存中。其可以通过页表映射从逻辑地址空间访问真实的物理地址空间。程序一旦被执行就成为一个进程,内核就会为每个运行的进程提供大小相同的虚拟地址空间,这使得多个进程可以同时运行且不会互相干扰。

一个进程对某个地址的访问绝不会干扰其他进程对同一地址的访问,图5-5是X86的32位地址空间示意图。

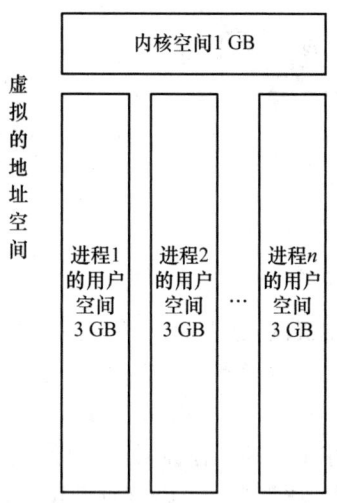 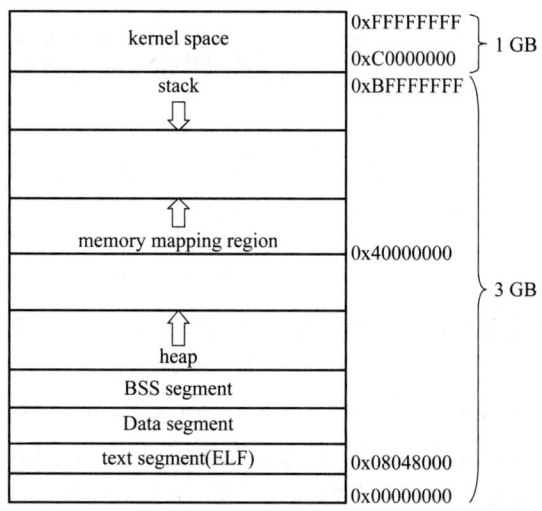

图5-5 进程虚拟地址空间

1. 虚拟内存、内核空间和用户空间

每个进程通过系统调用进入内核,Linux内核空间由系统内的所有进程共享。

在32位的X86机器上,Linux虚拟内存的大小为4GB。内核将这4GB的空间分为两部分。最高的1GB(从虚拟地址0xC0000000到0xFFFFFFFF)供内核使用,称为内核空间。而较低的3GB(从虚拟地址0x00000000到0xBFFFFFFF),供各个进程使用,称为用户空间。

因为每个进程都可以通过系统调用进入内核,因此,Linux内核空间由系统内的所有进程共享。于是,从具体进程的角度来看,每个进程都可以拥有4GB的虚拟地址空间(也叫虚拟内存)。

每个进程都有各自的私有用户空间(0~3GB),这个空间对系统中的其他进程是不可见的。最高的 1 GB 内核空间则为所有进程以及内核所共享,如图 5-5 所示。

根据图 5-5 我们可以看出,每个程序编译链接后形成的二进制映像文件都有一个代码段(text)和数据段(BSS 和 data)。进程运行时,还要有独占的堆(heap)和栈(stack)空间。请注意此处用户栈(位于 3 GB 内)与 4.4.4 小节中内核栈的区别。

链接器和函数库都有自己的代码段(text)和数据段(BSS 和 data)。进程要映射的文件,被映射到内存映射区(memory mapping region)。

一个进程对其中一个地址的访问,与其他进程对于同一地址的访问不会发生冲突。例如,一个进程从其用户空间的地址 0x12345678 处可以读出整数 18,而另外一个进程从其用户空间的地址 0x12345678 处可以读出整数 22,这取决于进程自身的逻辑。

任意一个时刻,在一个 CPU 上只有一个进程在运行。所以对于此 CPU 来讲,在这一时刻,整个系统只存在一个 4 GB 的虚拟地址空间,这个虚拟地址空间是面向此进程的。当进程发生切换的时候,虚拟地址空间也随着切换。

由此可见,每个进程都有自己的虚拟地址空间,只有此进程运行的时候,其虚拟地址空间才被运行它的 CPU 所知。在其余时刻,其虚拟地址空间对于 CPU 来说是不可知的。

所以尽管每个进程都可以有 4 GB 的虚拟地址空间,但在 CPU 眼中,只有一个虚拟地址空间存在。虚拟地址空间的变化,随着进程的切换而变化。

从上面我们知道,一个程序编译链接后形成的地址空间是一个虚拟地址空间,但是程序最终还是要运行在物理内存中。因此,应用程序所给出的任何虚拟地址,最终都必须被转化为物理地址。

因此,虚拟地址空间必须被映射到物理内存空间中,这个映射关系需要通过硬件体系结构所规定的数据结构来建立。这就是段描述符表和页表,Linux 主要通过页表来进行映射。

如果给出的页表不同,那么 CPU 将某一虚拟地址空间中的地址转化成的物理地址就会不同。所以我们为每一个进程都建立页表,将每个进程的虚拟地址空间根据其需要映射到物理地址空间上。

我们知道某一时刻在某一 CPU 上只能运行一个进程,所以进程切换时会将页表更换为相应进程的页表,从而实现了每个进程都有独立的虚拟地址空间,互不影响。也就是对于一个 CPU 来说,在任意时刻只需要有当前进程的页表,就可以实现其虚拟地址到物理地址的转化。

2. 进程用户空间描述数据结构

为便于管理,Linux 把进程的用户地址空间划分为若干虚拟内存区域(virtual memory area,VMA),VMA 是进程地址空间的一部分,它代表了一连串的内存页以及这些页的权限。每个 VMA 都有一个开始地址、一个结束地址和一些与之关联的标志,例如,是否可执行、是否可读、是否可写等。

具体来讲,进程的用户空间由 mm_struct 结构和 vm_area_structs 结构描述。mm_struct 结构对进程整个用户空间进行描述,vm_area_structs 结构对用户空间中各个内存区进行描述。

下面我们将对这些结构的源码进行分析。

3. mm_struct 在源代码中的部分字段

mm_struct 的源代码在 include/linux/mm_types.h 中,部分代码片段如下:

```
struct mm_struct {
    struct vm_area_struct * mmap;        //虚拟内存描述符链表
    //整个地址空间被分成不连续的内存,每片由 vm_area_struct 管理,所有 VMA 按地址大小链表起来
    struct rb_root mm_rb;        //方便增删,把 VMA 传入到红黑树中
    u32 vmacache_seqnum;         // per-thread vmacache
    unsigned long ( * get_unmapped_area) (struct file * filp,
        unsigned long addr, unsigned long len,
        unsigned long pgoff, unsigned long flags);
    unsigned long mmap_base;        // mmap 开始映射地址
    unsigned long mmap_legacy_base;    //控制上下分配
    unsigned long task_size;        //虚拟地址空间大小
    unsigned long highest_vm_end;   //最后一个 VMA 的 vm_end 值
    pgd_t * pgd;        //进程的页全局目录地址
    atomic_t mm_users;    //共享同一个用户虚拟地址空间的任务个数,为 0 的时候释放这个引用
    ...
    atomic_t mm_count;    //mm 被引用的计数,为 0 时,释放这个结构体
# ifdef CONFIG_MMU    /* 打开的 */
        atomic_long_t pgtables_bytes;    /* PTE page table pages */
# endif
        int map_count;        //mm 中 VMA 的个数
        spinlock_t page_table_lock;    //自旋锁,保护页表和计数器
    ......
};
```

4. mm_struct 基本字段的含义

mm_struct 是 Linux 内核中描述进程地址空间的数据结构,包含了进程的地址空间信息。以下是 mm_struct 结构中的一些字段含义的简要描述:

① mmap 和 mm_rb:一个进程的虚拟空间中可能有多个虚拟区间,对这些虚拟区间的组织方式有两种,分别为当虚拟区间较少时,采用单链表,由 mmap 指针指向该链表;当虚拟区间多时,采用红黑树结构,由 mm_rb 指向该红黑树结构。

② pgd:指向页全局目录的指针,用于构建内存映射,当调度程序调度一个程序运行时,将这个虚拟地址转成物理地址,并写入控制寄存器(CR3)。

③ mm_users:引用计数,表示有多少个进程共享这个地址空间。

④ mm_count:mm_struct 的原子计数器,用于确定 mm_struct 的生命周期。

⑤ mmap_cache:缓存最近一次内存映射查找的结果。

⑥ mapping_list:指向映射到文件的所有页的链表。

5. mm_struct 如何描述地址空间

这些字段是 mm_struct 的基础,每个进程的地址空间都有一个对应的 mm_struct 结构体实例,在进程的 task_struct 结构中,有一个字段 mm 指向 mm_struct 结构。

mm_struct 结构中各个区域的起始和结束字段,描述了进程地址空间的各个虚拟内存区

域(VMA),如图 5-6 所示。

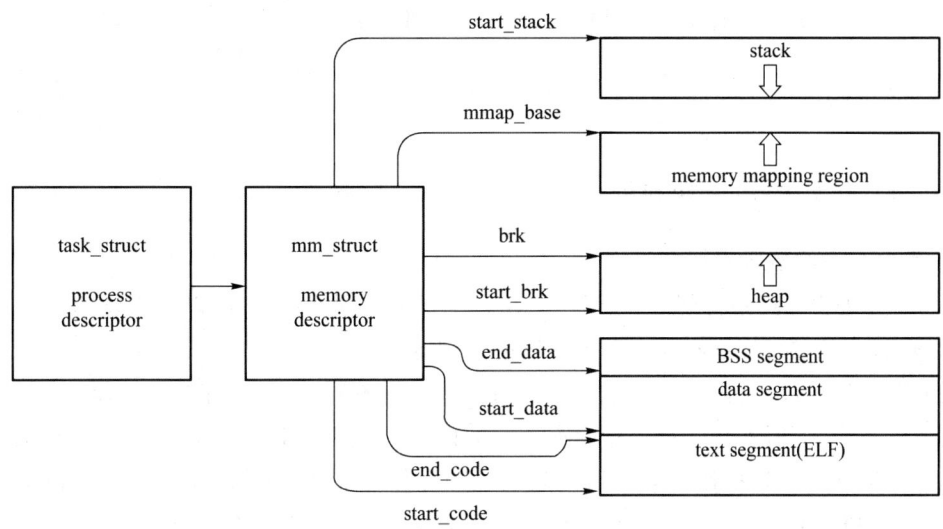

图 5-6 mm_struct 描述地址空间

6. 虚拟内存区域结构

虚拟内存区域结构(vm_area_struct)是表示进程地址空间中一个连续的区间的数据结构。它用于描述一个映射到进程地址空间的内存区域。它包含了很多字段,例如,区间的开始和结束地址、访问权限、标记、映射的文件等。

vm_area_struct 结构体的源代码定义在文件 include/linux/mm_types.h 中,部分代码片段如下:

```
struct vm_area_struct {
    // 第一个缓存行具有 VMA 树移动的信息
    unsigned long vm_start;      //起始地址在 vm_mm 内
    unsigned long vm_end;        //结束地址在 vm_mm 之后的第一个字节
    //每个任务的 VM 区域的链接列表,按地址排序
    struct vm_area_struct * vm_next, * vm_prev;
    struct rb_node vm_rb;
    //VMA 左侧最大的可用内存间隙(以字节为单位)
    //第二个缓存行从这里开始
    struct mm_struct * vm_mm;    //所属的 address space
    pgprot_t vm_page_prot;       //此 VMA 的访问权限
    ......
    struct list_head anon_vma_chain;
        //mmap_sem 和 * page_table_lock 序列化
    struct anon_vma * anon_vma;  //由 page_table_lock 序列化
        //用于处理此结构体的函数指针
    const struct vm_operations_struct * vm_ops;
        //后备存储(backing store)的信息
    unsigned long vm_pgoff;
```

```
        //以 PAGE_SIZE 为单位的偏移量(在 vm_file 中)
        struct file * vm_file;         //映射到文件(可以为 NULL)
...
}
```

5.1.4 进程的用户空间划分

1. 用户空间的多区间划分

Linux 把进程的用户空间分割管理,并结合了虚拟内存操作集合,以便描述如何处理特定类型的虚拟内存区域,提供不同来源虚存区的处理方法。

之所以这样分隔,是因为每个虚拟区间的来源可能不同,有的可能来自共享库,有的可能来自可执行映像,而有的可能是动态内存分配的内存区。所以对于每个由 vm_area_struct 结构所描述的区间的处理操作和它前后区间的处理操作可能会有所不同。为此,Linux 分割了虚拟内存,并利用虚拟内存操作集合抽象对不同来源虚拟内存的处理方法。

鉴于不同的虚拟区间的处理操作纷繁复杂,Linux 采用了面向对象的思想,即把一个虚拟区间看成一个对象,用 vm_area_struct 描述这个对象的属性,其中的 vm_operations 结构描述了在这个对象上的操作。

Linux 对于虚存区的操作定义在 vm_operations_struct 数据结构中,通过在 vm_area_struct 结构中使用指针 vm_ops 来确定该虚存区可以进行的一系列操作集合。

vm_operations_struct 的源代码在 include/linux/mm.h 中,部分代码片段如下:

```
struct vm_operations_struct {
        //打开操作,当内核生成一个虚存区后或者当虚存区被复制后,就用该命令打开。
        void ( * open)(struct vm_area_struct * area);
        //关闭操作,当内核销毁一个虚存区时,调用该命令
        void ( * close)(struct vm_area_struct * area);
        //处理缺页异常,当进程访问一个不属于内存的有效页面时,调用该命令,返回该页的物理
            地址
        void ( * nopage)(int error_code, struct vm_area_struct * area, unsigned long address);
        //处理写保护异常,当往一个被保护的页面上写入数据时,调用该命令
        void ( * wppage)(struct vm_area_struct * area, unsigned long address);
        int ( * share)(struct vm_area_struct * from,
                struct vm_area_struct * to, unsigned long address);
        //取消映射操作,当内核取消虚存区的部分或者全部映射时,调用该命令
        //当取消全部映射后,内核就会自动调用 close()进行关闭操作
        int ( * unmap)(struct vm_area_struct * area, unsigned long, size_t);
};
```

图 5-7 反映了虚拟内存区域如何映射到地址空间,mm_struct 结构由多个的 VMA 组成,进程的代码段和数据段映射到 text 段和 data 段,共享库(.so)映射到内存映射区。

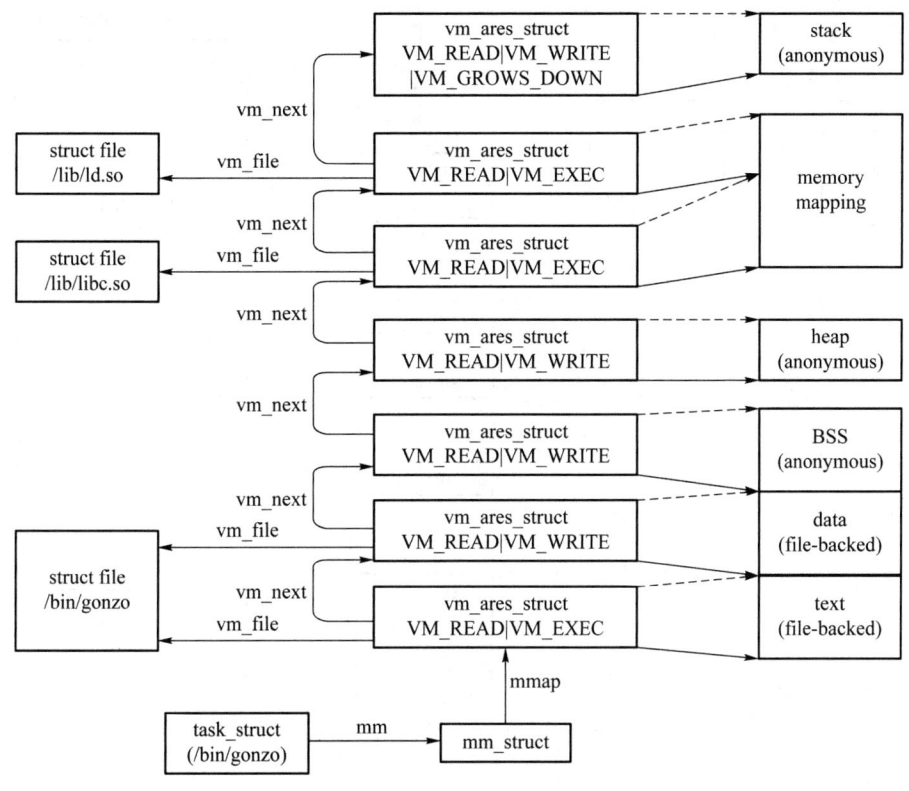

图 5-7 虚拟内存区域映射到地址空间

2. 相关数据结构的关系

进程控制块是内核中的核心数据结构。

每个进程只有一个 mm_struct 结构,在每个进程的 task_struct 结构中,含一个 mm 域,有一个指向该进程的结构,它是指向 mm_struct 结构的指针。

进程的 mm_struct 结构是对整个用户空间的描述,包含进程的可执行映像信息,以及进程的页目录指针 pgd 等。虽然每个进程只有一个虚拟地址空间,但这个地址空间可以被别的进程共享,例如,子进程可以共享父进程的地址空间,即共享 mm_struct 结构。

该结构还包含有指向虚存区(vm_area_struct)结构的几个指针,每个 VMA 均代表进程的一个虚拟地址区间。

这几个结构之间的关系如图 5-8 所示。

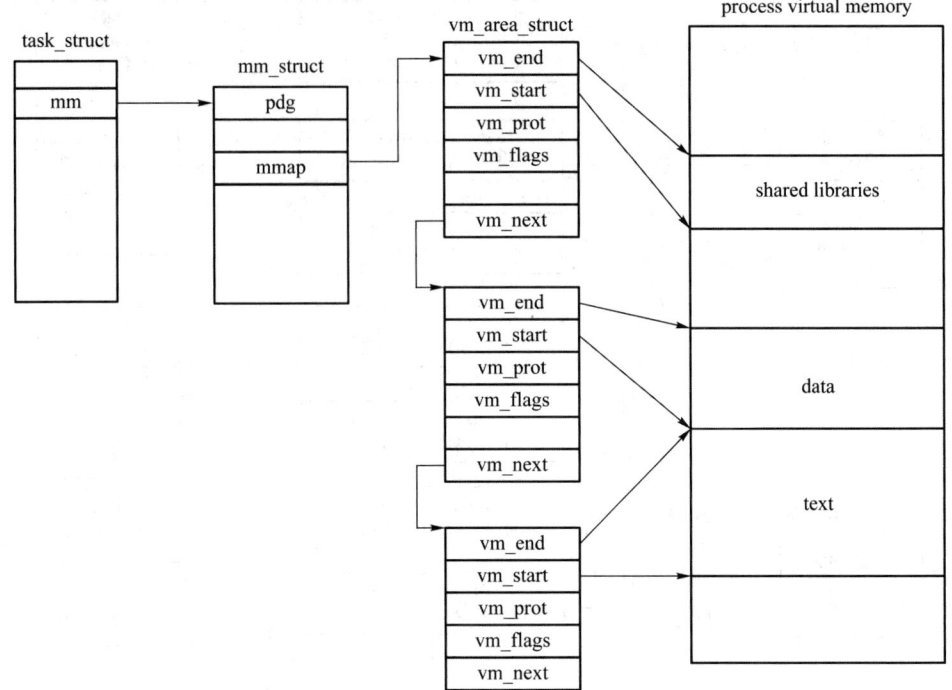

图 5-8 数据结构之间的关系

5.2 进程用户空间管理机制

5.2.1 创建进程用户空间

5.1 节介绍了每个进程都有自己独立的地址空间，然而，进程的地址空间到底是什么时候创建的呢？

Linux 用户空间的创建时间并不是由 Linux 系统内核控制的，而是由用户进程的创建过程决定的。用户空间通常是在用户进程创建或加载二进制执行文件时，由操作系统内核创建。

每当创建一个新进程，操作系统内核会为其创建新进程描述符和用户空间，然后从父进程复制大量的内容，如子进程被赋予一个 PID，并建立它的内存映射。同时，它也被赋予了访问属于父进程文件的权利，然后其寄存器内容被初始化，并准备运行。

如果用编程方式创建用户空间，例如，使用 fork() 系统调用，那么在创建新进程时，也为该进程创建完整的用户空间。这样会得到一个与父进程相同的用户空间副本，然后可以使用 exec() 系列调用，在同一个进程空间内加载一个新的程序。

当系统调用 fork 执行的时候，调用 fork 函数的进程陷入内核，并且创建一个 task_struct 结构和其他相关的数据结构，如内核堆栈和 thread_info 结构。这个结构位于进程堆栈栈底固定偏移量的地方，包含一些进程参数，以及进程描述符的地址。

由于这是将进程描述符的地址存储在一个固定的地方，使得 Linux 系统只需要进行很少的有效操作，就可以找到一个运行中进程的 task_struct。

进程描述符的主要内容是根据父进程的进程描述符填充的。Linux 系统只需要寻找一个可用的 PID,更新进程标识符散列表的表项,使之指向新的任务数据结构即可。

如果散列表发生冲突,相同键值的进程描述符会被组成链表。它会把 task_struct 结构中的一些分量设置为指向任务数组中相应进程的前一进程(或后一进程)的指针。

这个用户空间实际上是通过拷贝或共享父进程的用户空间实现的,即内核调用 copy_mm() 函数,为新进程建立所有页表和 mm_struct 结构。

通常,每个进程都有自己的用户空间,但是调用 clone( )函数创建内核线程时,新创建的内核线程共享父进程的用户空间,如图 5-9 所示。

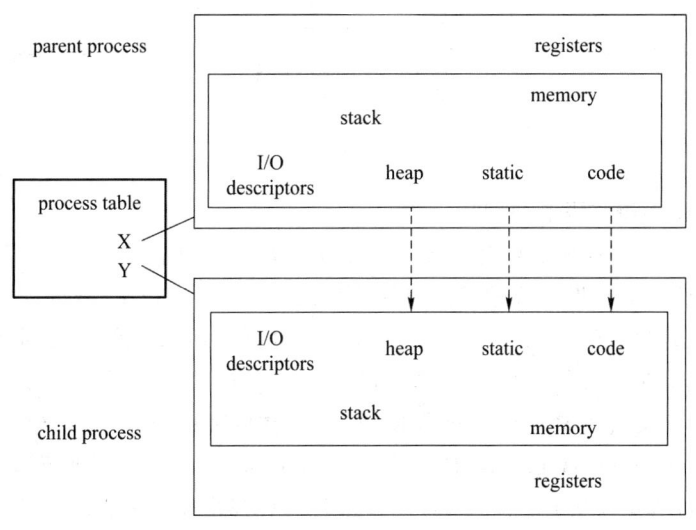

图 5-9　创建进程用户空间

也就是说,Linux 是利用一种写时复制技术来快速创建进程的,下面我们介绍一下写时复制。

1. 写时复制

写时复制(copy on write,COW)的实质是:内核只为新生成的子进程创建虚拟空间结构,它们复制于父进程的虚拟空间结构,但是系统并不为这些段分配物理内存,它们和父进程共享物理内存。即父子进程的虚拟地址空间是独立的,但是其虚拟地址空间映射到同一片物理内存上。

传统的 fork 直接把所有资源复制给新建的子进程,这种实现过于简单并且效率低下,因为它拷贝的数据也许并不共享,而且如果新进程打算立即执行一个新的程序(exec),之前的拷贝工作都将作废。

目前的 Linux 操作系统的实现中支持写时复制技术,fork 函数的实现就运用了写时复制技术。这在一定程度上改进了 fork 函数的效率。

在父子进程需要更改相应段的时候,系统为子进程相应的段分配物理空间。也就是说,资源的复制只有在需要写入的时候才进行,在此之前,只是以只读方式共享。这种技术使地址空间上的页的拷贝被推迟到实际发生写入的时候。

子进程共享父进程的地址空间,只要其中任何一个进程要进行写入,则该页面就会被复制一份,如图 5-10 所示,子进程要写 C 页,则该页被复制一份。

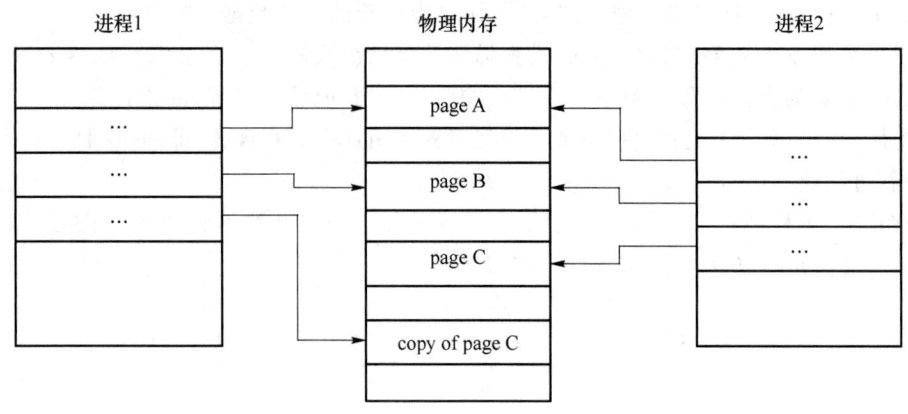

图 5-10 写时复制

2．fork( )快速创建进程的原因

可以看出,进程用户空间的创建主要依赖于父进程。理论上,fork()应该为子进程分配数据段、堆栈段,并且对父进程的段进行复制,因为 fork 函数意味着父、子进程之间不共享内存。其中,如果代码段是只读的,那么该代码段可以复制也可以共享。然后,子进程就可以运行了。

但是,实际上复制内存的代价相当高,所以现代 Linux 系统都使用了欺骗手段。在最开始,系统主要依赖于父进程来创建子进程用户空间,在创建的过程中所做的工作仅仅是建立 mm_struct 结构、vm_area_struct 结构以及页目录和页表,并没有真正地复制一个物理页面。

它们赋予子进程属于它自己的页表,但是这些页表都指向父进程的页面,同时把这些页面标记成只读。当子进程试图向某一页面写入数据的时候,它会收到写保护的错误。内核发现子进程的写入行为之后,会为子进程分配一个该页面的新副本,并将这个副本标记为可读、可写,即为子进程分配一个对应的物理页面。通过这种方式,只有需要写入数据的页面才会被复制。

fork 函数的写时复制的实现不仅节约了物理内存,并且提高了程序的效率。这正是 Linux 内核能迅速地创建进程的原因。

5.2.2 虚存映射

当调用 exec()系统调用开始执行一个进程时,进程的可执行映像,包括代码段、数据段、堆和栈等内容,必须装入进程的用户地址空间。与此类似,如果该进程用到了某个共享库,则共享库也必须装入进程的用户空间。这种将可以执行文件映像映射到进程用户空间的方法称为虚存映射,如图 5-11 所示。

创建内存映射时,系统会在进程的用户虚拟地址空间中分配一个虚拟内存区域。内核采用延迟分配物理内存的策略,在进程第一次访问虚拟页的时候,产生缺页异常。可以看出,Linux 并不将映像装入物理内存,相反,可执行文件只是被映射到进程的用户空间中。

内存映射即是在进程的虚拟内存地址空间中创建一个映射。

内存映射分为文件映射和匿名映射两种:文件映射是文件支持的内存映射,把文件的一个区间映射到进程的虚拟地址空间,数据源是存储设备上的文件;匿名映射是没有文件支持的内存映射,把物理内存映射到进程的虚拟地址空间,没有数据源。

也就是说,如果是文件映射,那么分配物理页,把文件指定区间的数据读到物理页中,然后在页表中把虚拟页映射到物理页;如果是匿名映射,那么分配物理页,然后在页表中把虚拟页映射到物理页。

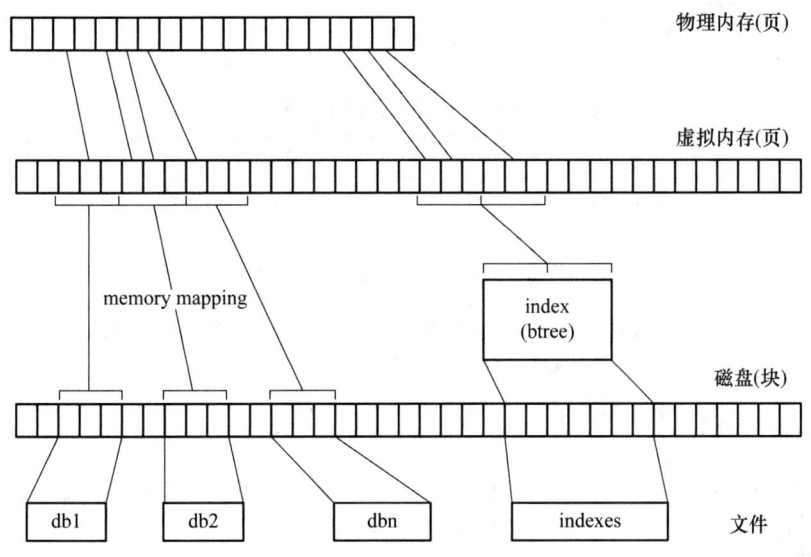

图 5-11　虚存映射

1. 新建 VMA

在用户空间,系统可通过 mmap()系统调用,获取指向 do_mmap 的功能;在内核空间,系统可以直接调用 do_mmap(),创建一个新的虚存区(VMA),其调用关系如图 5-11 所示。

当可执行映像映射到进程的用户空间时,将产生一组 vm_area_struct 结构,来描述各虚拟区间的起始点和终止点,如图 5-12 所示。

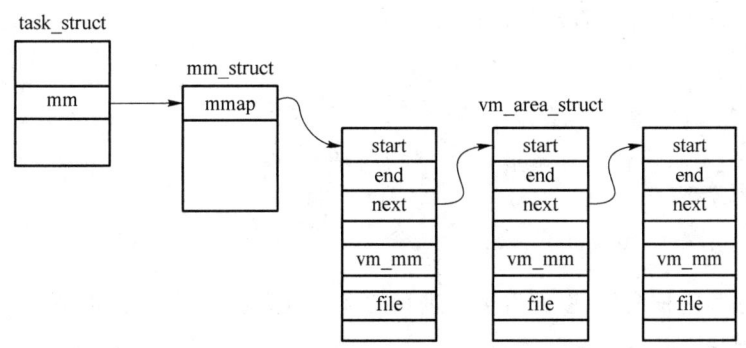

图 5-12　虚存区内核模块

mmap 系统调用的实现过程如下:
① 通过文件系统定位要映射的文件;
② 进行权限检查,映射的权限不会超过文件打开的方式,例如:以只读方式打开的文件,不会允许建立一个可写映射;
③ 创建一个 VMA 对象,并对之进行初始化;
④ 调用映射文件的 mmap 函数,其主要工作是给 vm_ops 向量表赋值;
⑤ 把该 VMA 链入该进程的 VMA 链表中,若可以和前后的 VMA 合并,则将其合并;
⑥ 如果是以映射区不被换出 VM_LOCKED 方式映射,则发出缺页请求,把映射页面读

入内存。

相关的例子可以参考 5.5.1 小节进程的虚存区举例。

2. 与用户空间相关的主要系统调用

与用户空间相关的主要系统调用的具体信息如表 5-1 所示。

表 5-1 与用户空间相关的主要系统调用

系统调用	描述
fork()	创建具有新的用户空间的进程，用户空间中的所有页被标记为写实复制，且由父子进程共享
mmap()	在进程的用户空间内创建一个新的虚存区
munmap()	销毁一个完整的虚存区或其中的一部分。如果要取消的虚存区位于某个虚存区的中间，则这个虚存区被划分为两个虚存区
exec()	装入新的可执行文件以代替当前用户空间

在 4.4.3 小节我们已经分析了进程的 task_struct(PCB) 结构的代码，其源代码在 include/linux/sched.h 中，与此部分有关的代码如下：

```
struct task_struct{
    ......
    struct mm_struct * mm;      //描述进程的整个用户空间
    ......
}
```

在 5.1.3 小节我们已对 struct mm_struct 结构的代码进行了分析，其源代码在 include/linux/mm_types.h 中，与此部分有关的代码如下：

```
struct mm_struct{
    ......
    struct vm_area_struct * mmap;    //描述进程的虚存区
    ......
}
```

我们可以编写内核模块，以查看某一进程的虚拟区。相关的例子可以参考 5.5.2 小节编写虚存区内核模块。

5.2.3 请页机制

虚存管理实现的一个重要手段就是请页机制。如前所述，Linux 仅把部分页面装入内存，有了请页机制的协调，当需要使用特定页面时，可以通过请页机制将其调入内存，如图 5-13 所示。

简言之，当进程调用 malloc() 之类的函数调用时，系统并未给进程分配物理内存，而是仅仅分配了一段线性地址空间，当要访问的页不在内存时，产生一个页故障，并报告故障原因。当实际访问该页框时，系统才会分配物理页框，这样可以节省物理内存的开销。另一种情况是在内存回收时，该物理页面的内容被写到了磁盘上，被系统回收了，这时候需要再分配页框，并且读取其保存的内容。

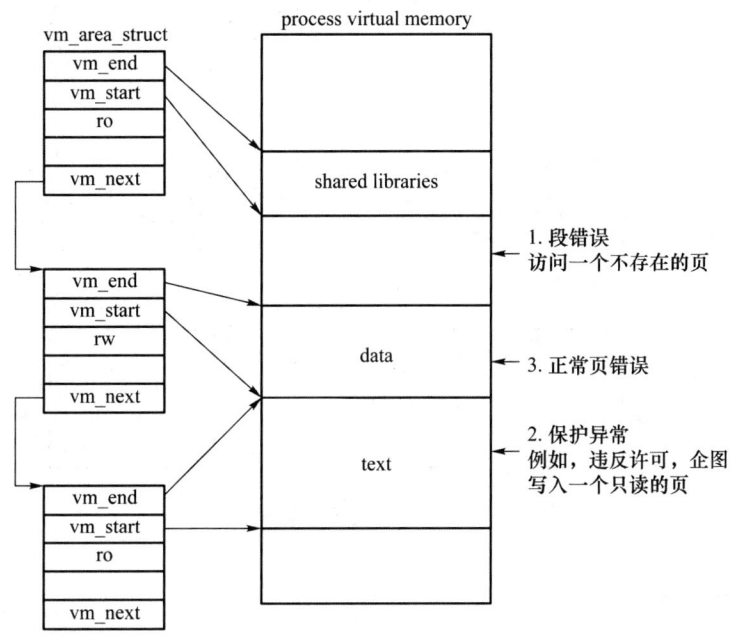

图 5-13　故障报告

Linux 的缺页异常（page fault）是指当一个程序尝试访问内存中不存在的数据时，由操作系统产生的中断。通常发生在程序试图访问已被映射到虚拟地址空间，但是还没有被加载到物理内存的页面时。

缺页异常处理程序分为两种情况：编程错误导致的异常和缺页引起的异常。如果是内核态编程引起异常，可以采用杀死进程的方法；如果是用户态编程引起的异常，一般采用终止程序执行的方法。如果是缺页引起的异常，进入缺页异常处理程序。

Linux 缺页异常处理流程主要涉及以下步骤：

当进程访问一个虚拟地址但是它的页表项不在内存中时，处理器产生一个缺页异常（page fault）。异常处理器（exception handler）接收到缺页异常，开始工作。然后，内核中的 do_page_fault() 函数被调用，它会检查缺页异常的类型，例如，是用户空间引起的还是内核空间引起的。如果缺页异常是由访问未映射的内存区域引起的，那么内核需要找到并分配物理内存页，建立页表映射。如果缺页异常是由访问已经映射的内存区域，但是页面被交换到了磁盘引起的，内核需要从磁盘读取页面回内存，并更新页表。一旦页表被更新，导致缺页异常的指令会被重新执行，如图 5-14 所示。

这是一个简化的流程，实际的处理过程会更加复杂，包括多级页表、页面交换、内存分配等策略。

从图 5-14 可以看出，很多流程都是在处理缺页异常，可以先查看这两个正常情况处理的分支，然后再查看异常情况的处理。

预防或减少频繁缺页的一般方法是：确保有足够的物理内存可供分配。如果内存不足，考虑关闭一些程序或扩大可用内存；如果是磁盘空间不足，释放或增加磁盘空间。优化程序的内存使用，减少内存泄漏。配置或优化虚拟内存参数，如调整交换空间的大小。

在 5.2.4 小节我们将对进程执行时候的内存变化情况及用户空间管理做一个详细分析。

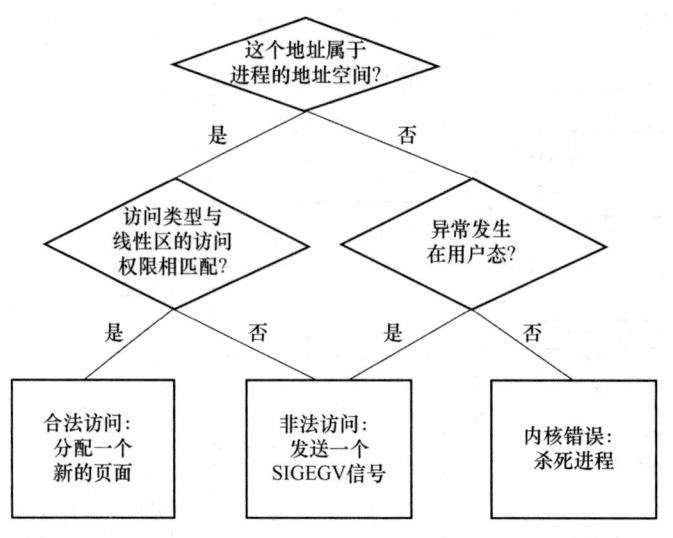

图 5-14　缺页异常处理

5.2.4　用户空间管理

我们知道,可执行文件只有装载到内存后,才能被 CPU 执行。进程最关键的特征是拥有独立的虚拟地址空间。

因为程序在运行的时候处于操作系统的监管下,操作系统为了达到监控程序运行等一系列目的,进程的虚拟空间都在操作系统的掌握之中。进程只能使用那些操作系统分配给进程的地址,如果访问未经允许的空间,那么操作系统就会捕获到这些访问,将进程的这种访问当作非法操作,强制结束进程。

代码原始文本经过预编译、编译、汇编、链接装载(包括含符号解析与重定向过程的静态链接)之后,会生成一类可执行文件,或称为 ELF 文件。之后操作系统会为该进程创建独立的虚拟空间,使其有别于其他进程。

总体来看,从创建进程到装载可执行文件并启动,通常需要进行如下步骤的工作:

① 创建独立虚拟地址空间;
② 读取可执行文件头,创建虚拟空间与可执行文件的映射关系;
③ 将可执行文件入口地址存入 CPU 指令寄存器,返回执行启动。

下面我们将分析在此过程中,内存空间有什么变化,如何管理。

进程创建和执行时,首先要建立可执行文件与虚拟地址空间的映射。当某个程序的映像开始执行时,可执行映像必须装入进程的虚拟地址空间。如果该进程用到了任何一个共享库,则共享库也必须装入进程的虚拟地址空间。

由 5.2.2 小节可知,可执行文件只是被连接到进程的虚拟地址空间中,Linux 并不将映像装入物理内存。随着程序的运行,被引用的程序部分会由操作系统装入物理内存,这种将映像链接到进程地址空间的方法被称为内存映射。

1. do_mmap()

当执行一个程序时,加载器读取可执行文件(ELF)的头部信息,建立虚拟空间和可执行文件的映射。当可执行映像映射到进程的虚拟地址空间时,系统将产生一组 vm_area_struct 结构来描述虚拟内存区间的起始点和终止点。

每个 vm_area_struct 结构代表可执行映像的一部分,可能是可执行代码,也可能是初始化的变量或未初始化的数据,这些都是在函数 do_mmap()中实现,因此,系统调用了 do_mmap()函数。

函数 do_mmap()将为当前进程创建并初始化一个新的虚拟区,如果分配成功,就把这个新的虚拟区与进程已有的其他虚拟区进行合并。

同时,虚拟地址空间所需的数据结构 mm_struct 和 vm_area_struct 也需要填充对应的值,如图 5-15 左侧虚拟内存所示。

接下来,将指令寄存器设置为可执行文件入口,并启动运行。

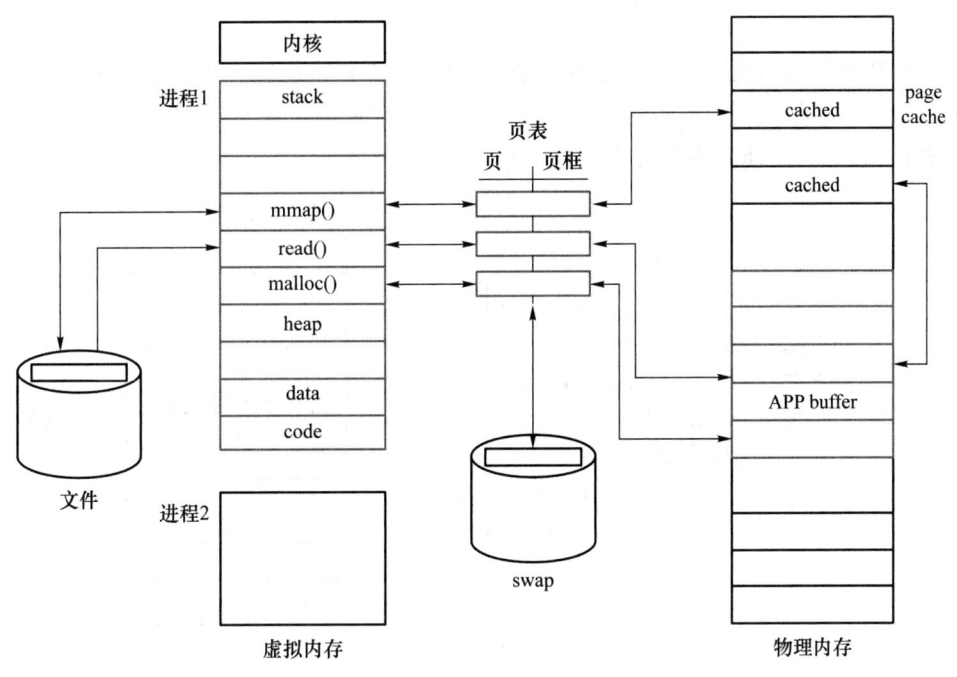

图 5-15　进程执行时的内存状况

完成上述步骤后,将执行文件的指令和数据进行加载,装入内存,但其实并不是真正地装入物理内存,只是建立起可执行文件与虚拟地址空间的映射关系,这是通过 ELF 文件头部信息得到的。

我们在 5.2.3 小节介绍过,如果遇到缺页异常,操作系统将查询该数据结构,内核将根据数据结构建立的映射关系找到所需的内容在可执行文件中的位置,并找到空页面所在的 VMA,计算出相应页面在可执行文件中的偏移,并在物理内存中重新分配一个物理页面,重建虚拟页与物理页的映射关系,将可执行文件内容装载到该内存页中,并将控制权归还给进程。

当发生缺页中断并需要置换页面,以便为即将调入的页面腾出空间时,如果要换出的页面在内存驻留期间已经被修改过,就必须把它写回磁盘,以更新该页面在磁盘上的副本;如果该页面没有被修改过,那么它在磁盘上的副本已经是最新的,不需要回写,直接用调入的页面覆盖被淘汰的页面就可以了。

2. malloc()调用

当我们在用户程序申请内存时调用 malloc()时,程序可能在任意时刻发出申请或释放一段内存的请求,而且申请或释放的内存大小各异,从几个字节到几个吉字节都有可能,无法提前确定程序一次申请多少堆空间,这导致堆的管理很复杂。

使用 malloc()在堆上分配内存的一种做法是把 malloc()的内存管理交给系统内核去做。既然内核管理着进程的地址空间,那么如果它提供一个系统调用,可以让 malloc()使用它去申请内存。但这样做的性能较差,因为每次程序申请或者释放堆空间都要进行系统调用。而系统调用的开销较大的,频繁地对堆进行操作会严重影响程序的性能。

还有一种较好的做法就是:malloc()向操作系统申请一块适当大小的堆空间,然后由 malloc()来管理这块空间。malloc()相当于向操作系统申请了一块较大的内存空间,然后批零给程序用。当全部用完或程序有大量的内存需求时,malloc()再根据实际需求向操作系统申请。

这样内核实际上负责为进程动态地申请一块内存,操作系统从堆中分配一块内存,并把首地址返回给用户。malloc()申请的内存大小不一样,最终调用的系统调用也不一样,内核也是通过请页机制,不会立即为进程分配物理内存,如图 5-16 所示。

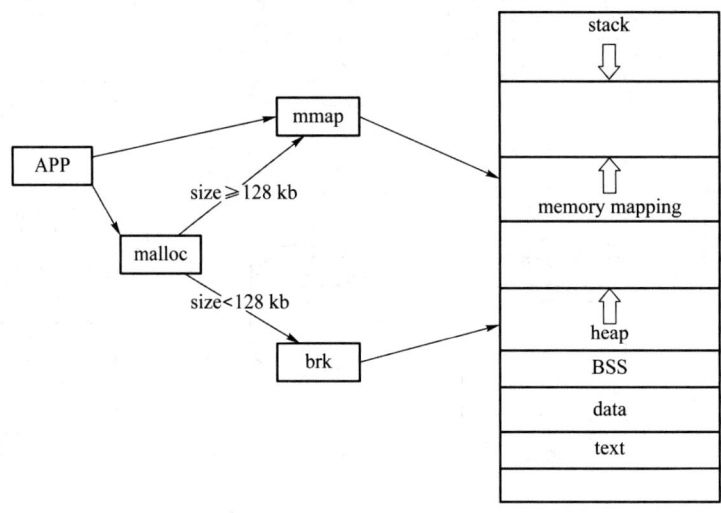

图 5-16　调用 malloc()时的执行情况

5.3　内核空间划分与管理

5.3.1　内核空间的划分

Linux 操作系统和驱动程序运行在内核空间,应用程序运行在用户空间,两者不能简单地使用指针传递数据,因为 Linux 使用的是虚拟内存机制,用户空间的数据可能被换出,当内核空间使用用户空间指针时,对应的数据可能不在内存中。

我们知道,X86 CPU 采用了段页式地址映射模型。进程代码中的地址为逻辑地址,经过段页式地址映射后,才能真正访问物理内存。请页机制可以为进程请求物理内存,那么物理内存在内核中是如何管理和分配的呢?下面我们将从内核空间的划分开始说起。

1. 内核空间的划分

首先我们看一下内核空间的划分。通常 32 位 Linux 内核地址空间划分 0~3 GB 为用户空间,3~4 GB 为内核空间。注意这里是 32 位内核地址空间划分,64 位内核地址空间划分是不同的。

在 X86 的 32 位体系架构上,内核空间的地址范围是 PAGE_OFFSET(3 GB)到 4 GB。

内核空间的第一部分试图将系统的所有物理内存线性地映射到虚拟地址空间中,但最多只能线性映射 0~896 MB 的物理内存,896 MB 以上称为 high_memory。大于 high_memory 的物理内存将被映射到内核空间的后部分(128 MB),如图 5-17 所示。

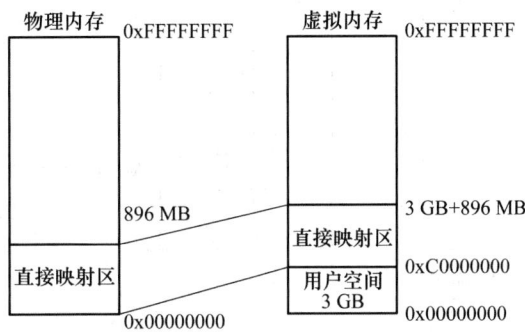

图 5-17　直接映射区

针对图 5-17,我们引入一些基本概念。

(1) 直接映射区

直接映射区(direct memory region):从内核空间起始地址开始,最大(896 MB)的内核空间地址区间为直接内存映射区。

直接映射区的 896 MB 的线性地址直接与物理地址的前 896 MB 进行映射,也就是说线性地址和分配的物理地址都是连续的。内核地址空间的线性地址 0xC0000001 所对应的物理地址为 0x00000001,它们之间相差一个偏移量 PAGE_OFFSET=0xC0000000

该区域的线性地址和物理地址存在线性转换关系:线性地址=PAGE_OFFSET+物理地址,也可以用 virt_to_phys()函数将内核虚拟空间中的线性地址转化为物理地址。

(2) 高端内存线性地址空间

内核空间线性地址从 896 MB 到 1 GB,容量 128 MB 的地址区间是高端内存线性地址空间。按照这样的映射规则,0 MB 到 high_memory 的物理内存称为低端内存,大于 high_memory 的物理内存称为高端内存,如图 5-18 所示。

为什么叫高端内存线性地址空间?下面解释一下:

前面已经说过,内核空间的总大小 1 GB,从内核空间起始地址开始的 896 MB 的线性地址可以直接映射到物理地址大小为 896 MB 的地址区间。

但即使内核空间的 1 GB 线性地址都映射到物理地址,那也最多只能寻址 1 GB 大小的物理内存地址。

目前内存都大于 1 GB,所以,内核空间拿出了最后的 128 MB 地址区间,采用了 3 种机制将高端内存映射到内核空间,分别为持久内核映射、固定映射和 vmalloc 机制,划分成动态内存映射区、永久内存映射区和固定映射这 3 个高端内存映射区,以达到对整个物理地址范围的寻址。

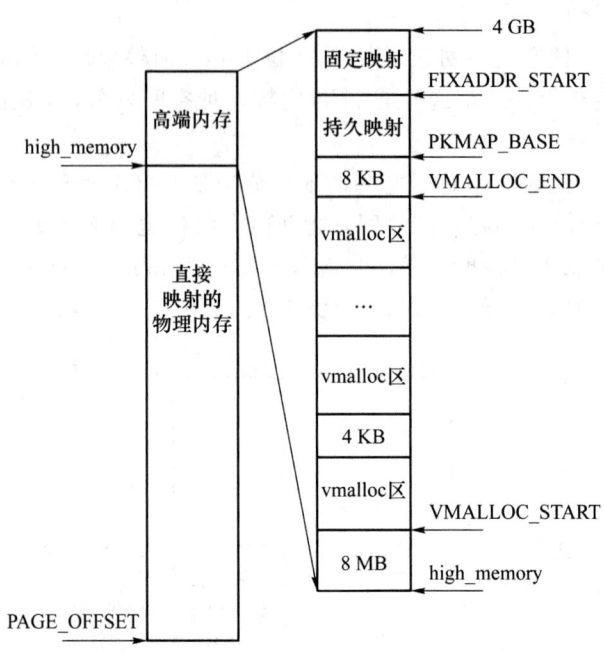

图 5-18 内核空间的划分图

① 动态内存映射区

动态内存映射区(vmalloc region)由内核函数 vmalloc 分配,其特点是:线性空间连续,但是对应的物理地址空间不一定连续。vmalloc 分配的线性地址所对应的物理页可能处于低端内存,也可能处于高端内存。

② 永久内存映射区

永久内存映射区(persistent kernel mapping region)可访问高端内存。其访问方法是使用 alloc_page(_GFP_HIGHMEM)来分配高端内存页,或者使用 kmap 函数将分配到的高端内存映射到该区域。

③ 固定映射区

固定映射区(fixing kernel mapping region)和 4G 的顶端只有 4 kb 的隔离带,其每个地址项都服务于特定的用途,如 ACPI_BASE 等。

在 64 位的系统上不存在上述问题,因为可用的线性地址空间远大于可安装的内存。

2. 内核虚拟地址和物理地址的转换

内核为线性映射的内存区提供物理地址和虚拟地址的转换函数:

① __pa(vaddr):返回虚拟地址 vaddr 对应的物理地址。

② __va(paddr):返回物理地址 paddr 对应的虚拟地址。

函数实现很简单,前者调用了__pa(address)将虚拟地址转换为物理地址,后者调用__va(addrress)将物理地址转换为虚拟地址。

看下__pa 和__va 这两个宏到底做了什么,内核地址空间是从 PAGE_OFFSET 开始的,因此,上述两个地址转换了函数的源码,以 Linux2.6 版本为例,其实现如下:

```
# define __pa(x) ((unsigned long)(x) - PAGE_OFFSET)
# define __va(x) ((void *)((unsigned long)(x) + PAGE_OFFSET))
```

从这两个宏定义可以看出,这种转换完全是一种线程关系。

5.3.2 内存管理机制

1. 页和页框回顾

在介绍物理内存管理机制之前,我们先回顾一下 3.3.2 小节页(page)和页框(page frame)的区别与联系:

① 页(page):指一系列的线性地址和包含于其中的数据。

② 页框(page frame):分页单元认为所有的 RAM 被分成了固定长度的页框(page frame)。

简言之,页框是内存的一部分,是一个实际的存储区域;页只是一组数据块,可以存放在任何页框中。

也就是说,页对应的是线性地址,而页框对应的是物理地址,是实际的存储区域。每个页框可以包含一页,即一个页框的长度和一个页的长度是一样的。

2. 内存管理机制

基于物理内存在内核空间中的映射原理,物理内存的管理方式也有所不同。下面简述其中的 4 种管理机制。

(1) 伙伴算法

伙伴算法负责大块连续物理内存的分配和释放,以页框为基本单位。该机制可以避免外部碎片,伙伴算法会出现一个很常见的问题:在系统使用较长时间之后,内存中经常出现较多碎片。我们将在 5.4.3 小节详细介绍伙伴算法。

(2) per-CPU 页框高速缓存

per-CPU 基于空间换时间思想。内核经常请求和释放单个页框,该缓存包含预先分配的页框,用于满足本地 CPU 发出的单一页框请求。SMP 系统多个核心与内存交互的时候,因为 L1 cache 的存在,会出现一致性的问题。所以,最好的方式就是每个核自己维护一份变量。在 SMP 的 Linux 系统上,为系统中的每个处理器都分配了 per-CPU 变量的一个副本。在多处理器系统中,当处理器操作属于它的 per-CPU 变量副本时,不需要考虑与其他处理器竞争的问题,同时该副本还可以充分利用处理器本地的硬件缓存以提高访问速度。

(3) slab 分配器

slab 分配器负责小块物理内存的分配,并且它也可作为高速缓存,主要针对内核中经常分配并释放的对象。slab 分配器将大小相同的内核对象放在一起,当对象被释放了之后并不是直接还给伙伴算法,而是将这部分对象的页面保存下来,在下一次该类对象的内存申请时分配给新的对象。这种机制的优势在于能够按照 CPU 缓存的大小组织分配对象的位置,这样的设计能够保证 slab 分配器分配的对象能够在较多时间存于 CPU 缓存中。

(4) vmalloc 机制

vmalloc 机制使得内核通过连续的线性地址访问非连续的物理页框,这样可以最大限度地使用高端物理内存。例如,有些时候我们的物理内存本身就不大,随着运行时间增长,物理内存的碎片可能会越来越多,分配连续的物理内存尤其是大尺寸连续的物理内存将越来越困难。为了尽可能避免这种情况,或者在出现这种情况时能够适当缓解,对于某些不频繁的分配释放的内存申请,可以采用一种方式,即所谓的不连续内存分配。5.3.5 小节会深入介绍 vmalloc()。

5.3.3 slab 内存分配机制

根据 5.3.2 小节的分析,我们知道伙伴算法负责大块连续物理内存的分配和释放,以页框为基本单位；slab 分配器负责分配小内存。本小节我们将介绍 slab 分配器如何处理小块内存的分配。

slab 是 Linux 操作系统的一种内存分配机制。slab 分配器最初是为了解决物理内存的内部碎片而提出的，它将内核中常用的数据结构看作对象。slab 分配器为每一种对象建立高速缓存，内核对该对象的分配和释放，均是在这块高速缓存中操作的，如图 5-19 所示。

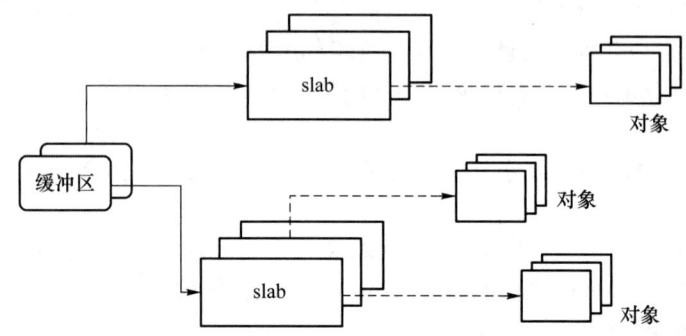

图 5-19　slab 内存分配机制示意图

slab 分配器是基于对象进行管理的，其工作是针对一些经常分配并释放的对象，如进程描述符等，这些对象一般比较小。相同类型的对象归为一类，例如，进程描述符类，每当要申请这样一个对象，slab 分配器就从一个 slab 列表中，分配一个这样大小的单元出去。当要释放时，将其重新保存在该列表中，而不是直接返回给伙伴算法，从而避免产生内部碎片。

也就是说 slab 分配器并不丢弃已分配的对象，而是释放并把它们保存在内存中。当以后又要请求新的对象时，就可以从 slab 直接获取，而不用重复初始化。

高速缓存的内存区被划分为多个 slab，每个 slab 由一个或多个连续的页框组成，这些页框中既包含已分配的对象，又包含空闲的对象。

从图 5-19 可以看出，每种对象的高速缓存都是由若干个 slab 组成的，slab 是由若干个页框组成的。虽然 slab 分配器可以分配比单个页框更小的内存块，但它所需的所有内存都是通过伙伴算法分配的。

slab 分配器采用 cache 存储内核对象。当创建 cache 时，起初包括若干标记为空闲的对象，对象的数量与 slab 的大小有关。开始，所有对象都标记为空闲。当需要内核数据结构的对象时，可以直接从 cache 上直接获取。

那么内核如何将 slab 分配给表示进程描述符的对象呢？

在 Linux 系统中，进程描述符的类型是 struct task_struct，其大小约为 1.7 KB。当 Linux 内核创建新任务时，它会从 cache 中获得 struct task_struct 对象所需要的内存。cache 上会有已分配好的并标记为空闲的 struct task_struct 对象来满足请求。

Linux 的 slab 可有 3 种状态：满的，slab 中的所有对象被标记为使用；空的，slab 中的所有对象被标记为空闲；部分空闲，slab 中的对象有的被标记为使用，有的被标记为空闲。

slab 分配器首先从部分空闲的 slab 进行分配。若有，则从空的 slab 进行分配；若没有，则从物理连续页上分配新的 slab，并把它赋给一个 cache，然后再从新的 slab 进行分配。

5.3.4　vmalloc 对高端物理内存的分配

vmalloc()可以访问非连续的物理页框，vmalloc()分配可以最大限度地使用高端物理内存。

我们知道物理上连续的映射对内核是最好的,但不是总能成功。非连续内存,处于 3 GB 到 4 GB 之间的内核空间的高端内存区。

在分配一大块内存时,内核可能无法找到连续的内存块,故使用 vmalloc() 接口函数来分配在虚拟内存中连续,但在物理内存中不一定连续的内存。

使用 vmalloc() 最好的实例是为内核模块分配内存,因为模块可能在任何时候加载,如果模块数据较多,那么无法保证有足够的连续内存可用,如图 5-18 所示。

这部分主要是一个 vmalloc 函数:void * vmalloc(unsigned long size)。

在该函数的实现过程中,需要先申请一部分虚拟内存空间 vm_area,然后将这部分空间映射到 vmalloc 区域中。对于映射的物理内存,内核更倾向于使用高地址空间(ZONE_HIGHMEM)来节省宝贵的地址空间。对于不同 vmalloc 调用申请的 vm_area 之间会有隔离,以避免越界访问。

vmalloc() 和 kmalloc() 是 Linux 中常用的两种内存分配函数,都可用于内核空间分配内存,分别用于分配虚拟内存空间和物理内存。vmalloc() 分配的物理地址无须连续,而 kmalloc() 需要确保页在物理上是连续的,如图 5-20 所示。

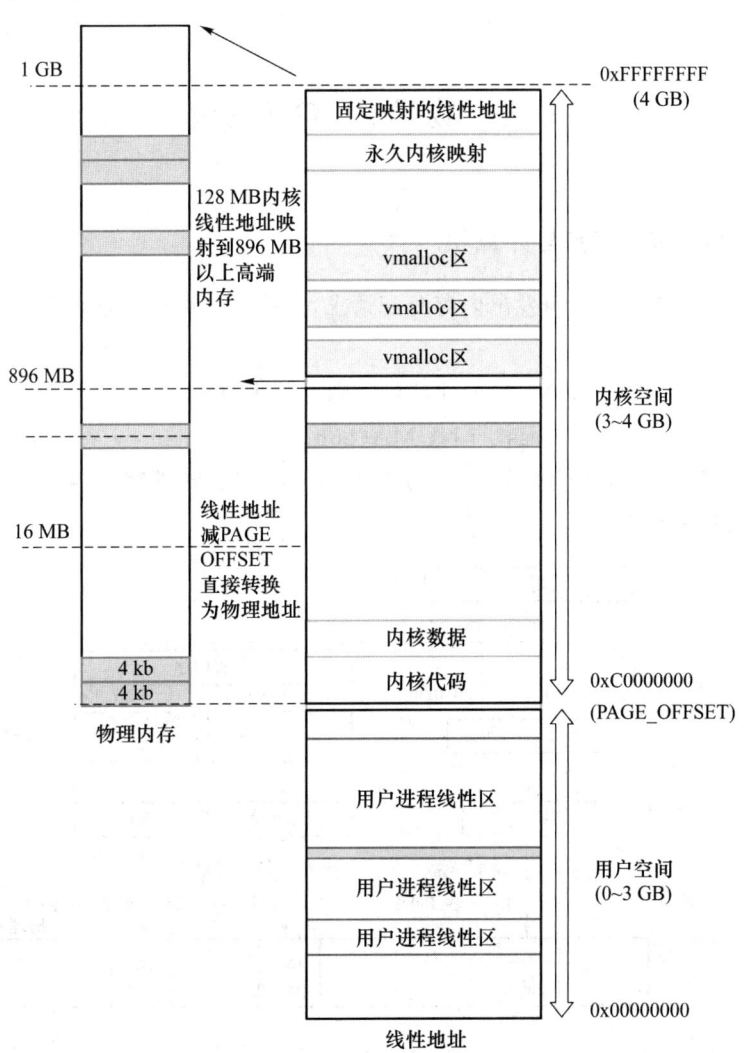

图 5-20　vmalloc 和 kmalloc 的区别

kmalloc()分配的内存处于 3 GB～high_memory 之间,这段内核空间与物理内存的映射一一对应,适用于普通的动态内存分配场景,无须额外的内存占用,且具有较小的代码尺寸和内存对齐优化的特点。

而 vmalloc()分配的内存在 VMALLOC_START～VMALLOC_END 之间,这段非连续内存区映射的物理内存也可能是非连续的。vmalloc()通过分页和缓存进一步提高内存分配的性能,适用于物理连续的内存布局,但会增加内存占用。

由于 vmalloc()无须额外的内存占用,而 kmalloc()只需要固定大小的内存空间,这使得 vmalloc()通常占用较小的内存空间,性能略好于 kmalloc()。在某些对空间连续性要求较高的操作中,如实时应用和 GPU 内存管理等领域,vmalloc()提供的页面连续虚拟地址空间可以提高性能。

而 kmalloc()则适用于大多数普通动态内存分配场景,如内核、线程管理等。此外,虽然 kmalloc()的速度略慢于 vmalloc(),但通常不会带来明显的性能问题。

在选择 vmalloc()和 kmalloc()时应综合考虑应用的需求、代码性能以及内存空间占用等因素。

5.4 物理内存的组织

5.4.1 UMA 和 NUMA 计算机

如图 5-21 所示,从用户进程发出内存分配请求,到内核最终分配物理内存,这期间内核要做大量的工作。

本小节首先介绍 UMA 和 NUMA 计算机的内存管理方式。

UMA(uniform memory access)与 NUMA(non-uniform memory access)是两种不同的内存架构设计,主要应用于多处理器系统中,分别以不同的方法管理物理内存,它们的主要区别在于内存访问的效率和方式。

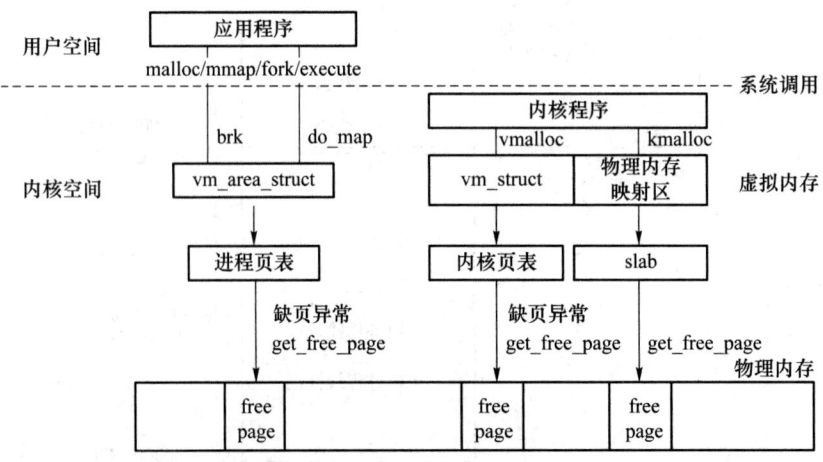

图 5-21　内存分配

(1) UMA 计算机(uniform memory access)

UMA 架构是一种对称多处理器(SMP)设计,所有处理器通过一个共享的内存控制器访问共同的物理内存池。内存对所有处理器来说都是等距的,这意味着所有处理器看到的内存访问延迟是相同的、统一的访问。

① 访问模式:在 UMA 系统中,处理器不直接连接到特定的内存段,而是通过共享总线竞争访问内存。这种设计可能导致计算机在高负载情况下出现内存访问瓶颈。

② 适用场景:UMA 更适合于对内存访问延迟不敏感,且处理器间通信频繁的应用场景,如数据库服务器、文件服务器或时间共享系统。

UMA 将可用内存以连续方式组织起来,如图 5-22(a)所示。

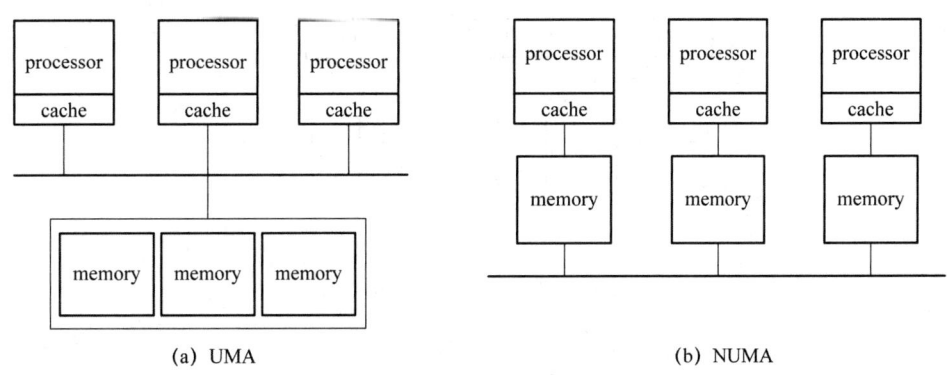

图 5-22 UMA 和 NUMA

(2) NUMA 计算机(non-uniform memory access)

NUMA 是一种多处理器计算机,每个 CPU 拥有各自的本地内存。这样的划分使每个 CPU 都能以较快的速度访问本地内存,各个 CPU 之间通过总线连接起来,这样也可以访问其他 CPU 的本地内存,只不过速度比较慢而已,如图 5-22(b)所示。NUMA 架构在每个处理器或处理器集群附近都有本地内存,这样每个处理器都可以直接快速地访问自己的本地内存,而访问其他处理器的内存(远端内存)则需要通过一个较慢的互联(如 QPI、UPI 等)。

① 访问模式:在 NUMA 架构中,内存访问速度依赖于数据是否位于处理器的本地内存中。本地访问速度快,非本地访问速度较慢,因此,NUMA 的访问模式称为非统一访问。

② 优化措施:为了提高效率,操作系统和硬件会尽量安排进程在其内存所在的处理器上运行,以减少跨节点的内存访问。

③ 适用场景:NUMA 更适合于大规模多处理器系统,如大型数据库服务器、高性能计算集群等,这些系统通常需要大量的内存和处理器,并且对内存带宽和扩展性有较高要求。

5.4.2 物理内存的组织及内存节点

Linux 适用于各种不同的体系结构,而不同体系结构在内存管理方面的差别很大。因此,Linux 内核需要用一种体系结构无关的方式来表示内存。

为兼容 NUMA 模型,内核引入了内存节点 node,每个节点关联一个 CPU。因此,Linux 内核把物理内存按照 CPU 节点划分为不同的 node,每个 node 作为某个 CPU 节点的本地内存,而作为其他 CPU 节点的远程内存。

各个节点又被划分几个内存区(zone),每个内存区中又包含若干页框(page frame)。物理内存在逻辑上被划分为三级结构,用 pg_data_t、zone 和 page 这 3 种数据结构表示,依次描述节点(node)、区(zone)和页框(page frame),如图 5-23 所示。

NUMA 计算机中,每个 CPU 的物理内存称为一个内存节点。在 NUMA 结构下,每个 CPU 与一个本地内存直接相连,而不同处理器之间,则通过总线进行进一步的连接,内核通过 pg_data_t 数据结构来描述一个内存节点,系统内的所有节点形成一个双链表。因此,相较于任何一个 CPU 访问本地内存的速度,访问远程内存的速度都要更慢。

而 UMA 模型下的物理内存只对应一个内存节点,这样对于 UMA 结构来说,内核把内存当成只有一个内存节点的伪 NUMA。也就是整个物理内存形成一个节点,因此,上述的节点链表中,只有一个元素。

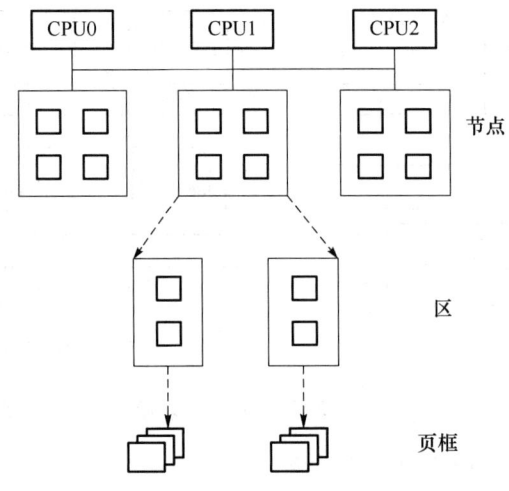

图 5-23 节点、区和页框

1. 物理内存管理区

物理地址空间的顶部以下一段空间,被 PCI 设备的 I/O 内存映射占据,它们的大小和布局由 PCI 规范决定。640 KB~1 MB 这段地址空间被 BIOS 和 VGA 适配器占据。

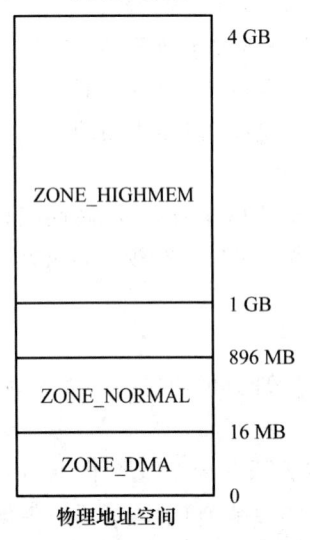

图 5-24 物理内存管理区

Linux 系统在初始化时,会根据实际的物理内存的大小,为每个物理页面创建一个 page 对象,所有的 page 对象构成一个 mem_map 数组。

进一步,针对不同的用途,内核将各个节点划分为若干个区,也是对物理内存的进一步细分。Linux 内核将所有的物理页面划分到 3 类内存管理区中,如图 5-24 所示。通过如下几个宏标记物理内存不同的区:ZONE_DMA、ZONE_NORMAL 和 ZONE_HIGHMEM。

具体来讲,ZONE_DMA 的范围是 0~16 MB,该区域的物理页面专门供 I/O 设备的 DMA 使用。之所以需要单独管理 DMA 的物理页面,是因为 DMA 使用物理地址访问内存,不经过 MMU,并且需要连续的缓冲区。所以为了能够提供物理上连续的缓冲区,必须从物理地址空间专门划分一段区域用于 DMA。ZONE_NORMAL 的范围是 16 MB~

896 MB，该区域的物理页面是内核能够直接使用的。ZONE_HIGHMEM 的范围是 896 MB 至结束，该区域为高端内存，内核不能直接使用。

2．32 位和 64 位操作系统对内存区管理的差异

64 位操作系统不再有高端内存的概念，可以支持大于 4 GB 的内存寻址。ZONE_NORMAL 空间将扩展到 64 GB 或者 128 GB，也就是说 64 位系统上的映射更简单了，如图 5-25 所示。

其原因是 Linux 在 32 位的时候，4 GB 进程空间典型的是 3 GB 用户空间加 1 GB 内核空间的划分。按线性方法，1 GB 内核空间只能映射 1 GB 物理地址空间，这对内核来说太少了。在这种情况下，内核无法使用超过 1 GB 的物理内存。

Linux 内核只对 1 GB 内核空间的前 896 MB 做线性映射，剩下的 128 MB 的内核空间，采用动态映射的方式，即按需映射的方式，这样，内核态的访问空间更多了。这个直接映射的部分就是所谓的 NORMAL 区，也就是低端内存；而动态映射的部分就是高端内存。

在 64 位时代，内核空间大大增加，这种限制就没了，内核空间可以完全进行线性映射。但目前仍保留动态映射部分，因为动态映射不全是为了内核空间可以访问更多的物理内存，还有一个原因：当内核需要连续多页面的空间时，如果内核空间是全线性映射，那么内核空间可能会出现碎片化，且满足不了这么多连续页面分配的需求。基于以上情况，内核空间也必须有一部分是非线性映射的，从而在这碎片化物理地址空间上，用页表构造连续虚拟地址空间，这就是 vmalloc 空间的实际含义。

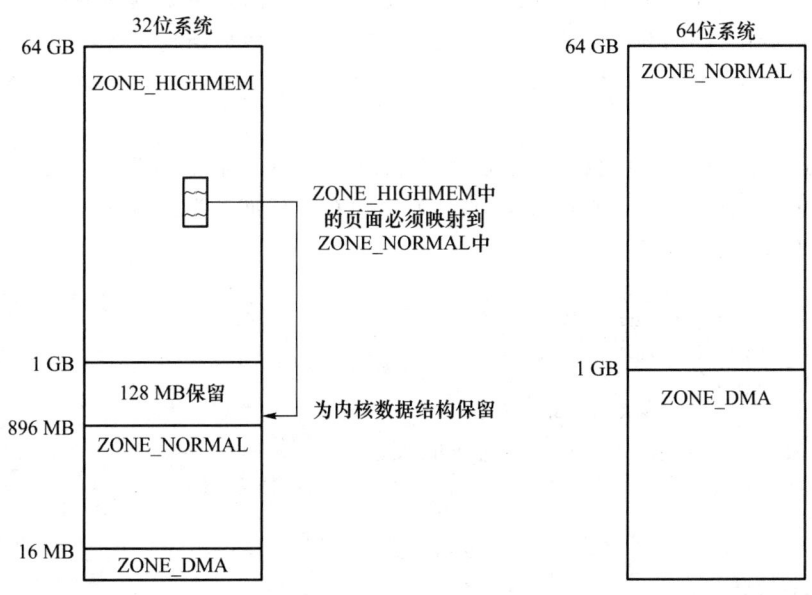

图 5-25　32 位和 64 位系统的区别

3．基本数据结构之间的关系

如图 5-26 所示，物理内存先被划分为内存节点，内存区用 pg_data_t 表示，每个节点关联一个 CPU。对于 NUMA 结构来说，因为有多个节点，所以每个内存节点在 Linux 内核都用 pg_data_t 类型（实际是 struct pglist_data）来表示，各节点之间形成一个链表。

各个内存节点又有各自的内存区（struct zone），这些内存区由 pg_data_t 的成员 struct zone node_zones[MAX_NR_ZONES]来存放。

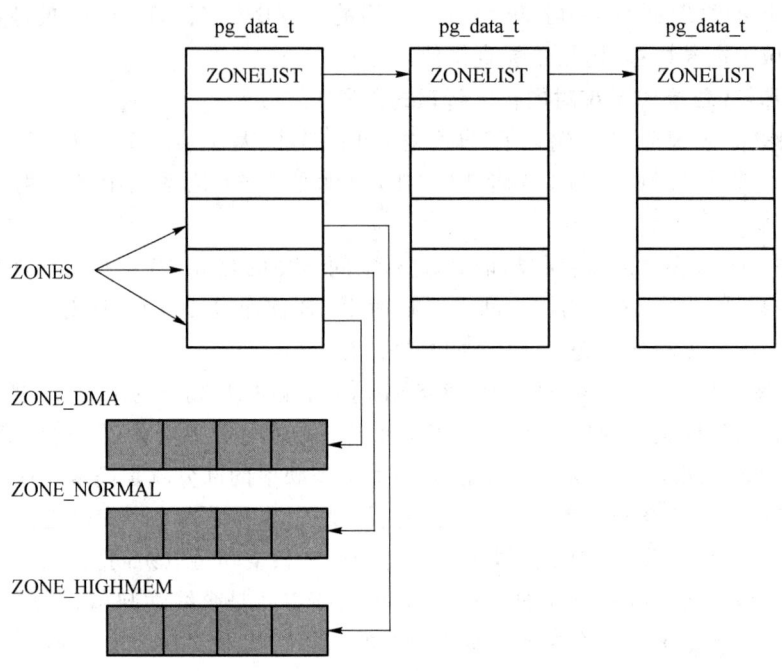

图 5-26 基本数据结构之间的关系

而在分配内存时,不仅可以从自己的内存节点分配内存,还可从其他内存节点分配内存。选择哪个节点分配内存,也是提前通过 Linux 内核的一些数据结构设计,有策略地设计好了的。节点内存分配由 pg_data_t 的成员 struct zonelist node_zonelists[MAX_ZONELISTS]来实现。

每个节点又被划分几个内存管理区(ZONES),在一个内存管理区中则是一个个的页框(page frame)。页框是内存管理的基本单位,它可以存放任何种类的数据。

部分源码片段如下:

```
typedef struct pglist_data {
    //存放该内存节点的内存区 zones
    struct zone node_zones[MAX_NR_ZONES];
    //zonelist 装着系统中所有内存节点的 zones
    struct zonelist node_zonelists[MAX_ZONELISTS];
    ……
} pg_data_t;

struct zonelist {
    struct zoneref _zonerefs[MAX_ZONES_PER_ZONELIST + 1];
    //一个 zonelist 最多可以有(MAX_ZONES_PER_ZONELIST + 1)个 struct zoneref
};
//一个 zoneref 对应一个 zone
struct zoneref {
    struct zone * zone;        // Pointer to actual zone
    int zone_idx;              // zone_idx(zoneref->zone)
};
```

5.4.3 伙伴算法概述

Linux 内核中主要采用伙伴算法(buddy system),来分配物理内存,我们称大小相同、物理地址连续的两个页块为伙伴。

我们知道,频繁地请求和释放不同大小的一组连续页框,必然导致在已分配页框的块内,分散了许多小块的空闲页面。这导致即使有足够的空闲页框可以满足分配请求,但其可能无法满足要分配一个大块的连续页框的请求。这就是伙伴算法要解决的问题。

Linux 的伙伴算法把所有的空闲页面,分为多个块链表(默认大小为 11 个)。每个链表中的一个块,含有 2 的幂次个页面,即页块(简称块)。例如,在第 1 个块链表中,每个链表元素包含 2 个页框大小的连续地址空间,依次类推,在第 10 个块链表中,每个链表元素代表 4 MB 的连续地址空间。

每个链表中元素的个数在系统初始化时决定,在执行过程中动态变化,如图 5-27 所示。

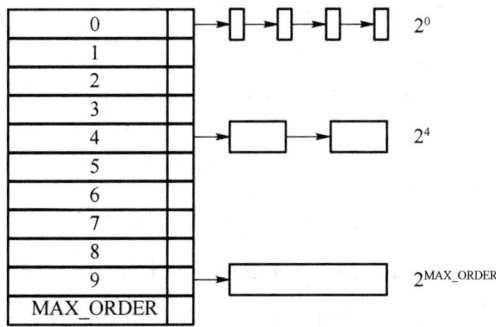

图 5-27 伙伴算法

1. 与伙伴算法有关的数据结构

每个物理页框对应一个 struct page 实例,我们在该结构中使用 free_area 数组对空闲页框进行管理。

源代码在 include/linux/mmzone.h 中,部分代码片段如下:

```
struct zone
{
    long lowmem_reserve[MAX_NR_ZONES];
        //分别为各种内存域指定了若干页,用于一些无论如何都不能失败的关键性内存分配
    unsigned int inactive_ratio;        // 不活动页的比例
    struct pglist_data      * zone_pgdat;       //指向这个 zone 所在的 pglist_data 对象
    struct per_cpu_pageset __percpu * pageset;
        //这个数组用于实现每个 CPU 的热/冷页帧列表
    unsigned long           totalreserve_pages;
        //每个区域保留的不能被用户空间分配的页面数目
    unsigned long           min_unmapped_pages;
    unsigned long           min_slab_pages;     //只内存域的第一个页帧
    unsigned long           zone_start_pfn;
    unsigned long           managed_pages;
```

```
    unsigned long         spanned_pages;      //总页数,包含空洞
    unsigned long         present_pages;      //可用页数,不包含空洞
    const char            * name;
        //指向管理区的传统名字,"DMA","NROMAL"或"HIGHMEM"
    wait_queue_head_t     * wait_table;
        //进程等待队列的散列表,这些进程正在等待管理区中的某页
    unsigned long         wait_table_hash_nr_entries;
        //等待队列散列表中的调度实体数目
    unsigned long         wait_table_bits;
        //等待队列散列表数组大小,值为2^order
    ZONE_PADDING(_pad1_)
    struct free_area      free_area[MAX_ORDER];   //页面使用状态的信息
    unsigned long         flags;     //描述当前内存的状态
    spinlock_t            lock;      //保存该描述符的自旋锁
    ……
    spinlock_t            lru_lock;
    // LRU(最近最少使用算法)活动以及非活动链表使用的自旋锁
    struct lruvec         lruvec;
    ……
}
```

其中,struct free_area free_area[MAX_ORDER]涉及一个结构 free_area,表明了页面使用状态的信息,以每个 bit 标识对应的 page 是否可以分配至伙伴算法。每个数组元素指向对应阶页表的数组开头,是供页帧回收扫描器(page reclaim scanner)访问的字段,scanner 会根据页帧的活动情况,对内存域中使用的页进行编目。如果页帧被频繁访问,则其是活动的,相反则是不活动的。在需要换出页帧时,该信息是很重要的。

部分 free_area 源码片段如下:

```
struct free_area {
    struct list_head      free_list[MIGRATE_TYPES];
    unsigned long         nr_free;
};
```

2. 伙伴算法分配原理示例

伙伴算法的分配原理是:如果分配阶为 n 的页框块,那么先从第 n 条页框块链表中查找是否存在这么大的空闲页块。如果有则分配,否则在第 $n+1$ 条链表中继续查找,直到找到为止。

例如:如果申请大小为 8 的页块(分配阶为 3),但却在页块大小为 32(分配阶为 5)的链表中,找到了空闲块;那么先将这 32 个页面对半等分,前一半作为分配使用,后一半作为新元素插入下级大小为 16 的(分配阶为 4)链表中;继续将前一半大小为 16 的页块等分,前一半作为分配使用,后一半作为新元素插入下级大小为 8 的链表中,如图 5-28 所示。

3. 伙伴算法的优缺点

伙伴算法的优点有:

① 较好地解决了外部碎片问题;

② 当需要分配若干个内存页面时,例如,用于 DMA 的内存页面必须连续,伙伴算法很好

地满足了这个要求;

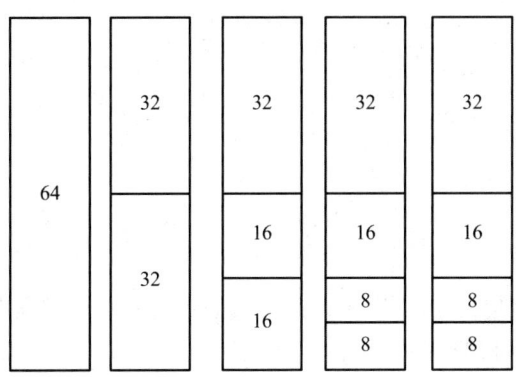

图 5-28 伙伴算法的分配原理示例

③ 只要请求的块不超过 512 个页面(2 KB),内核会尽量分配连续的页面。

针对大内存分配设计,伙伴算法的缺点有:

① 合并的要求太过严格:只有满足伙伴关系的块才能合并,例如,第 1 块和第 2 块就不能合并。

② 碎片问题:一个连续的内存中若仅有一个页面被占用,将导致整块内存区都不具备合并的条件。

③ 浪费问题:伙伴算法只能分配 2 的幂次方内存区,当需要 8 KB(2 页)时没问题;当需要 9 KB 时,那就需要分配 16 KB(4 页)的内存空间,但是实际只用到 9 KB 空间,多余的 7 KB 空间就被浪费掉了。

④ 算法的效率问题:伙伴算法涉及比较多的计算、链表和位图的操作,开销比较大。

5.5 内存管理实验

本章的内存管理实验包括进程的虚存区举例、编写虚存区内核模块和 slab 机制实验。从而帮助大家了解和熟悉进程的虚存区内容,编写虚存区内核模块,以及使用 slab 机制分配内存,并理解 slab 机制的原理。

5.5.1 进程的虚存区举例

现在,我们通过一个 C 程序 exam.c 来描述 Linux 内核是如何把共享库及各个程序段映射到进程的用户空间的。

该程序源码在 sample/chp5/exam 中,部分代码片段如下:

```
# include <stdio.h>
# include <stdlib.h>
# include <unistd.h>
int main(int argc, char ** argv)
{
    int i;
```

```
    unsigned char * buff;
    buff = (char *)malloc(sizeof(char) * 1024);
    printf("My pid is : %d\n", getpid());
    for (i = 0; i < 60; i++) {
sleep(60);
    }
    return 0;
}
```

假设程序执行后其对应的 PID 为 8 322，那么这个进程对应的虚存区如图 5-29 所示，可以用 cat /proc/8322/maps 得到这些信息。

```
lab466@ubuntu:~$ cat /proc/8322/maps
55f1ac1b5000-55f1ac1b6000 r-xp 00000000 08:01 4334645
55f1ac3b5000-55f1ac3b6000 r--p 00000000 08:01 4334645
55f1ac3b6000-55f1ac3b7000 rw-p 00001000 08:01 4334645
55f1ace17000-55f1ace38000 rw-p 00000000 00:00 0
7fc0c44e7000-7fc0c46ce000 r-xp 00000000 08:01 529111
7fc0c46ce000-7fc0c48ce000 ---p 001e7000 08:01 529111
7fc0c48ce000-7fc0c48d2000 r--p 001e7000 08:01 529111
7fc0c48d2000-7fc0c48d4000 rw-p 001eb000 08:01 529111
7fc0c48d4000-7fc0c48d8000 rw-p 00000000 00:00 0
7fc0c48d8000-7fc0c4901000 r-xp 00000000 08:01 529086
7fc0c4ae6000-7fc0c4ae8000 rw-p 00000000 00:00 0
7fc0c4b01000-7fc0c4b02000 r--p 00029000 08:01 529086
7fc0c4b02000-7fc0c4b03000 rw-p 0002a000 08:01 529086
7fc0c4b03000-7fc0c4b04000 rw-p 00000000 00:00 0
7ffc83750000-7ffc83771000 rw-p 00000000 00:00 0
```

图 5-29 进程对应的虚存区

其中，各列的信息分别是地址范围、许可权、偏移量以及所映射的文件等。

图中显示的所有区都是私有虚存映射（在许可权列出现的字母 p）。这是因为，这些虚存区的存在，仅仅是为了给进程提供数据。当进程执行指令时，可以修改这些虚存区的内容，但与它们相关的磁盘上的文件保持不变，这就是私有虚存映射所起的保护作用。

5.5.2 编写虚存区内核模块

本小节我们编写一个内核模块，打印进程的虚存区，通过模块参数把进程的 pid 传递给模块。

该模块中，通过传递的 pid 可以获得对应的 PCB，从而可以打印出其各个虚存区的起始地址。

该程序源码在 sample/chp5/testmem 中，部分代码片段如下：

```
#include <linux/module.h>
#include <linux/init.h>
#include <linux/interrupt.h>
#include <linux/sched.h>
```

```
static int pid;
module_param(pid,int,0644);
static int __init memtest_init(void)
{
    struct task_struct * p;
    struct vm_area_struct * temp;
    printk("The virtual memory areas(VMA) are:\n");
    p = pid_task(find_vpid(pid), PIDTYPE_PID);      //该函数因内核版本而稍有不同
    temp = p->mm->mmap;
while(temp) {
    printk("start:% p\tend:% p\n", (unsigned long * )temp->vm_start,
(unsigned long * )temp->vm_end);
    temp = temp->vm_next;
}
return 0;
}
static void __exit memtest_exit(void)
{
    printk("Unloading my module.\n");
    return;
}
module_init(memtest_init);
module_exit(memtest_exit);
MODULE_LICENSE("GPL");
```

我们先运行前面写的程序 exam：

```
$ ./exam
```

然后把这个进程的 pid（假设 pid 是 8 322）作为参数代入模块：

```
$ sudo insmod memtest.ko pid = 8322
$ dmesg
```

其显示的结果如图 5-30 所示。

可以看出，内核模块输出的信息与前面从 proc 文件系统中读取的信息是一致的。

进程的用户空间是由一个个的虚存区组成的，对进程用户空间的管理，在很大程度上依赖于对虚存区的管理。

```
root@ubuntu:/home/lab466/insmod memtest.ko pid=8322
root@ubuntu:/home/lab466/ dmesg
[ 3843.989980] Unloading my module.
[ 3852.076624] The virtual memory areas(VMA) are:
[ 3852.076630] start:00000000a0d3dddb    end:000000008faf3a9c
[ 3852.076644] start:000000008568a22a    end:00000000eb157626
[ 3852.076645] start:00000000eb157626    end:00000000400e686a
[ 3852.076659] start:0000000026d0ab93    end:00000000e6d872f1
[ 3852.076660] start:00000000be8e1a65    end:000000001a005df5
[ 3852.076661] start:000000001a005df5    end:0000000065100dbe
[ 3852.076662] start:0000000065100dbe    end:00000000bdcf8396
[ 3852.076662] start:00000000bdcf8396    end:00000000f0427133
[ 3852.076663] start:00000000f0427133    end:00000000ee717c9b
[ 3852.076664] start:00000000ee717c9b    end:00000000d749271f
[ 3852.076665] start:000000001c14060e    end:000000006d04831c
[ 3852.076666] start:00000000a07f4545    end:000000000036af17
[ 3852.076667] start:000000000036af17    end:00000000d28fdf52
[ 3852.076668] start:00000000d28fdf52    end:00000000b4d0e640
[ 3852.076669] start:000000004d08a7ed    end:000000008ef0173c
[ 3852.076670] start:000000000648a76e    end:00000000a0fbf552
[ 3852.076671] start:00000000a0fbf552    end:000000000c870ba7
```

图 5-30 虚存区的起始地址

5.5.3 slab 内存分配机制实验

首先，我们创建名为 my_cache 的 slab 描述符，大小为 20 B，align 为 8 B，flags 为 0。然后，从这个 slab 描述符中分配一个空闲对象，源代码在 sample/chp5/ 的 slab.c 中，部分代码片段如下：

```
static int __init my_init(void) {
    /* create a memory cache */
    if (size > KMALLOC_MAX_SIZE) {
        pr_err
            (" size = %d is too large; you can't have more than %lu! \n",
            size, KMALLOC_MAX_SIZE);
        return -1;
    }
    my_cache = kmem_cache_create("mycache", size, 0,
            SLAB_HWCACHE_ALIGN, NULL);
    if (! my_cache) {
        pr_err("kmem_cache_create failed\n");
        return - ENOMEM;
    }
    pr_info("create mycache correctly\n");

    /* allocate a memory cache object */
    kbuf = kmem_cache_alloc(my_cache, GFP_ATOMIC);
    if (! kbuf) {
        pr_err(" failed to create a cache object\n");
        (void)kmem_cache_destroy(my_cache);
```

```
        return -1;
    }
    pr_info(" successfully created a object, kbuf_addr = 0x%p\n", kbuf);

    return 0;
}

static void __exit my_exit(void){
    /* destroy a memory cache object */
    kmem_cache_free(my_cache, kbuf);
    pr_info("destroyed a cache object\n");
    /* destroy the memory cache */
    kmem_cache_destroy(my_cache);
    pr_info("destroyed mycache\n");
}
```

1. 实验步骤

进入本实验的参考代码：

```
# cd /home/lab466/
```

编译内核模块：

```
/home/lab466/ # make
```

加载内核模块：

```
insmod slab_lab.ko
```

查看 cat /proc/slabinfo 信息，结果如图 5-31 所示。

```
lab466@ubuntu: cat /proc/slabinfo
# name            <active_objs> <num_objs> <objsize> <objperslab> <pages
perslab> : tunables <limit> <batchcount> <sharedfactor> : slabdata <acti
ve_slabs> <num_slabs> <sharedavail>
mycache                 1      1    86016      1   32 : tunables    0    0
   0 : slabdata      1      1      0
ext4_groupinfo_1k      60     60      136     60    2 : tunables    0    0
   0 : slabdata      1      1      0
ext4_groupinfo_4k    1008   1008      144     56    2 : tunables    0    0
   0 : slabdata     18     18      0
RAWv6                 616    756     1152     28    8 : tunables    0    0
   0 : slabdata     27     27      0
UDPv6                 104    104     1216     26    8 : tunables    0    0
   0 : slabdata      4      4      0
tw_sock_TCPv6           0      0      240     68    4 : tunables    0    0
   0 : slabdata      0      0      0
request_sock_TCPv6      0      0      304     53    4 : tunables    0    0
   0 : slabdata      0      0      0
TCPv6                  45     45     2176     15    8 : tunables    0    0
   0 : slabdata      3      3      0
```

图 5-31 内存管理信息

图中显示的部分元素意义如下：

① name：表示该 slab 对象的名称。

② active_objs：活跃对象的个数。

③ num_objs：对象的个数。

④ objsize：对象的大小。

⑤ objperslab：表示一个 slab 中有多少个对象。

⑥ pagesperslab：表示一个 slab 占用多少个物理页面。

⑦ tunables：表示可调参数。使用 slab 分配器时，我们可以设置这些可调参数，对于 slub 分配器，这些参数不可调。

2．使用 slabinfo 命令查看信息

使用 slabinfo 命令来查看信息时，我们需要重新编译一下 slabinfo 程序。

在 ubuntu 主机上，先把 Linux 内核源码下的 tools/vm/slabinfo.c 文件拷贝到当前目录，然后编译 slabinfo：

```
$ cp /home/lab466/linux-5/tools/vm/slabinfo.c
/home/lab466/     # gcc slabinfo.c -o slabinfo
/home/lab466/     # ./slabinfo
```

相关信息如图 5-32 所示。

```
lab466@ubuntu:./slabinfo
Name                  Objects  Objsize   Space   Slabs/Part/Cpu   O/S  O  %Fr  %Ef  Flg
kmem_cache                168      352   65.5K         1/0/3      42  2    0   90  A
kmem_cache_node           256       64   16.3K         1/0/3      64  0    0  100  A
mm_struct                 210     2056  458.7K         5/0/9      15  3    0   94  A
mqueue_inode_cache         34      904   32.7K         0/0/1      34  3    0   93  A
mycache                     1    86016  131.0K         0/0/1       1  5    0   65  A
net_namespace              20     6080  131.0K         0/0/4       5  3    0   92
numa_policy               186      264   49.1K         1/0/2      62  2    0   99
proc_inode_cache         9452      672    6.5M       186/13/14    48  3    6   96  a
radix_tree_node         10024      576    5.8M       165/0/14     56  3    0   98  a
request_queue              75     2128  163.8K         1/0/4      15  3    0   97
shmem_inode_cache        1886      704    1.3M        24/0/17     46  3    0   98
sighand_cache             510     2088    1.1M        14/0/20     15  3    0   95  A
signal_cache              576     1024  589.8K         4/0/14     32  3    0  100  A
sigqueue                  204      160   32.7K         0/0/4      51  1    0   99
sock_inode_cache         2852      648    2.0M        31/0/31     46  3    0   90  Aa
```

图 5-32 slab 信息

可以使用 grep 命令来快速查找. /slabinfo | grep mycache，显示内容如图 5-33 所示。

```
lab466@ubuntu:./slabinfo
b4_slab# ./slabinfo | grep mycache
mycache                     1    86016  131.0K         0/0/1       1  5    0   65  A
```

图 5-33 grep mycache 信息

slabinfo 命令显示了当前系统所有 slab 的信息。

① name 显示 slab 的名称；

② Objects 表示对象的个数；

③ Objsize 表示对象的大小;

④ Space 表示一个 slab 占用的内存大小;

⑤ Slabs/Part/Cpu,其中 slabs 表示有多少个 slab、part 表示;

⑥ O/S 表示一个 slab 中有多少个对象。

新创建 slab 缓存时会在 sysfs 虚拟文件系统(/sys/kernel/slab)中新建一个对应的目录。

进入 cd/sys/kernel/slab/mycache 目录后,使用 ls 命令,我们可以查看该 slab 缓存中的众多参数,如图 5-34 所示。

```
lab466@ubuntu: cd /sys/kernel/slab/mycache
root@ubuntu:/sys/kernel/slab/mycache# ls
aliases              min_partial              reserved
align                objects                  sanity_checks
alloc_calls          object_size              shrink
cache_dma            objects_partial          slabs
cgroup               objs_per_slab            slabs_cpu_partial
cpu_partial          order                    slab_size
cpu_slabs            partial                  store_user
ctor                 poison                   total_objects
destroy_by_rcu       reclaim_account          trace
free_calls           red_zone                 validate
hwcache_align        remote_node_defrag_ratio
```

图 5-34　mycache 缓存信息

最后卸载模块:

```
rmmod slab_lab
```

课 程 思 政

发扬"敬业、精益、专注、创新"的工匠精神

2019 年,国际政治关系的变化导致华为技术有限公司(以下简称华为)面临紧迫的 Android(安卓)系统停供风险。在此背景下,华为毅然推出自主研发的操作系统——鸿蒙系统(HarmonyOS),以尽量降低 Android 系统停供所造成的损失。鸿蒙系统一经问世便引发产业界高度关注,这充分反映出大家对优秀国产操作系统的期盼。

近年来,我国软件产业的规模和效益同步提升,企业实力和创新能力显著增强。工业和信息化部数据显示,2018 年,软件著作权登记量突破 110 万件,同比增长 48%;2019 年,软件业务收入已达 71 768 亿元,同比增长 15.4%。由此可知,软件产业的发展为国产操作系统的研发提供了基础性的技术支持。

随着云计算、大数据、人工智能等新一代信息技术与实体经济的深度融合,工业互联网、工业大数据等新模式、新业态快速发展,已成为世界各国重点布局的工业领域。我国作为全世界唯一拥有联合国产业分类中所列全部工业门类的国家,在工业领域发展操作系统具有独特优势。

我国存在大量处于工业 2.0、3.0 和 4.0 不同发展阶段的企业,它们通过"企业上云"加速实现数字化和网络化。伴随着工业互联网基础设施的快速迭代升级,国产操作系统不仅具有广阔的市场空间,也将推动传统制造业加速向数字化、网络化和智能化转变,为国产操作系统"换道超车"提供重大历史机遇。在这个过程中,我们一定要发扬"敬业、精益、专注、创新"的工匠精神。

课后练习题

1. 请简述 Linux 对虚拟内存进行管理的 5 种机制。
2. 进程运行时必须有独占的堆和栈空间,请简述堆与栈的区别。
3. 请简述虚拟内存区域(VMA)的含义。
4. 为什么要把进程的用户空间划分为一个个区间?
5. 请简述 Linux 快速创建进程的写时复制技术。
6. 请简述匿名映射的含义。
7. 有哪些情况会导致触发 Linux 的缺页(page fault)异常处理程序?
8. 请对 ELF 可执行文件做一个介绍,其主要结构包含什么?
9. 请简述内核采用了哪 3 种机制将高端内存映射到内核空间。
10. 请简述为什么 Linux 操作系统需要引入 slab 内存分配机制。
11. 请简述 vmalloc() 与 kmalloc() 之间的区别。
12. 简述 UMA 和 NUMA 是什么含义。

第 6 章 中断处理

中断处理是指在执行程序的过程中，CPU必须暂时停止当前执行的程序，转去处理某些突发事件，之后再返回程序被中断的位置继续执行。本章主要内容包括中断机制概述、中断处理机制、中断下半部处理机制、时钟中断机制，并进行了tasklet机制分析实验。

6.1 中断处理机制概述

6.1.1 中断的基本概念

在Linux中，中断机制是一种处理硬件设备请求的重要方式。当硬件设备需要CPU进行某些操作时，它会发出中断信号。Linux内核会相应地中断当前进程的执行，并执行中断处理程序来处理硬件的请求，如图6-1所示。

中断处理程序通常是在中断请求级别(IRQ)的基础上进行注册和管理的。每个中断都有一个特定的IRQ，每个IRQ都可以关联一个或多个设备。

中断是CPU对系统发生的某个事件做出的一种反应。实时控制、故障自动处理、计算机与外围设备间的数据传送往往采用中断系统。中断系统的应用大大提高了计算机效率。

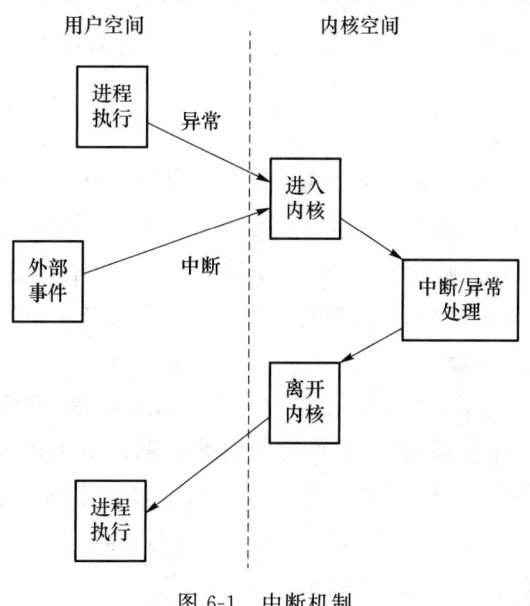

图6-1 中断机制

操作系统内核

1. 为什么引入中断

中断系统是计算机的重要组成部分,引入中断机制的主要原因是为了解决早期计算机中各个程序只能串行执行的问题,以提高系统资源的利用率,并实现多道程序的并发执行,支持 CPU 和设备之间的并行操作。

CPU 在执行程序的过程中,出现了某些突发事件亟待处理,例如,设备完成输入/输出请求时,通过向 CPU 发中断报告此次输入/输出的结果,让 CPU 决定是否必须暂停当前程序的执行,转去处理这些输入/输出事件,处理完毕后再返回程序被中断的位置继续执行,如图 6-2 所示。

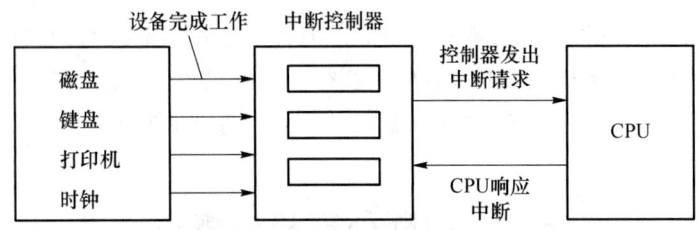

图 6-2　设备请求中断

2. 中断的分类

中断可以按照多种方法来分类,下面从中断来源,中断是否可以被屏蔽,中断入口跳转方法等方面来简述中断分析。

(1) 中断来源

根据中断来源,中断可分为内部中断和外部中断。内部中断的中断源来自 CPU 内部,包括除法错误、溢出、软件中断指令等。例如,操作系统借助 CPU 内部的软件中断从用户态切换到内核态。外部中断的中断源来自 CPU 外部,由外设提出请求。

(2) 中断是否可以屏蔽

根据中断是否可以被屏蔽,中断可分为可屏蔽中断与不可屏蔽中断(NMI)。不可屏蔽中断不能被屏蔽;而可屏蔽中断可以通过设置中断控制器寄存器等方法被屏蔽,屏蔽后,该中断将不再得到响应。

(3) 中断入口跳转方法

根据中断入口跳转方法,中断可分为向量中断和非向量中断。采用向量中断的 CPU 通常为不同的中断分配不同的中断号,不同中断号的中断有不同的入口地址。当 CPU 检测到某中断号的中断到来后,就会跳转到与该中断号对应的地址执行。非向量中断的多个中断共享一个入口地址,进入该入口地址后,再通过软件判断中断标志来识别具体是哪个中断。

3. CPU 什么时候响应中断

CPU 如果收到中断信号,并不会马上响应中断,一般是在指令周期结束时响应中断。

在指令周期的最后一个机器周期,即执行周期的结束时刻,CPU 会向所有中断源发出中断查询信号。CPU 的中断源向 CPU 提出中断请求时会设置中断请求触发器,当中断请求触发器置位时,其 1 端或 0 端输出的跳变作为中断请求信号,这种情况下,CPU 才会在当前指令执行完后,转入中断响应周期,如图 6-3 所示。

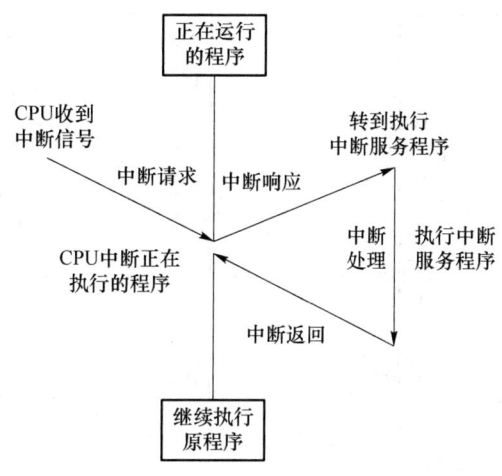

图 6-3 CPU 响应中断

6.1.2 中断模型解释

当系统中存在多个 CPU 时,中断控制器用于接收中断事件并进行处理。中断控制器会形成树状结构,收集整理系统中所有中断请求信息,并将中断事件分配给各个 CPU 进行处理。

中断控制器在外设与 CPU 之间承担协调任务。中断控制器汇集各类外设发出的中断信号,然后告诉 CPU。当 CPU 接收到请求后,给予应答,如图 6-4 所示。

首先,CPU 保存当前程序的运行环境,主要保存各个寄存器等,再调用中断服务程序(interrupt service routine,ISR)来处理这些中断;其次,在 ISR 中,通过读取中断控制器、外设的相关寄存器识别这是哪个中断,并进行相应的处理;再次,通过读写中断控制器和外设的相关寄存器清除中断,防止 CPU 误认为该中断又一次发生了;最后,恢复被中断的运行环境,也就是之前保存的各个寄存器等,继续执行。

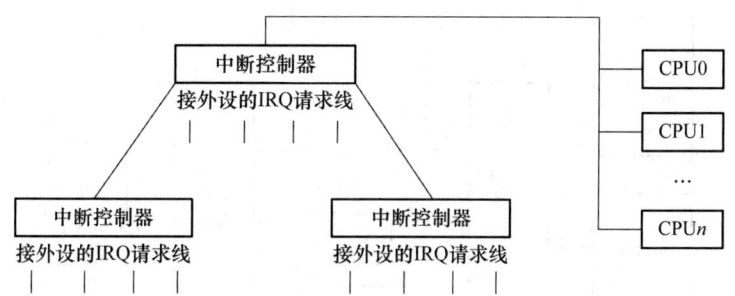

图 6-4 若干 CPU 接收中断事件并处理

1. 8259 中断控制器

本小节以 8259 为例,对中断控制器做一个介绍,如图 6-5 所示。

图 6-5 中,中断请求 IR0~IR7 是从外设发出的,然后通过中断控制器的 INT 引脚向 CPU 发出中断请求,CPU 通过中断应答引脚 INTA 应答请求。

目前 X86 采用的是 APIC(高级可编程控制器)。

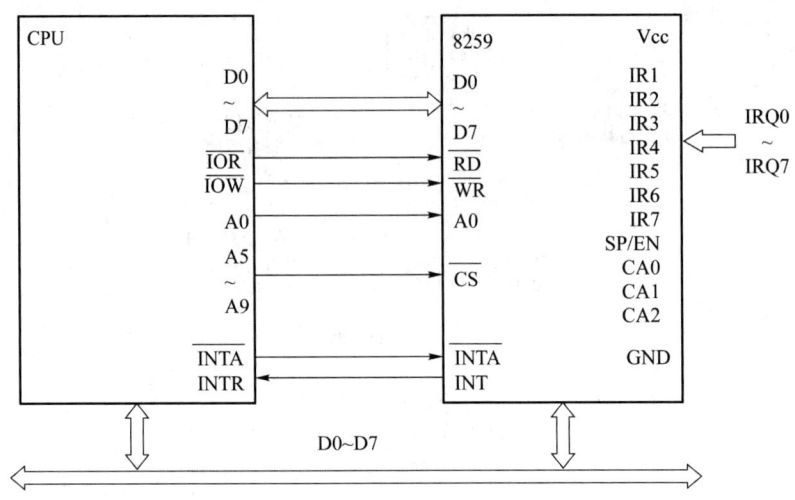

图 6-5　8259 中断控制器

2. 高级可编程中断控制器(APIC)

每个 X86 的核都有一个本地高级可编程中断控制器（advanced programmable interrupt controller，APIC）。APIC 的组成包括一组 24 条 IRQ 线、一张 24 项的中断重定向表（interrupt redirection table）、可编程寄存器、通过 APIC 总线发送和接收 APIC 信息的一个信息单元。

这些本地 APIC，通过中断控制器通信总线（interrupt controller communication bus），连接到 I/O APIC 上，如图 6-6 所示。

中断重定向表中的每一项都可以被单独编程，以指明中断向量和优先级、目标处理器，以及选择处理器的方式。重定向表中的信息用于把每个外部 IRQ 信号均转换为一条消息，I/O APIC 收集各个外设的中断，并将其翻译成总线上的信息。然后，通过 APIC 总线把消息发送给一个或者多个本地 APIC 单元。

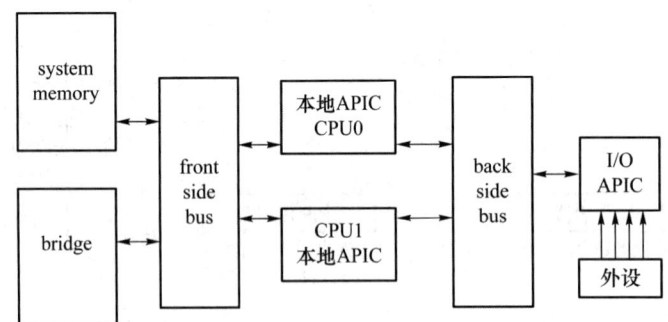

图 6-6　APIC

3. 中断机制中的机制与策略分离

尽管中断与 CPU 密切相关，但是 CPU 和中断控制器的设计是独立的，互相之间没有耦合关系。

我们知道中断有很多类，可能是由外部硬件触发的，也可能是由软件触发的。对于 CPU 来说，不管中断到底是由外部硬件触发的，还是由运行的软件本身触发的，其中断处理的过程都是一样的,即在保护好现场后,中断当前运行的程序,跳转到中断服务程序处执行,之后回到被中断的程序继续执行。

CPU 总共可以处理 256 种中断,CPU 没有必要知道该中断是来自硬件还是软件。这样,就可以使 CPU 的设计独立于中断控制器的设计,CPU 所需完成的工作就很单纯了。

CPU 对于其他模块来说只是提供了一种接口,也就是 256 个中断处理向量,又称中断号。由这些中断控制器自行去使用这 256 个中断号中的一个与 CPU 进行交互。

也就是说,尽管中断很重要,但是操作系统只负责提供接口来调用某设备的中断服务程序。无论何种中断情况,CPU 架构和操作系统都无须做出改变,中断控制器是实现中断机制与策略分离的媒介。

4. Linux 内核中断子系统

如图 6-7 所示,Linux 内核中断子系统,包括与硬件无关的代码部分、与 CPU 体系结构相关的中断处理的驱动代码部分和普通外设的驱动等子系统,下面将逐一介绍这些子系统。

① 与硬件无关的代码部分(Linux 内核通用中断处理模块):用于抽象中断处理过程的一些相同操作,实现统一的接口,进行中断相关的管理,以适用于多种 CPU 和中断控制器。

② 与 CPU 体系结构相关的中断处理的驱动代码部分:与系统使用的 CPU 的体系结构密切相关的代码部分。

③ 中断控制器的驱动代码部分:和具体中断控制器相关的代码部分。

④ 普通外设的驱动代码部分:这些普通外设的驱动将调用通用中断处理模块编程接口,实现相应的驱动逻辑。

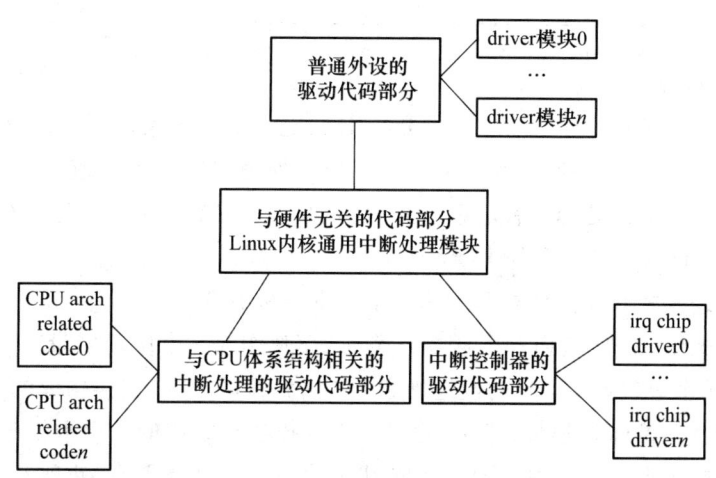

图 6-7 内核中断子系统

6.1.3 中断向量和中断描述符表

下面对中断向量表和中断描述符表作介绍。

1. 中断源的类型

每个中断源都有对应的处理程序,这个处理程序称为中断服务程序,其入口地址称为中断向量。

由中断的中断服务程序入口地址构成的表,称为中断向量表。也有的机器把中断服务程序入口的跳转指令构成一张表，称为中断向量跳转表。

在中断向量表或中断向量跳转表中，每个表项所在的内存地址或表项的索引值、每个中断源，都被分配了一个 8 位无符号整数，作为类型码，称为中断请求号。

中断向量和中断请求号之间的关系如下：

$$中断向量\ I = f(\text{irq}) \quad (X86\ 中，I = 32 + \text{irq})$$

表 6-1 列出了中断向量及其介绍。

表 6-1 中断向量及用途

向量范围	用途	向量范围	用途
0～19	不可屏蔽中断和异常	32～127	外部中断 IRQ
0	除零	128(0x80)	用于系统调用的可编程异常
1	单步调试	129～238	外部中断
4	算术溢出	239	本地 APIC 时钟中断
6	非法操作数	240	本地 APIC 高温中断
12	栈异常	241～250	Linux 保留
13	保护性错误	251～253	处理器间中断
14	缺页异常	254	本地 APIC 错误中断
20～31	Intel 保留	255	本地 APIC 伪中断

2. 中断描述符表

中断描述符表（interrupt descriptor table，IDT）是一个系统表，它与每一个中断或异常向量相联系，每一个向量在表中都有相应的中断和异常处理程序的入口地址。IDT 将每个异常或中断向量分别与它们的处理过程联系起来，也就是说，中断描述符表定义了发生中断/异常时，CPU 应以何种行为处理对应的中断/异常。

下面从实地址模式和保护模式两种情况下分别分析 IDT。

在实地址模式中，CPU 把内存中从 0 开始的 1 KB 作为一个中断向量表（interrupt vector table）。表中的每个表项均由 2 B 的段地址和 2 B 的偏移量组成，这样构成的 4 B 的地址便是相应的中断处理程序的入口地址。IDT 也是由 8 B 描述符组成的一个数组（与 GDT 和 LDT 表类似），每个中断占据一个表项。为了构成 IDT 表中的一个索引值，处理器把异常或中断的向量号乘以 8。因为最多只有 256 个中断或异常向量，所以 IDT 无须包含多于 256 个描述符。IDT 中可以含有少于 256 个描述符，因为只有有可能发生的异常或中断才需要描述符。不过 IDT 中所有空描述符项应该设置其存在位（标志）为 0。

以上 4 B 表项构成的中断向量表，在保护模式下满足不了要求。因为保护模式下偏移量要用 4 B 来表示，还需要反映模式切换的信息。中断向量表中的表项在保护模式下由 8 B 组成，中断向量表也改叫中断描述符表（interrupt descriptor table，IDT）。其中的每个表项叫作一个门描述符（gate descriptor），门的含义是当中断发生时必须先通过这些门，然后才能进入相应的处理程序，如图 6-8 所示。

IDT 表可以驻留在线性地址空间的任何地方,处理器使用 IDTR 寄存器来定位 IDT 表的位置。这个寄存器中含有 IDT 表 32 位的基地址和 16 位的长度(限长)值。

IDT 表基地址应该对齐在 8 B 边界上,以提高处理器的访问效率。限长值是以字节为单位的 IDT 表的长度。

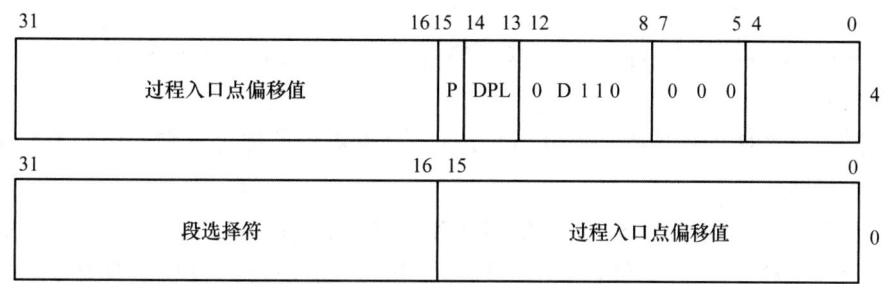

图 6-8 中断门

图 6-8 中一些字段的含义是:

① DPL:段描述符的特权级。

② P:段是否在内存中的标志。

③ 段选择符:入口函数所处代码段的选择符。

④ 偏移值:入口函数地址的偏移量。

⑤ D:标志位,1=32 bit,0=16 bit;

⑥ 5~7 位:3 位门类型码。

3. 中断描述符表中的门

门(gate):当中断发生时,通过这些门进入对应的处理程序,例如,Linux 利用中断门处理中断,利用陷阱门处理异常。

Linux 中门的具体分类如下:

① 中断门:所有的用户进程都不能访问(该门的 DPL 设为 0)。所有 Linux 的中断处理程序都是通过中断门激活的,也就是说只能在内核态访问。

② 系统门:可以被用户态进程访问(该门的 DPL 设为 3)。3 个 Linux 异常处理程序对应的中断号分别是 4、5 和 128,分别使用 into、bound 和 int ＄0x80 三条汇编指令发出对应的中断信号。

③ 系统中断门:用户态进程可以访问(该门的 DPL 设为 3)。中断号为 3 的异常处理程序通过系统中断门激活,可以使用在用户态使用的 int3 指令实现。

④ 陷阱门:不能被用户态程序访问(该门的 DPL 设为 0)。陷阱门主要用于调试程序,主要用来访问大部分的异常处理程序。

⑤ 任务门:用户态进程不能访问(该门的 DPL 设为 0)。专门访问处理 Double fault 异常的处理程序。

对应上面的 5 种分类,相应的可以初始化 IDT 的函数(这些函数与硬件架构密切相关)如下:

① set_intr_gate(n,addr):插入中断门。该门内的段选择器设为内核态代码所在的段,offset 设为 addr,就是中断处理程序的地址,DPL 设为 0。

② set_system_gate(n,addr):插入系统门。其余描述与 set_intr_gate(n,addr)函数相同。

③ set_system_intr_gate(n,addr):插入系统中断门。该门内的段选择器设为内核态代码所在的段,offset 设为 addr,就是异常处理程序的地址,DPL 设为 3。

④ set_trap_gate(n,addr):插入陷阱门。其余描述与 set_system_intr_gate(n,addr)函数相同。

⑤ set_task_gate(n,gdt):插入任务门。段选择器设为要执行的函数所在的段,offset 设为 0,而 DPL 设为 3。

与之对应,在 X86 的保护模式下,Intel 提供了多种类型的描述符来实现操作系统的中断和异常处理,分别是:

① 任务状态段(TSS)描述符:用于描述任务状态段,它是一个包含了与任务相关的重要状态信息的数据结构。TSS 中包含了一个任务在执行过程中可能被中断或暂停的所有寄存器的状态。

② 中断门描述符:指向一个处理中断的处理程序。当中断发生时,处理器将控制转移到中断处理程序。

③ 陷阱门描述符:类似于中断门,但是它主要用于调试。当执行到一个陷阱指令时,处理器会触发一个陷阱,然后将控制转移到指定的陷阱处理程序。

6.2 中断处理机制

6.2.1 中断描述表的初始化

在分析中断处理机制前,我们先介绍一下与初始化相关的变量和寄存器。

6.1 节介绍了中段描述符表(IDT),IDT 位于内核数据段中。中断描述符表的变量名称为 idt_descr,源代码在 arch/x86/kernel/head_32.S 中,部分代码片段如下:

```
idt_descr:
    .word IDT_ENTRIES * 8 - 1     # idt contains 256 entries
    .long idt_table
```

第一句代码表示中断描述表包含 256 项中断描述符,第二句代码表示中断描述表的入口地址。

Linux 内核在系统的初始化阶段还要初始化可编程控制器。

与中断描述符表的初始化相关的寄存器是中断描述表寄存器(interrupt descriptor table register,IDTR)。IDTR 是位于处理器内部的中断描述符表寄存器,保存中断描述符表在内存中的线性基地址和界限,3.1.4 小节对 IDTR 有介绍。

首先,我们要将中断描述符表的起始地址装入中断描述符表(IDTR)寄存器,并初始化表中的每一项,当计算机运行在实模式时,中断描述符表被初始化,并由 BIOS 使用。

真正进入 Linux 内核后,中断描述符表就被移到内存的另一个区域了,并为进入保护模式进行预初始化,如图 6-9 所示。

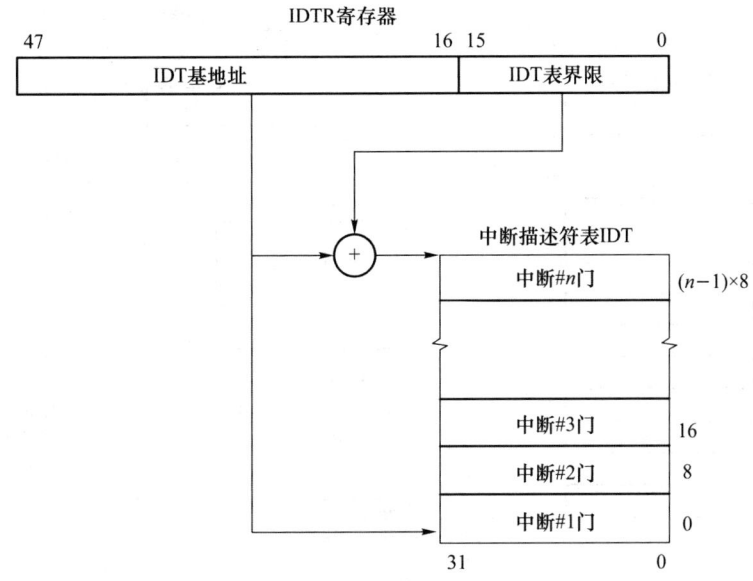

图 6-9　中断描述符寄存器

下面详细介绍一下中断门的初始化。

中断门的初始化是由 init_IRQ() 函数中的一段代码完成的,注意设置时要跳过 0x80,这是系统调用的向量。以下是 init_IRQ() 函数,其源代码在 arch/i386/kernel/i8259.c 中,部分代码片段如下:

```
void __init init_IRQ( void )
{
    pre_intr_init_hook();    //调用 init_ISA_irqs
    // 设置中断门
    for (i = 0; i < (NR_VECTORS - FIRST_EXTERNAL_VECTOR); i ++){
        int vector = FIRST_EXTERNAL_VECTOR + i;
        if (i >= NR_IRQS)
            break;
        //跳过系统调用的向量
        if (vector != SYSCALL_VECTOR)
            set_intr_gate(vector, interrupt[i]);
    }
}
```

中断处理程序的入口地址是一个数组 interrupt[],数组中的每个元素,是指向中断处理例程(ISR)的指针,如图 6-10 所示。

每个中断处理例程均属于内核中的代码段,其段基地址存放于全局描述表(GDT)中。

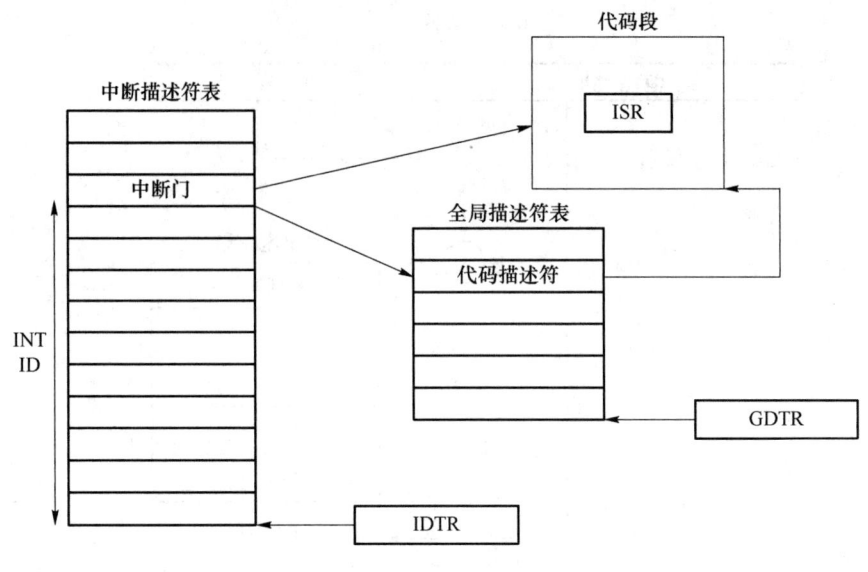

图 6-10　中断门的初始化

6.2.2　中断处理过程

中断处理过程是计算机系统中处理外部或内部事件的重要机制，它涉及多个阶段以确保系统的稳定运行和响应性。

以下是中断处理过程的主要步骤：

① 中断请求触发：此时由外部设备或内部模块发出中断请求，通知处理器发生了一个特定的事件。

② 检测和响应中断：处理器会在适当的时间检测中断请求，并根据中断控制器的设置，来确定是否响应中断。如果中断被允许，并且中断具有较高优先级，则处理器会中止当前的任务，转而处理中断事件。

③ 上下文保存：本阶段主要做好现场保护工作。在处理中断之前，处理器需要保存当前任务的上下文信息，以便在中断处理完毕后，能够正确恢复被中断的任务并继续执行。上下文信息包括程序计数器（PC）、寄存器内容等。

④ 查找中断向量：处理器使用中断向量表，或中断向量地址表，来确定中断处理程序的地址。中断向量表是一个存储中断处理程序地址的数据结构，可以根据中断号或中断源的标识，找到相应的中断处理程序地址。

⑤ 执行中断处理程序：此时处理器跳转到中断处理程序的地址，开始执行中断处理代码。中断处理程序负责处理特定中断的操作，例如，状态更新、外部设备的数据读取、其他任务触发等。

⑥ 中断处理完毕：当中断处理程序完成相关操作后，处理器会执行相应的清理工作，例如，清除中断标志、恢复保存的上下文信息等。

⑦ 上下文恢复：完成中断后，处理器使用之前保存的上下文信息，来恢复被中断的任务的状态，以确保任务能够从中断被终止的地方继续执行。这包括还原程序计数器、寄存器值等。

⑧ 重新恢复执行：恢复了被中断任务的上下文后，处理器重新开始执行被中断的任务，继续之前被中断的代码流程。

需要注意的是,具体的中断处理过程可能会因处理器架构、操作系统和应用程序的不同而有所差异。

下面介绍一下 X86 中断处理过程的一些细节。

1. X86 的中断处理过程

CPU 执行了当前指令之后,下一条将要执行指令的虚地址,包含在 CS 和 EIP 寄存器中。在执行下一条指令前,CPU 先要判断是否发生了中断或异常。

如果在执行当前指令的过程中,发生了中断或异常,CPU 将首先确定所发生中断或异常的向量 i(在 0～255 之间);其次通过 IDTR 寄存器找到 IDT 表,读取其中的第 i 项(门),并从 GDTR 寄存器获得 GDT 的地址,最后结合中断描述符中的段选择符,在 GDT 表中获得中断处理程序对应的段描述符,如图 6-11 所示。

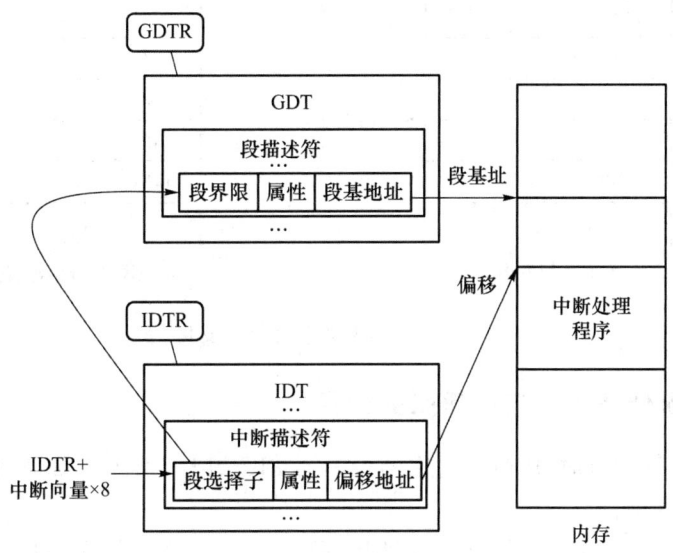

图 6-11 中断处理

2. 中断处理过程堆栈变化

如果一个中断产生时任务正在用户代码中执行,那么该中断会引起 CPU 特权级从 3(用户态)到 0(内核态)的变化,CPU 就会从用户态堆栈切换到内核态堆栈,此时 CPU 会从当前任务的任务状态段(TSS)中,取得新堆栈的段选择符和偏移量。

在内核中,因为中断服务程序属于 0 级特权级代码,所以 48 位的内核态堆栈指针会从 TSS 的 SS 和 ESP 字段中获得。在定位了新堆栈(内核态堆栈)之后,CPU 就会首先把原用户态堆栈指针 SS 和 ESP 压入内核态堆栈,随后把标志寄存器 EFLAGS 的内容和返回位置 CS,并将 EIP 压入内核态堆栈。

内核的系统调用是一个软件中断,因此,任务在调用系统调用时会进入内核并执行内核中的中断服务代码。此时,内核代码就会使用该任务的内核态堆栈进行操作。由于特权级别发生了改变,故当进入内核程序时,用户态堆栈的堆栈段和堆栈指针,以及 EFLAGS 同样会被保存在任务的内核态堆栈中。当执行 IRET 退出内核程序返回到用户程序时,再恢复用户态的堆栈和 EFLAGS。

若一个任务正在内核态中运行,如果此时 CPU 响应中断,那么不需要进行堆栈切换操作,因为此时该任务运行的内核代码已经在使用内核态堆栈,并且不涉及优先级别的变化。

CPU 仅把 EFLAGS 和中断返回指针 CS 和 EIP 压入当前内核态堆栈,然后执行中断服务过程即可。也就是说,当中断发生在内核态(即 CPU 在内核中运行)时,不会更换堆栈。

由图 6-12(a)可看出,当从用户态堆栈切换到内核态堆栈时,CPU 先将用户态堆栈的值压入中断程序的内核态堆栈,同时把 EFLAGS 寄存器自动压栈,再把被中断进程的返回地址压入堆栈。如果异常产生了一个硬错误码,则将它也保存在堆栈中。

如果特权级没有发生变化,则压入栈中的内容,如图 6-12(b)所示。

得到中断处理程序的入口地址后,CPU 将跳转到中断或异常处理程序。

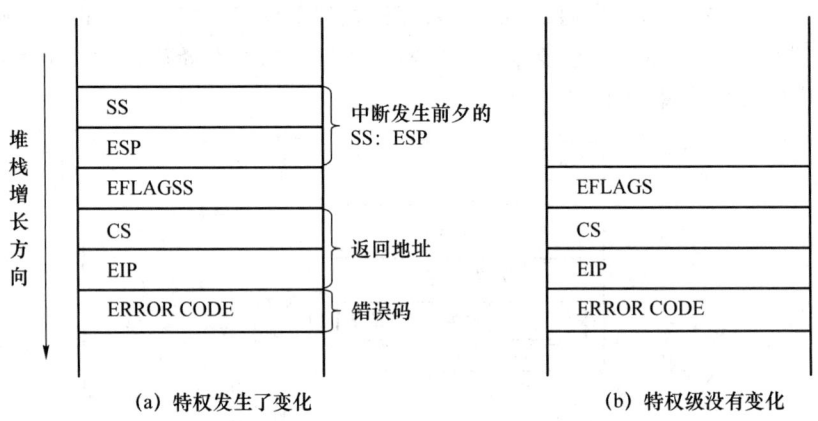

图 6-12 中断处理过程堆栈变化

6.2.3 中断处理程序与中断服务例程

当外设发出中断请求时,IRQ 通过中断控制器 PIC 的 int 引脚向 CPU 请求中断处理,启动中断处理机制,其中:

① 中断处理程序:中断处理程序共享同一条中断线的所有中断请求。中断处理程序是 I/O 系统中最低的一层,它是整个 I/O 系统的基础。

② 中断服务例程(Interrupt Service Routine):每个中断请求都有自己单独的中断服务例程,ISR 是处理硬件中断请求的内核空间中的关键函数,ISR 通常是与特定硬件相关联的,并且需要尽可能高效,以减少对系统响应时间的影响,如图 6-13 所示。

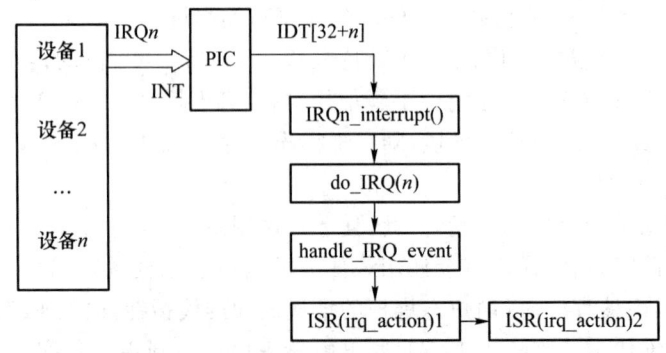

图 6-13 中断服务例程

1. 中断描述符(struct irq_desc)

struct irq_desc 结构体在 Linux 内核中表示中断描述符,它是内核中用于管理中断的一个核心数据结构。每一个硬件中断都有一个与之对应的 irq_desc 结构体实例。内核中会有一个数据结构,保存了关于所有 IRQ 的中断描述符信息,放在一个数组中。

这个 irq_desc[NR_IRQS]数组是 Linux 内核中维护 IRQ 资源的管理单元。它记录了某 IRQ 号对应的流控处理函数,包括中断控制器、中断服务程序、IRQ 自身的属性、资源等信息,是内核中断子系统的一个核心数组。

以下是 irq_desc 结构体的一个简化版本的定义,它包含了一些常见的字段:

```
struct irq_desc {
    unsigned int           irq;          // 中断号
    irq_flow_handler_t     handle_irq;
        //指向中断函数,中断产生后,就会执行这个 handle_irq
    struct irq_chip        * chip;
        //指向 irq_chip 结构体,用于底层的硬件访问
    struct msi_desc        * msi_desc;
    void                   * handler_data;
    void                   * chip_data;
    struct irqaction       * action;      //action 链表,用于中断处理
    unsigned int           status;
    unsigned int           depth;
    unsigned int           wake_depth;
    unsigned int           irq_count;
    unsigned long          last_unhandled;
    unsigned int           irqs_unhandled;
    spinlock_t             lock;
    const char             * name;        //产生中断的硬件名称
};
```

在实际的 Linux 内核中,irq_desc 结构体会更加复杂,包含了与特定架构相关的代码,并且提供了丰富的接口来管理中断。开发者可以通过相关接口注册和注销中断处理函数,控制中断的开启和关闭等。

irq_desc 结构中的 irqaction 结构类型是一个中断线共享的数据结构,下面对 irqaction 做一个介绍。

用户注册的每个中断处理函数都用一个 irqaction 结构来表示,一个中断(如共享中断)可以有多个处理函数,它们的 irqaction 结构链接成一个链表,以 action 为表头。

源代码在 include/linux/interrupt.h 中,部分代码片段如下:

```
struct irqaction {
    void ( * handler)(int, void *, struct pt_regs *);
    //等于用户注册的中断处理函数,中断发生时就会运行这个中断处理函数
    unsigned long flags;      //中断标志,注册时设置,例如上升沿中断,下降沿中断等
    unsigned long mask;       //中断掩码
    const char * name;        //中断名称,产生中断的硬件的名字
    void * dev_id;            //设备 id
    struct irqaction * next;  //指向下一个成员
```

```
    int irq;        //中断号
    struct proc_dir_entry * dir;    //指向 IRQn 相关的/proc/irq/
};
```

每个设备能共享一个单独的 IRQ,因此内核要维护多个 irqaction 描述符,其中每个描述符涉及一个特定的硬件设备和一个特定的中断。

结构中部分内容解释如下:

① Handler:指向一个具体 I/O 设备的中断服务例程。
② Flags:用一组标志描述中断线与 I/O 设备之间的关系。
③ Name:I/O 设备名。
④ dev_id:指定 I/O 设备的主设备号和次设备号。
⑤ Next:指向 irqaction 描述符链表的下一个元素。

2. 中断服务例程注册

中断描述符表 IDT 初始化后,必须通过 request_irq()函数将对应的中断服务例程挂入中断请求队列,即对其进行注册。

request_irq()位于 kernel/irq/manage.c,函数原型如下:

```
int request_irq(unsigned int irq, irq_handler_t handler, unsigned long irqflags, const char * devname, void * dev_id)
```

参数说明:

① unsigned int irq:要注册中断服务函数的中断号,例如,外部中断 0 就是 16,定义在 mach/irqs.h。
② irq_handler_t handler:要注册的中断服务函数,即(irq_desc+irq)-> action-> handler。
③ unsigned long irqflags:触发中断的参数,例如,边沿触发,定义在 linux/interrupt.h。
④ const char * devname:中断程序的名字,使用 cat/proc/interrupt 可以查看中断程序名字。
⑤ void * dev_id:传入中断处理程序的参数,注册共享中断时不能为 NULL,因为卸载时需要将其作为参数,避免卸载其他中断服务函数。

request_irq 部分源代码如下:

```
int request_irq(unsigned int irq, irq_handler_t handler, unsigned long irqflags, const char * devname, void * dev_id)
{
    struct irqaction * action;
    ……
    action = kmalloc(sizeof(struct irqaction), GFP_ATOMIC);
      //注册 irqaction 结构体类型的 action
      if (! action)
          return - ENOMEM;
    //将带进来的参数赋给 action
```

```
        action->handler = handler;
        action->flags = irqflags;
        cpus_clear(action->mask);
        action->name = devname;
        action->next = NULL;
        action->dev_id = dev_id;
        select_smp_affinity(irq);
        ......
        retval = setup_irq(irq, action);
        //进入 setup_irq(irq, action),设置 irq_ desc[irq]->action
        if (retval)
            kfree(action);

        return retval;
}
```

根据上述分析,request_irq()函数主要注册了一个 irqaction 型 action,然后把参数都赋给这个 action,最后进入 setup_irq(irq, action)设置 irq_ desc[irq]-> action。

3. 中断服务例程注销

通过 free_irq()函数,注销中断服务例程。

free_irq()也位于 kernel/irq/manage.c,函数原型如下:

```
free_irq(unsigned int irq, void * dev_id);
```

参数说明:
① unsigned int irq:要卸载的中断号。
② void * dev_id:要卸载的中断 action 下的哪个服务函数。

free_irq()部分源代码如下:

```
void free_irq(unsigned int irq, void * dev_id)
{
    struct irq_desc * desc;
    struct irqaction ** p;
    unsigned long flags;
    irqreturn_t ( * handler)(int, void * ) = NULL;
    WARN_ON(in_interrupt());
    if (irq >= NR_IRQS)
          return;
    desc = irq_desc + irq;      //根据中断号,找到数组
    spin_lock_irqsave(&desc->lock, flags);
    p = &desc->action;       //p指向中断里的 action 链表

    for (;;) {
        struct irqaction * action = * p;
```

```
            //在action链表中找到与参数dev_id相等的中断服务函数
        if (action) {
            struct irqaction ** pp = p;
            p = &action->next;
    //直到找dev_id才执行下面,进行卸载
        if (action->dev_id != dev_id)
            continue;
            * pp = action->next;
    //指向下一个action成员,将当前的action释放掉
            # ifdef CONFIG_IRQ_RELEASE_METHOD
            if (desc->chip->release)
    //执行chip->release释放中断服务函数相关的东西
                desc->chip->release(irq, dev_id);
            # endif
    //判断当前action成员是否为空,表示没有中断服务函数
            if (! desc->action) {
                desc->status |= IRQ_DISABLED;
                if (desc->chip->shutdown)
                desc->chip->shutdown(irq);          //执行chip->shutdown关闭中断
                else      //执行chip->disable禁止中断
                desc->chip->disable(irq);
……
}
```

根据上面分析我们可知,free_irq()函数主要通过irq和dev_id寻找要释放的中断action。

6.2.4 中断返回

1. 中断返回流程

所有的中断处理程序在处理完之后,最后都要走到ret_from_intr。
对所有的中断处理程序执行相同的代码,中断公共入口:

```
common_interrupt:     //所有可屏蔽中断函数的公共入口
    SAVE_ALL     //寄存器入栈
    movl %esp,%eax    // eax保存栈顶指针
    call do_IRQ     //中断处理函数
    jmp ret_from_intr     //从中断返回
```

从中断返回,函数主要任务为确定中断发生前的运行模式,即恢复内核执行路径,检查是否内核抢占,执行内核抢占,恢复硬件上下文。恢复用户执行路径:处理信号,恢复硬件上下文。

在此之前,先判断进入中断前是用户空间还是内核空间:如果进入中断前是内核空间,则直接调用RESTORE_ALL;如果进入中断前是用户空间,则可能需要进行一次调度。如果进入中断前是用户空间且不调度,则可能有信号需要处理。最后,还是走到RESTORE_ALL。

RESTORE_ALL和SAVE_ALL是一对相反的操作,RESTORE_ALL将堆栈中的寄存

器恢复。

最后，调用 iret 指令，将处理权交给 CPU。从中断返回时，CPU 要调用恢复中断现场的宏。

2. 从中断、异常及系统调用返回的比较

首先，我们要知道，除异常返回时要先关一次中断外，中断返回和异常返回的处理流程类似。Linux 异常实现中使用的是陷阱门，不会自动关中断；而中断使用的中断门是会自动关中断的。这点是有区别的，相关流程如图 6-14 所示。

其次，从中断、异常和系统调用返回时，是进行调度的重要时刻。时钟中断返回时，也是调度依赖的重要时刻。时钟中断处理函数不会直接进行调度，只是根据对应的调度算法，决定是否需要调度及如何调度。如果要调度，需要设置相应调度标志标记。

也就是说，调度的实际执行，是在中断返回的时候检查调度标志标记，如果有设置，则进行调度。

最后，信号处理是在当前进程从内核态返回用户态时进行的，在发生中断、异常或系统调用，以及 fork 时，都有可能从内核态返回用户态，都是处理信号的时机。

注意：系统无法处理未正在运行进程的信号，只有当前进程的信号才能在此时得到处理。

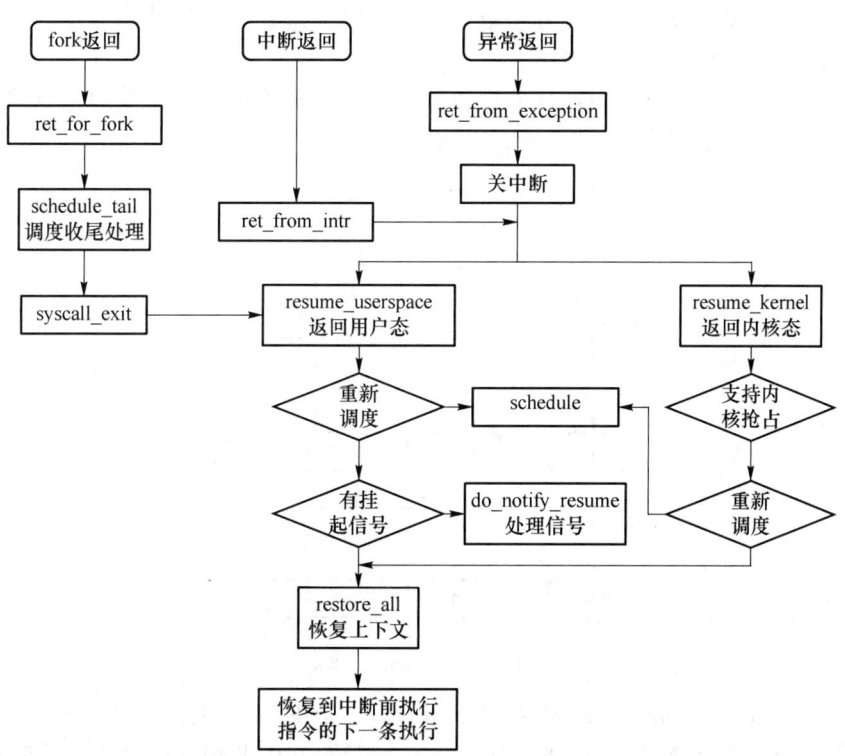

图 6-14 从中断、异常或系统调用返回

6.3 中断下半部处理机制

6.3.1 中断上半部和下半部

根据之前对中断的介绍,我们知道处理器一旦接收到中断,就会打断正在执行的代码,调用中断处理函数。如果在中断处理函数中没有禁止中断,则该中断处理函数执行过程中仍有可能被其他中断打断。

出于这样的原因,中断处理函数执行得越快越好。另外,中断上下文中不能阻塞,这也限制了中断上下文中能执行的进程。

中断服务程序一般都是在中断请求关闭的条件下执行的,以避免嵌套而使中断控制复杂化。但是,中断是一个随机事件,它随时会到来,如果关闭中断的时间太长,CPU 就不能及时响应其他的中断请求,从而造成中断的丢失。

因此,内核的目标就是尽可能快地处理完中断请求,尽其所能把更多的处理向后推迟。

基于上述原因,内核将整个中断处理流程分为上半部和下半部,分别为上半部(top half)不可中断和下半部(bottom half)可中断。

上半部就是前文所说的中断处理函数,内核立即执行,它能最快的响应中断,并且做一些必须在中断响应之后马上要做的事情。

而下半部,就是一些内核函数,留着稍后处理。需要在中断处理函数后继续执行的操作,内核建议把它放在下半部执行,如图 6-15 所示。

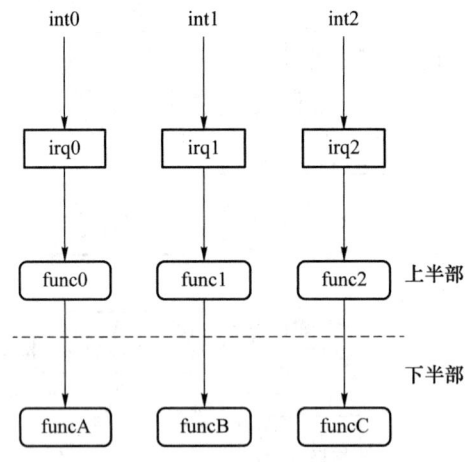

图 6-15 中断的下半部

以网卡来举例,在 Linux 内核中,一旦网卡接收到数据,它会通过中断告诉内核处理数据,执行一些网卡硬件的必要设置,也就是上半部,因为这是在中断响应后立即要处理的事。接着内核调用对应的下半部函数,来处理网卡接收到的数据,一般的数据处理无须在中断处理函数里面立即执行,可将中断让出来做更紧迫的事情。

有 3 种方法可以用来实现下半部:软中断 soft_irq、小任务 tasklet 和等待队列 workqueue。它们在使用方式和适用情况上各有不同。

soft_irq 用在对下半部执行时间要求比较紧急的场合,在中断上下文执行。tasklet 和

work queue 在普通的驱动程序中用得较多,它们二者的区别是 tasklet 在中断上下文执行,workqueue 在进程上下文执行,且 workqueue 可以执行可能睡眠的操作。

6.3.2 软中断机制

软中断一般很少用于实现下半部,但 tasklet 是通过软中断实现的。顾名思义,软中断就是软件实现的异步中断,它和硬中断一样不能睡眠,其优先级低于硬中断,但高于普通进程优先级。

软中断是在编译的时候静态分配的,要用软中断必须修改内核代码。在中断机制中,我们介绍了中断注册函数 request_irq(),该函数可以把中断服务例程添加到中断请求队列中,其执行是由 do_IRQ 完成的。与之对应,通过 open_softirq()添加下半部对应的处理函数,而对其执行则是通过 do_softirq()完成的,即通过软中断机制完成的,如图 6-16 所示。

在 kernel/softirq.c 中有这样的一个数组:

```
static struct softirq_action softirq_vec[NR_SOFTIRQS] __cacheline_aligned_in_smp;
```

内核通过 softirq_action 数组来维护软中断,NR_SOFTIRQS 是当前软中断的个数。

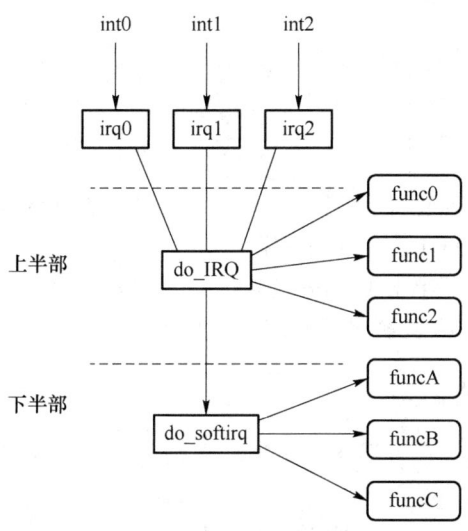

图 6-16 软中断机制

每个软中断在内核中以 softirq_action 表示,内核目前实现了 10 种软中断,源代码在 include/linux/interrupt.h 中,部分代码片段如下:

```
enum
{
    HI_SOFTIRQ = 0,         //高优先级 tasklet,优先级最高
    TIMER_SOFTIRQ,          //时钟相关的软中断
    NET_TX_SOFTIRQ,         //将数据包传送到网卡
    NET_RX_SOFTIRQ,         //从网卡接收数据包
    BLOCK_SOFTIRQ,          //块设备的软中断
    BLOCK_IOPOLL_SOFTIRQ,   //支持 IO 轮询的块设备软中断
    TASKLET_SOFTIRQ,        //常规 tasklet
    SCHED_SOFTIRQ,          //调度程序软中断
```

```
    HRTIMER_SOFTIRQ,       //高精度计时器软中断
    RCU_SOFTIRQ,           //RCU 锁软中断,该软中断总是最后一个软中断
    NR_SOFTIRQS            //软中断数为 10
};
```

softirq_action 结构体的源代码在 include/linux/interrupt.h 中,部分代码片段如下:

```
struct softirq_action{
    void (*action)(struct softirq_action *);      //软中断处理函数
};
```

结构体里面有一个软中断函数,其参数就是本身结构体的指针。之所以这样设计,是为了以后的拓展,如果在结构体中添加了新成员,就不需要修改函数接口了。

要使用软中断,首先就要静态声明软中断,定义了索引号后,还要注册处理程序。

通过函数 open_sofuirq 注册软中断处理函数,使软中断索引号与中断处理函数对应。该函数在 kernel/softirq.c 中定义:

```
void open_softirq(int nr, void (*action)(struct softirq_action *)){
    softirq_vec[nr].action = action;
}
```

在中断处理函数完成了必要的操作后且在其返回前,就应该调用函数 raise_sotfirq,触发对应的软中断,让软中断执行中断下半部的操作。

综上所述,软中断实现下半部的方法很麻烦,一般是不会使用的。我们常使用 tasklet 机制实现下半部,下面对 tasklet 机制进行介绍。

6.3.3 tasklet 机制

所谓 tasklet,就是执行一些小任务,如图 6-17 所示。tasklet 机制是在 I/O 驱动程序中实现可延迟函数的首选方法。

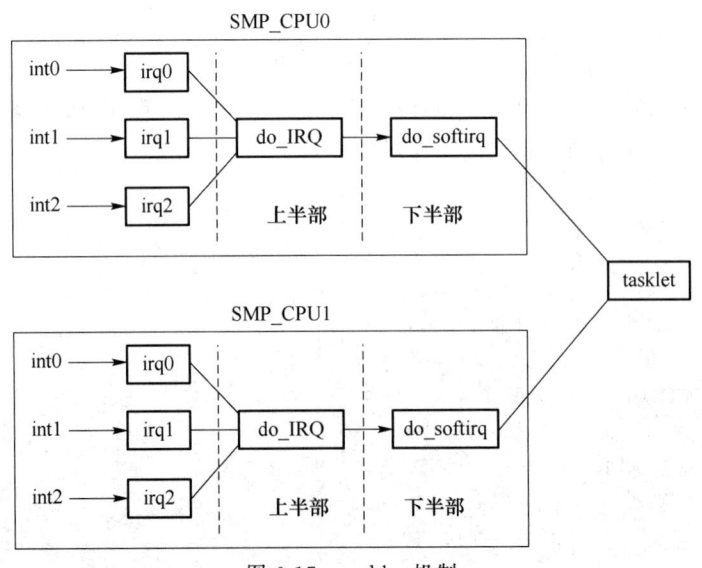

图 6-17 tasklet 机制

tasklet 和 workqueue 是延期执行工作的机制,其实现基于软中断,但它们更易于使用,更适合于设备驱动程序。

1. tasklet 的特性

tasklet 的特性如下:

① 一个 tasklet 可在稍后被禁止或者重新启用,只有启用次数和禁止次数相同时,tasklet 才会被执行。

② 和定时器类似,tasklet 可以注册自己。

③ tasklet 可被调度,以通常的优先级或者高优先级执行,高优先级的 tasklet 会先执行。

④ 如果系统负荷不重,则 tasklet 会立即得到执行,但始终不会晚于下一个定时器嘀嗒。

⑤ 一个 tasklet 可以和其他 tasklet 并发,但对其自身来讲是严格串行处理的,即同一 tasklet 永远不会在多个处理器上同时运行,tasklet 始终会在调度自己的同一 CPU 上运行。

2. tasklet 数据结构

State 域的取值有以下两个:

① TASKLET_STATE_SCHED,表示 tasklet 已被调度,正准备投入运行;

② TASKLET_STATE_RUN,表示 tasklet 正在运行,它只在多处理器系统上使用,任何时候单处理器系统都清楚一个 tasklet 是不是正在运行。

count 域是 tasklet 的引用计数器。如果它不为 0,则 tasklet 被禁止,不允许执行;只有当它为零时,tasklet 才被激活,并且在被设置为挂起时,tasklet 才能够执行。

结构中的 func 域,就是下半部中要推迟执行的函数,data 是它唯一的参数。

源代码在 include/linux/interrupt.h 中,部分代码片段如下:

```
struct tasklet_struct {
    struct tasklet_struct * next;    //指向链表中的下一个结构
    unsigned long state;        // tasklet 的状态
    atomic_t count;        // 引用计数器
    void ( * func) (unsigned long);    // 要调用的函数
    unsigned long data;        // 传递给函数的参数
};
void tasklet_init(struct tasklet_struct * t,
    void ( * func)(unsigned long), unsigned long data);
DECLARE_TASKLET(name, func, data);
DECLARE_TASKLET_DISABLED(name, func, data);
```

3. 编写自己的 tasklet 并调度

编写流程如下:

首先,声明和使用 tasklet,例如:

```
DECLARE_TASKLET(my_tasklet, my_tasklet_handler, dev);
```

其次,在初始化 tasklet_struct 之前,需要先写好 tasklet 处理函数,如果需要传参,也需要指定传参,例如:

```
void tasklet_handler(unsigned long data)
```

注意 tasklet 不能睡眠,不能在 tasklet 中使用信号量或者其他产生阻塞的函数。但它运行时可以响应中断。

在中断返回前调度 tasklet:

```
tasklet_schedule(&my_tasklet);        //调度
```

跟软中断一样(其实 tasklet 就是基于软中断实现的),这里说的调度并不是马上执行,只是打个标记,至于什么时候执行需要看内核的调度。

杀死 tasklet,当模块卸载时,将 tasklet_struct 结构体移除,源码在 kernel/softirq.c 中。

```
void tasklet_kill(struct tasklet_struct * t)
```

这确保了 tasklet 不会被再次调度,通常在一个设备正被关闭或者模块卸载时被调用。如果 tasklet 正在运行,程序会睡眠等待,直到它执行完毕。

另外,还有禁止与启用 tasklet 的函数。被禁止的 tasklet 不能被调用,直到被重新启用,源码在 linux/interrupt.h 中。

```
static inline void tasklet_disable(struct tasklet_struct * t)    //禁止
static inline void tasklet_enable(struct tasklet_struct * t)     //启用
```

6.3.4 workqueue 机制

软中断机制和 tasklet 机制都是在中断上下文中。由于它们不可挂起,而且是串行执行,所以只要有一个处理时间较长,就会导致其他中断响应的延迟。

workqueue 采用的是另一种工作形式,workqueue 可以把工作推后,交由一个内核线程去执行,这个下半部分总是会在进程的上下文中执行。这样,通过 workqueue 执行的代码能利用进程上下文的所有优势。

workqueue 最重要的特点就是允许重新调度,甚至可以睡眠。如果需要用一个可以重新调度的实体来执行下半部处理,就应该使用 workqueue。它是唯一能在进程上下文中运行的下半部实现机制,也只有它才可以睡眠。

这意味着在需要获得大量内存时,在需要获取信号量时,在需要执行阻塞式的 I/O 操作时,它都会非常有用。如果不需要用一个内核线程来推迟执行工作,那么就考虑使用 tasklet。

简言之,workqueue 就是一组内核线程,作为中断守护线程使用。多个中断可以放在一个线程中,也可以分别为每个中断分配一个线程。workqueue 对线程作了封装,使用起来更方便。如图 6-18 所示。因为 workqueue 是线程,故可使用所有能够在线程中使用的方法。

1. workqueue 运行机制

当用户调用 workqueue 初始化接口函数,对 workqueue 进行初始化时,内核就开始为用户分配一个 workqueue 对象,并且将其链到一个全局的 workqueue 队列中。

然后内核根据当前 CPU 的情况,为 workqueue 对象分配与 CPU 个数相同的 cpu_workqueue_struct 对象,每个 cpu_workqueue_struct 对象都会有一条任务队列。

workqueue 中有 3 个结构体,分别为 workqueue_struct、cpu_workqueue_struct 和 work_ struct,在 kernel/workqueue.c 中。

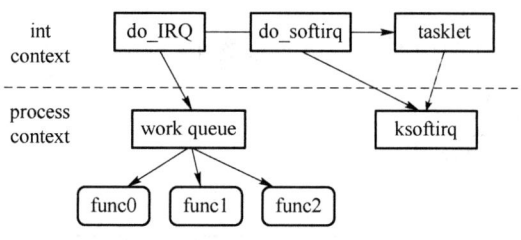

图 6-18　workqueue 机制

其中,workqueue_struct 的部分源码如下:

```
struct workqueue_struct {
    struct cpu_workqueue_struct * cpu_wq;    //用于挂接不同 cpu 核上的同一类工作队列
    struct list_head list;
    const char * name;       //工作队列名称
    int singlethread;        //是否为单线程而不论有一个 cpu 核
    int freezeable;          //freeze threads during suspend
};
```

cpu_workqueue_struct 是 workqueue 中的核心数据结构,部分源码如下:

```
struct cpu_workqueue_struct {
    spinlock_t lock;
    struct list_head worklist;       //工作列表,添加工作时放入此链表中
    wait_queue_head_t more_work;
    struct work_struct * current_work;  //从工作链表中取出正在执行的工作
    struct workqueue_struct * wq;    //指向上一级 workqueue_struct 目录
    struct task_struct * thread;     //创建的线程
    int run_depth;       //detect run_workqueue() recursion depth
}
```

workqueue 的 3 个结构体中,只有 cpu_workqueue_struct 这个结构才是开发时常用的,workqueue_struct 和 work_struct 数据结构及操作接口可以直接使用而无须我们进行开发或者修改。

```
struct work_struct {
    atomic_long_t data;      //传入的数据
# define WORK_STRUCT_PENDING 0    // T if work item pending execution
# define WORK_STRUCT_FLAG_MASK (3UL)
# define WORK_STRUCT_WQ_DATA_MASK (~WORK_STRUCT_FLAG_MASK)
    struct list_head entry;
    work_func_t func;        //完成工作的函数,如果需要参数,则使用 data 进行传递
};
```

如图 6-19 所示,workqueue 给每个线程都分配了一个 cpu_workqueue_struct,也就是给每个处理器都分配了一个 cpu_workqueue_struct,因为每个处理器都有一个该类型的工作者线程。

紧接着，内核为每个 cpu_workqueue_struct 对象分配一个内核线程，即内核 daemon，去处理每个队列中的任务。

原则上说，request_irq 挂的中断函数要尽量简单，只做必须在屏蔽中断情况下要做的事情。中断的其他部分，都应在下半部中完成。

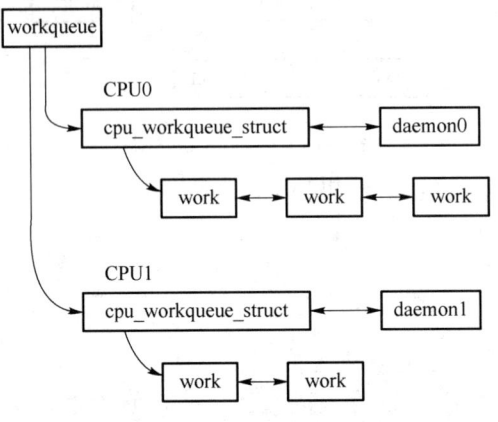

图 6-19　workqueue 运行机制

2. 各种中断处理机制的选择

前面介绍了 Linux 提供的 3 种实现中断下半部的方法，软中断、tasklet 和 workqueue。

其中，tasklet 是基于软中断实现的，两者很相近。而 workqueue 则完全不同，它是靠内核线程实现的。

通常，在 workqueue、软中断和 tasklet 中做出选择非常容易。如果推后执行的任务需要睡眠，那么就选择 workqueue；如果推后执行的任务不需要睡眠，那么就选择软中断或 tasklet。实际上，workqueue 通常可以用内核线程替换。

简单来说，软中断和 tasklet 优先级较高，性能较好，调度快，但不能睡眠。而 workqueue 是内核的进程调度，相对来说较慢，但能睡眠。如果下半部需要睡眠，那只能选择 workqueue，否则最好用 tasklet。

软中断尽量少用，最好不用。它甚至都不算是一种真正的中断处理机制，只是 tasklet 的实现基础。workqueue 也要少用，如果不是必须用到线程才能用的某些机制，就不要使用 workqueue，之所以介绍 workqueue，是希望大家从这种设计机制中得到启发。

其实对于中断来说，只是对中断进行简单的处理，大部分工作是在驱动程序中完成的。除了上述情况，一般都使用 tasklet。即使是下半部，也只是做必须在中断中要做的事情，如保存数据等，其他都交给驱动程序去做，如图 6-20 所示。

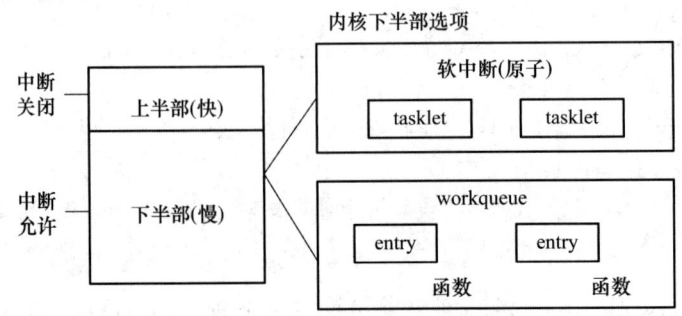

图 6-20　中断处理机制的选择

6.4 时钟中断机制

在 Linux 操作系统中,系统定时器周期性地触发中断,该中断被称为时钟中断。时钟中断是特别重要的一个中断,因为整个操作系统的活动都受到它的约束。在操作系统中,时钟中断可以确保系统的稳定性和正确运行,通常用于维护系统时间,计算进程执行时间,进行任务调度等。

时钟中断在 Linux 内核中的作用首先是维护系统时间,系统利用时钟中断维持系统时间,促使进程切换,以保证所有进程共享 CPU;利用时钟中断进行记账、监督系统工作以及确定未来的调度优先级等工作。每当一个时钟中断发生时,内核就会更新系统时间的计数值。这个计数值可以是自世界时间开始的毫秒数,也可以是自系统启动以来的滴嗒数。通过定时更新系统时间,系统可以保持时间的准确性,为用户提供可靠的时间信息。

其次,时钟中断对于任务调度也是至关重要的。在多任务操作系统中,内核需要决定哪个进程将获得 CPU 的控制权。时钟中断提供了一个计时器,每当中断发生时,内核会检查当前运行的进程是否到达了它应该运行的时间片。如果一个进程的时间片用完了,内核就会重新选择下一个要运行的进程,并切换上下文,将控制权交给新的进程。时钟中断的周期一般较短,可以保证系统中进程的公平调度,提高系统的整体性能。

最后,时钟中断还被用于计算进程和线程的执行时间。每当一个进程或线程被抢占,切换到另一个进程或线程时,时钟中断记录了抢占发生的时间。通过记录不同进程和线程的执行时间,我们可以分析其调度情况,了解系统中进程的运行情况,为性能优化提供依据。

对于开发者和系统管理员来说,了解 Linux 时钟中断的原理和运行机制至关重要。使用正确的时钟中断参数和性能调整可以提高系统的响应能力和稳定性。同时,在开发实时应用程序时,需要注意时钟中断会影响程序的运行,应及时处理中断。

可以说,时钟中断是整个操作系统的脉搏。下面对基本时钟硬件和一些与时钟有关的硬件做一个介绍。

Linux 的操作系统时钟的物理产生原因是可编程定时/计数器产生的输出脉冲,这个脉冲送入 CPU,就可以引发一个中断请求信号,我们就把它叫作时钟中断。时钟中断的周期,也就是脉冲信号的周期,称为滴嗒或节拍(tick)。从本质上说,时钟中断只是一个周期性的信号,完全是硬件行为,该信号触发 CPU 去执行一个中断服务程序。

这是最简单的时钟硬件,在目前的系统中,还有更多相关的时钟硬件,主要包括如下 4 种:

① 实时时钟(RTC):用于长时间存放系统时间的设备,即使关机后也可依靠主板 CMOS 电池继续保持系统的计时。

② 可编程间隔器(PIT):可以周期性地发送一个时间中断信号。在 Linux 系统中,该中断时间间隔由 HZ 表示,这个时间间隔也被称为节拍。

③ CPU 本地定时器:处理器的本地 APIC 提供的一个定时设备,可以单次或者周期性地产生中断信号。

④ 高精度定时器:提供纳秒级的定时精度,以满足对精确时间有迫切需求的应用程序或内核驱动,例如,多媒体应用、音频设备的驱动程序等。

关于时钟中断的其他相关内容,请查阅网上相关材料。

6.5 tasklet 机制分析实验

通过写一个简单的内核模块,初始化一个 tasklet,在 write()函数中调用该 tasklet 回调函数,在 tasklet 回调函数中输出用户程序写入的字符串。再写一个应用程序,测试该功能。目的是了解和熟悉 Linux 内核的 tasklet 机制的使用。

6.5.1 编写 tasklet 机制实验程序

先编写一个程序来实现 tasklet 机制,代码在 sample/chp6/的 drvdemo_tasklet 中,部分实现内容如下:

```
struct demo_device {
    char name[64];
    struct device * dev;
        wait_queue_head_t read_queue;
    wait_queue_head_t write_queue;
    struct kfifo demo_fifo;
    struct fasync_struct * fasync;
    struct mutex lock;
};
struct demo_private_data {
    struct demo_device * device;
    char name[64];
    struct tasklet_struct tasklet;
};
static struct demo_device * demo_device[DEMO_MAX_DEVICES];
static void do_tasklet(unsigned long data)
static int demodrv_open(struct inode * inode, struct file * file)
static int demodrv_release(struct inode * inode, struct file * file)
static ssize_t demodrv_read(struct file * file, char __user * buf, size_t count, loff_t * ppos)
static ssize_t demodrv_write(struct file * file, const char __user * buf, size_t count, loff_t * ppos)
static unsigned int demodrv_poll(struct file * file, poll_table * wait)
static int demodrv_fasync(int fd, struct file * file, int on)
static int __init simple_char_init(void)
static void __exit simple_char_exit(void)
```

还有一个测试程序 test.c,部分代码如下:

```
int main(int argc, char * argv[]){
    int ret;
    int flag;
    struct sigaction act, oldact;
```

```
    sigemptyset(&act.sa_mask);
    sigaddset(&act.sa_mask, SIGIO);
    act.sa_flags = SA_SIGINFO;
    act.sa_sigaction = my_signal_fun;
    if (sigaction(SIGIO, &act, &oldact) == -1)
        goto fail;
    fd = open("/dev/mydemo0", O_RDWR);
    if (fd < 0)
        goto fail;
    if (fcntl(fd, F_SETOWN, getpid()) == -1)      //设置异步 IO 所有权
        goto fail;
    //将当前进程 PID 设置为 fd 文件所对应驱动程序将要发送 SIGIO,SIGUSR 信号进程 PID
    if (fcntl(fd, F_SETSIG, SIGIO) == -1)
        goto fail;
    ……
}
```

6.5.2 tasklet 机制实验步骤

tasklet 机制实验步骤如下：

编译内核模块：

```
/home/lab466/        # make
```

安装内核模块：

```
/home/lab466/        # insmod demo_tasklet.ko
```

使用 dmesg 观察到的结果如图 6-21 所示。

```
[10817.418220] my_class mydemo:242:0: create device: 242:0
[10817.418224] mydemo_fifo=00000000f1ee4479
[10817.418251] my_class mydemo:242:1: create device: 242:1
[10817.418252] mydemo_fifo=00000000d77d73fb
[10817.418274] my_class mydemo:242:2: create device: 242:2
[10817.418275] mydemo_fifo=00000000e02c52cf
[10817.418291] my_class mydemo:242:3: create device: 242:3
[10817.418292] mydemo_fifo=00000000ed707469
[10817.418308] my_class mydemo:242:4: create device: 242:4
[10817.418309] mydemo_fifo=0000000087c3df6a
[10817.418327] my_class mydemo:242:5: create device: 242:5
[10817.418328] mydemo_fifo=000000009dfaf94f
[10817.418351] my_class mydemo:242:6: create device: 242:6
[10817.418352] mydemo_fifo=00000000aa6510cb
[10817.418372] my_class mydemo:242:7: create device: 242:7
[10817.418373] mydemo_fifo=00000000b42fc00a
[10817.418374] succeeded register char device: mydemo_dev
```

图 6-21 dmesg 观察结果

操作系统内核

我们可以看出创建了 8 个设备。在/sys/class/my_class/目录下，利用 ls/sys/class/my_class/可以查看这些设备，结果如图 6-22 所示。

```
lab466@ubuntu:~$ ls /sys/class/my_class/
mydemo:242:0    mydemo:242:2    mydemo:242:4    mydemo:242:6
mydemo:242:1    mydemo:242:3    mydemo:242:5    mydemo:242:7
```

图 6-22 创建的设备

我们可以看出创建了主设备号为 242 的设备。

再来看一下/dev/目录：

```
ls -l /dev/
```

发现并没有主设备为 242 的设备，故需要手工创建一个设备用来 test APP：

```
/home/lab466/        # mknod /dev/mydemo0 c 242 0
```

接下来编译和运行 test 程序：

```
/home/lab466/        # gcc test.c -o test
/home/lab466/        # ./test &        #这里让 test 程序在后台跑
```

然后使用 echo 命令往/dev/mydemo0 中写入字符串：

```
/home/lab466/        # echo "i am study bupt" > /dev/mydemo0
root@ubuntu:/home/lab466/        # echo"i am study bupt">/dev/mydemo0
i am study bupt
FIFO is not empty
```

我们可以看到 tasklet 的回调函数打印了一句话"I am study bupt"。

卸载模块：

```
rmmod -f demo_tasklet
```

课 程 思 政

强化"五个认同"筑牢中华民族共同体意识，坚定科技报国的信心和决心

自 2019 年谷歌公司停止与华为的部分合作后，华为鸿蒙系统便踏上了历史发展的征程，并一直备受操作系统领域相关人士关注。那么，华为鸿蒙系统究竟是怎样一个系统呢？它和大众心目中的国产操作系统究竟相差几何？

(1) 鸿蒙系统操作系统 1.0

2019 年 8 月 9 日，华为在广东东莞举行了华为开发者大会，正式发布了鸿蒙系统操作系统1.0,并宣布实行开源。鸿蒙系统操作系统1.0是一款"面向未来"的全场景分布式国产操作系统,可以按需扩展,实现更广泛的系统安全,主要用于智能手机、智慧屏、智能手表等物联网设备,特点是低时延。鸿蒙系统操作系统1.0实现了模块化耦合,对于不同设备可进行弹性部署。它设有3层架构:第一层是内核,第二层是基础服务,第三层是程序框架。2019年8月10日发布的荣耀智慧屏等设备均搭载了鸿蒙系统操作系统1.0。

(2) 鸿蒙系统操作系统2.0

2020年9月10日,鸿蒙系统操作系统1.0升级至鸿蒙系统操作系统2.0,在关键的分布式软总线、分布式数据管理、分布式安全等分布式能力上进行了全面升级,为开发者提供了完整的分布式设备与应用开发生态。目前,华为已与美的集团、九阳股份有限公司等家电厂商建立了合作关系,这些厂商将发布搭载鸿蒙系统操作系统2.0的全新家电产品。此外,在2021年初,华为面向旗下部分型号的手机提供了升级渠道。目前,90%以上的华为手机均可升级至鸿蒙系统操作系统2.0。这些都会极大程度地促使华为快速构建鸿蒙系统的应用生态。

综上所述,华为鸿蒙系统的诞生已然拉开了永久性改变全球操作系统格局的序幕,我们应该强化"五个认同"筑牢中华民族共同体意识,坚定科技报国的信心和决心,坚信在此背景下,自主可控的国产操作系统一定可以早日在世界操作系统领域发挥核心引领作用。

课后练习题

1. 中断是CPU对系统发生的某个事件做出的一种反应,请简述为什么引入中断。
2. 请对机制与策略分离的中断机制做一个简述。
3. 中断子系统分成哪4个部分?
4. 请简述中断处理程序的执行流程。
5. 请简述中断下半部处理机制是什么?与上半部处理机制有何区别?
6. 下半部处理机制主要有哪3种?其中哪个是在进程上下文执行的?
7. 请简述Linux系统的时钟中断。

第 7 章 系 统 调 用

系统调用是由操作系统提供给软件开发人员使用系统功能的接口,即程序接口或 API,是应用程序同系统之间的接口。本章主要介绍系统调用,包括 Linux 中的各种 API、系统调用的机制、系统调用的流程、系统调用的优化,并进行了添加系统调用实验。

7.1 Linux 中的各种 API

7.1.1 Linux 内核提供的常用系统调用

Linux 内核提供了一组称为系统调用(system calls)的 API,它们允许用户空间程序与内核进行通信和交互。这些系统调用允许用户空间程序访问内核功能,如文件操作、进程管理、网络通信等。

为此,Linux 提供了多种接口来适应这些要求,以下是一些常用的 Linux 内核提供的系统调用。

1. 与文件系统相关的系统调用

① open():打开一个文件。
② read():从文件中读取数据。
③ write():向文件中写入数据。
④ close():关闭文件。
⑤ stat():获取文件状态。
⑥ fstat():获取文件描述符所指向的文件的状态。
⑦ lstat():获取符号链接的状态。
⑧ mkdir():创建目录。
⑨ rmdir():删除目录。
⑩ unlink():删除文件。
⑪ rename():重命名文件。
⑫ link():创建硬链接。
⑬ symlink():创建符号链接。
⑭ chmod():修改文件权限。
⑮ chown():修改文件所有者。

2. 与进程管理相关的系统调用

① fork():创建一个子进程。

② exec():执行一个新的程序。

③ wait():等待子进程退出。

④ exit():退出当前进程。

⑤ kill():向指定进程发送信号。

⑥ getpid():获取当前进程的 ID。

⑦ getppid():获取父进程的 ID。

⑧ getuid():获取当前用户的 ID。

⑨ getgid():获取当前进程的组 ID。

3. 与内存管理相关的系统调用

① brk():调整进程的数据段大小。

② mmap():将文件或设备映射到内存中。

③ munmap():取消映射一个之前映射的文件或设备。

4. 与网络通信相关的系统调用

① socket():创建一个套接字。

② bind():将套接字绑定到地址。

③ listen():监听传入连接。

④ accept():接受传入连接。

⑤ connect():建立到远程套接字的连接。

⑥ send():发送数据。

⑦ recv():接收数据。

这些系统调用是用户空间程序与 Linux 内核进行通信的接口,它们允许用户程序访问操作系统底层的功能。

7.1.2 Linux API 和常见的库

除 Linux 内核提供的系统调用外,还有一些其他 API 和库可以用于开发 Linux 程序。这些 API 和库通常构建在 Linux 内核 API 之上,提供更高级的抽象和功能,使开发者能够更轻松地进行系统编程和应用开发。

下面先对 Linux API 做一个介绍,再介绍一些常见的库。

1. Linux API

如图 7-1 所示,与 Linux API 相关的主要部分有 3 个:Linux API、Linux 内核系统调用接口 SCI 和 C 标准库。

① Linux API。Linux API 是 Linux 内核与用户空间的 API,用户空间的程序能够通过这个接口,访问系统资源和内核提供的服务。Linux API 由两部分组成:Linux 内核的系统调用接口和 GNU C 库(glibc)中的例程。

② Linux 内核系统调用接口(SCI)。系统调用接口是内核中所有已实现和可用系统调用的集合,这是本章需要重点介绍的。

③ C 标准库。C 标准库是 Linux 内核系统调用接口的封装,其中包括 POSIX 兼容应用函数调用和 Linux 专用应用的函数调用。目前 Linux5.0 内核系统调用有大约 380 个,C 标准库

大约有 2 000 个函数。Linux 内核系统调用接口和 glibc 库合在一起，就构成了 Linux API。

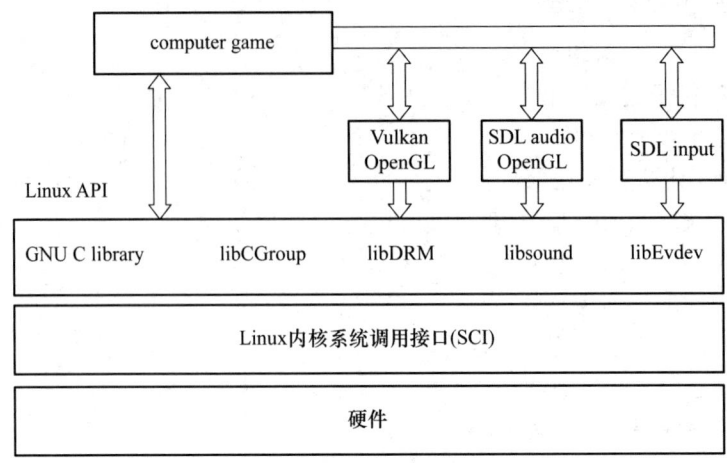

图 7-1　LinuxAPI 示例

2. 常见的库

① GNU C 库（glibc）。GNU C 库是 C 语言的标准库，在 Linux 系统中被广泛使用。它提供了丰富的函数和宏，用于与系统进行交互，包括内存分配、字符串处理、文件操作等。除了基本的 C 函数外，glibc 还提供了 POSIX 标准定义的函数。

② POSIX API。POSIX（可移植操作系统接口）定义了一组标准的 API，用于编写可移植的 UNIX/Linux 程序。这些 API 包括文件 I/O、进程管理、线程管理、信号处理等功能。POSIX API 的实现通常在 glibc 中。

③ Linux standard base（LSB）API。LSB 是 Linux 的标准化项目之一，旨在提供一个具有可移植性和兼容性的标准。LSB 规范定义了一组 API 和 ABI，使得在符合 LSB 的系统上编译的程序可以在其他符合 LSB 的系统上运行。LSB API 涵盖了诸如文件操作、网络通信、库函数等各个方面。

④ GTK+和 Qt。GTK+（GIMP toolkit）和 Qt 是用于图形用户界面（GUI）开发的两个流行的工具包。它们提供了一组丰富的 API，用于创建和管理图形界面元素，如窗口、按钮、文本框等。GTK+通常与 GNOME 桌面环境一起使用，而 Qt 则通常与 KDE 桌面环境一起使用。

⑤ OpenGL 和 Vulkan。OpenGL 和 Vulkan 是用于图形渲染和图形加速的 API。它们允许开发者利用 GPU 的能力来实现高性能的图形应用程序，如游戏、计算机辅助设计等。

⑥ 数据库 API。Linux 上有许多数据库 API 和库，如 MySQL Connector/C、PostgreSQL libpq、SQLite 等，它们允许程序与各种数据库进行交互，执行查询、插入数据等操作。

这些 API 和库提供了丰富的功能，可以帮助开发者更轻松地编写各种类型的应用程序，从简单的命令行工具到复杂的图形界面应用程序和网络服务。

在初步了解了 Linux 常见的库后，下面对 Linux API 与 POSIX API 做一个比较。

7.1.3　比较 Linux API 与 POSIX API

Linux API 和 POSIX API 是两种不同的 API 标准，它们分别代表 Linux 操作系统和可移植操作系统接口（portable operating system interface）。

Linux API 是针对 Linux 操作系统的系统调用接口。这些系统调用通过 int 0x80 软中断实现,是特定于 Linux 的。它们提供了操作系统的底层服务,例如,文件管理、进程管理、内存管理等。

POSIX API 是基于 UNIX 操作系统的系统调用接口的一个标准规范。它定义了操作系统应该为应用程序提供的接口,包括标准 C 库函数和系统调用。这使得应用程序能够在遵循 POSIX 标准的操作系统上运行。

在 Linux 中,许多 POSIX API 函数被直接实现为系统调用。例如,C 标准库函数 fopen 和 fread 最终可能会通过系统调用 open、read、close 等来实现文件操作。

以下两个例子都是读取文件"text.txt"的内容,并将其打印到标准输出。

比较在 Linux 中使用 Linux API 和 POSIX API 来读取文件内容的区别。

(1) Linux API 使用系统调用

```c
#define _GNU_SOURCE
#include <sys/syscall.h>
#include <unistd.h>
#include <fcntl.h>
int main() {
    int fd = syscall(SYS_open, "text.txt", O_RDONLY);
    char buffer[128];
    ssize_t bytes_read;
    if (fd == -1) {
        // 错误处理
    }
    bytes_read = syscall(SYS_read, fd, buffer, sizeof(buffer) - 1);
    if (bytes_read == -1) {
        // 错误处理
    }
    buffer[bytes_read] = '\0';
    syscall(SYS_write, 1, buffer, strlen(buffer));
    syscall(SYS_close, fd);
    return 0;
}
```

(2) POSIX API 使用 C 标准库函数

```c
#define _XOPEN_SOURCE 700
#include <fcntl.h>
#include <stdio.h>
#include <unistd.h>
int main() {
    FILE *file = fopen("text.txt", "r");
    char buffer[128];
```

```
    size_t bytes_read;

    if (file == NULL) {
        // 错误处理
    }
    bytes_read = fread(buffer, 1, sizeof(buffer) - 1, file);
    if (ferror(file)) {
        // 错误处理
    }
    buffer[bytes_read] = '\0';
    write(1, buffer, strlen(buffer));
    fclose(file);
    return 0;
}
```

这两个例子的效果一样,但 Linux API 使用了系统调用,而 POSIX API 使用了 C 标准库函数。在实际应用中,推荐使用 POSIX API,因为它更简单易用,并且提供了跨平台的兼容性。

7.2 系统调用的机制

7.2.1 系统调用的作用

系统调用是操作系统提供给用户程序调用的一组特殊接口。从某种意义上讲,系统调用就类似一个中间人,把用户进程的请求传达给内核,待内核把请求处理完毕后,再将处理结果送回给用户空间。

系统调用的实质,也就是通过系统调用接口(read、write 等函数)到达系统调用函数(sys_read、sys_write 等函数)的过程。系统调用会按照相关的规则进行,寄存器 EAX 传递系统调用号,来确定系统调用。寄存器按 EBX、ECX、EDX、ESI、EDI、EBP 的顺序,依次传递系统调用参数,设置寄存器的个数(寄存器个数由参数个数决定)。通过 int 0x80 指令切入内核,触发软中断,执行 system_call,再根据系统调用号执行对应的系统调用。系统调用执行完成后返回,寄存器 EAX 保存系统调用的返回值。

系统调用机制如图 7-2 所示。

系统调用在操作系统中扮演了关键角色,具有以下几个重要作用:

(1) 访问硬件

系统调用允许用户程序访问底层硬件资源,如文件系统、网络设备、磁盘等。通过系统调用,用户程序可以执行读写文件、创建进程、打开网络连接等操作。

(2) 提供安全性

操作系统通过系统调用实施访问控制和权限管理,确保用户程序只能执行其被授权的操作。这有助于保护系统的安全性和稳定性。

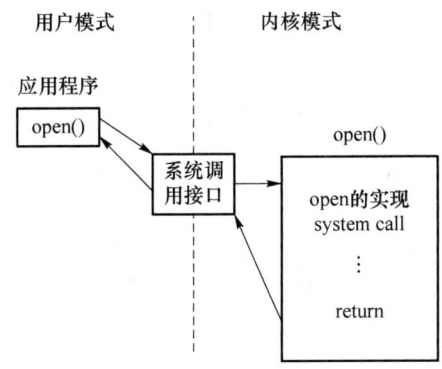

图 7-2 系统调用机制

（3）多任务管理

系统调用允许用户程序创建和管理进程，进行进程间通信和同步。这为多任务处理提供了支持，使多个程序能够并发运行。

（4）提供抽象接口

系统调用为用户程序提供了一个抽象的接口，屏蔽了底层硬件和内核实现的细节。这使得用户程序更加易于编写和移植。

我们可以通过 strace 命令查看一个应用所调用的系统调用，命令 strace ls 的显示结果如图 7-3 所示。

```
lab466@ubuntu:~$ strace ls
execve("/bin/ls", ["ls"], 0x7ffc95604ed0 /* 55 vars */) = 0
brk(NULL)                               = 0x555974733000
access("/etc/ld.so.nohwcap", F_OK)      = -1 ENOENT (No such file or directory)
access("/etc/ld.so.preload", R_OK)      = -1 ENOENT (No such file or directory)
openat(AT_FDCWD, "/etc/ld.so.cache", O_RDONLY|O_CLOEXEC) = 3
fstat(3, {st_mode=S_IFREG|0644, st_size=101951, ...}) = 0
mmap(NULL, 101951, PROT_READ, MAP_PRIVATE, 3, 0) = 0x7f18fd1d0000
close(3)                                = 0
access("/etc/ld.so.nohwcap", F_OK)      = -1 ENOENT (No such file or directory)
openat(AT_FDCWD, "/lib/x86_64-linux-gnu/libselinux.so.1", O_RDONLY|O_CLOEXEC) =
read(3, "\177ELF\2\1\1\0\0\0\0\0\0\0\0\0\3\0>\0\1\0\0\0 b\0\0\0\0\0\0\0"..., 832) = 832
fstat(3, {st_mode=S_IFREG|0644, st_size=154832, ...}) = 0
mmap(NULL, 8192, PROT_READ|PROT_WRITE, MAP_PRIVATE|MAP_ANONYMOUS, -1, 0) = 0x7f1
d1ce000
mmap(NULL, 2259152, PROT_READ|PROT_EXEC, MAP_PRIVATE|MAP_DENYWRITE, 3, 0) = 0x7f
fcd98000
mprotect(0x7f18fcdbd000, 2093056, PROT_NONE) = 0
mmap(0x7f18fcfbc000, 8192, PROT_READ|PROT_WRITE, MAP_PRIVATE|MAP_FIXED|MAP_DENYW
TE, 3, 0x24000) = 0x7f18fcfbc000
mmap(0x7f18fcfbe000, 6352, PROT_READ|PROT_WRITE, MAP_PRIVATE|MAP_FIXED|MAP_ANONY
US, -1, 0) = 0x7f18fcfbe000
```

图 7-3 命令 strace ls 的显示结果

7.2.2 中断、异常和系统调用比较

在 Linux 操作系统的世界中，中断、异常和系统调用是其内部运作的三大关键机制。

它们共同维护了系统的稳定性和效率，中断、异常和系统调用，本质属同一类，处理方式也类似，图 7-4 是中断、异常和系统调用比较。

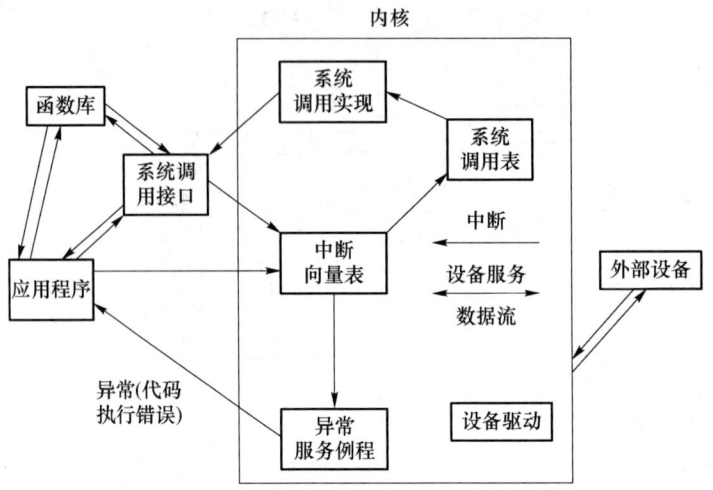

图 7-4　中断、异常和系统调用比较

中断一般情况下是当外围设备完成用户请求的操作后，申请中断而导致的。外设会向 CPU 发出相应的中断信号，这时，CPU 会停止下一条即将要执行的指令的执行，转到中断信号对应的处理程序中。如果先前执行的指令程序是在用户态，就会导致由用户态到内核态的切换。例如，硬盘读写操作完成，系统会切换到硬盘读写的中断处理程序中执行后续操作等。

异常通常是 CPU 在用户态下运行程序时，发生了某些无法预知的异常，例如，缺页异常。这时会触发异常情况的处理流程，由当前运行进程切换到内核中处理此异常的相关程序中，也就是由用户态转到了内核态。

系统调用是用户态进程主动产生的，一般会通过系统调用申请使用操作系统提供的服务程序，例如，进程利用 fork() 执行创建新进程的系统调用。系统调用机制最终是使用操作系统的中断来实现的，例如，Linux 的 int 0x80 中断。

这三者之间的差异性在哪里呢？

一般情况下，中断是外设发出的请求导致的，异常是应用程序出错导致的，系统调用则是应用程序请求操作系统提供的，所以这三者的来源不同。在服务响应方式上，中断一般是异步的，而异常往往是同步的，系统调用两者皆可。

中断和异常是紧密相连的概念。中断是处理器执行流程暂时被来自 CPU 内部或外部的事件打断。外部中断事件可能来自键盘、鼠标，也可能通过 INTR（可屏蔽的信号，如硬盘活动）和 NMI（紧急不可屏蔽的中断，如硬件错误）信号线；内部中断则分为软中断和异常，例如，系统调用就是通过 int 0x80 的软中断进入内核，它是软件层面的控制手段。

处理机制上，中断服务程序一般在内核态下运行；异常出现时，一般的处理流程是杀死进程，或者重新执行指令；而系统调用一般是用户发出请求后，等待操作系统的服务。

7.3　系统调用的流程

7.3.1　系统调用基本流程

Linux 系统调用的基本流程大致如下：

① 应用程序调用系统调用函数：当应用程序需要执行一个系统调用时，它会调用相应的系统调用函数，如 open()、read()等。这些系统调用函数包含在 C 库中，并提供了对应的系统调用号和参数。系统调用号可以用来唯一地标识每个系统调用，它作为系统调用表的下标，当用户空间的进程执行一个系统调用时，该系统调用号就被用来指明到底要执行哪个系统调用服务例程。

② 系统调用函数生成软中断：当应用程序调用系统调用函数时，相应的系统调用号和参数被传递给系统调用函数。系统调用函数会将这些参数打包成一个指令集，然后通过 int 0x80、sysenter 或 syscall 等指令生成软中断(也称为陷阱、内陷)。

③ 内核处理中断请求：当应用程序生成软中断后，处理器会暂停应用程序的运行，保存用户态堆栈信息，从用户态切换到内核态，并执行中断处理程序。在 Linux 中，中断处理程序位于内核代码空间，并由内核管理。

④ 内核处理系统调用：当内核接收到中断请求后，它会根据系统调用号和参数确定应该执行哪个系统调用，然后执行相应的系统调用处理程序。系统调用处理程序可以访问内核空间中的所有数据结构和设备。

⑤ 内核返回结果：当系统调用处理程序完成执行后，它将结果返回给应用程序，从内核态切换到用户态，并恢复之前保存的用户态堆栈信息。如果发生错误，系统调用处理程序会返回一个错误代码。

⑥ 应用程序继续执行：当应用程序收到系统调用函数的返回值后，它会根据返回值执行相应的操作，并继续执行程序的下一条指令。

图 7-5 是一个系统调用流程的例子，当用户态的进程调用一个系统调用时，在 libc 的封装例程中，进程会调用 int 0x80 或者 syscall 汇编指令，切换到内核态，并开始执行一个内核 system_call 系统调用处理程序。

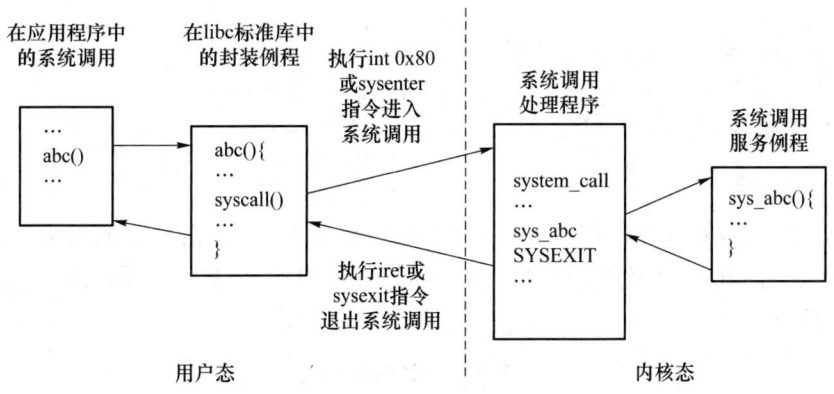

图 7-5 系统调用的一般处理流程

简言之，系统调用处理程序执行操作是：首先在内核栈保存大多数寄存器的内容；其次调用系统调用服务例程处理系统；最后调用通过 iret 或者 sysexit 汇编指令，从系统调用返回。

表 7-1 是系统调用中的一些基本概念。

表 7-1 系统调用中的基本概念

offset	Symbol	syscall_table	system call location
0	_NR_restart_syscall	.long sys_restart_syscall	./linux/kernel/signal.c
4	_NR_exit	.long sys_exit	./linux/kernel/exit.c
8	_NR_fork	.long sys_fork	./linux/arch/386/kernel/process.c
1272	_NR_getcpu	.long sys_getcpu	./linux/kernel/sys.c
1276	_NR_epoll_pwait	.long sys_epoll_pwait	./linux/kernel/sys_ni.c
	_NR_syscalls		

注：sys_call_table 对应的文件是 ./linux/arch/386/kernel/syscall_table.S，symbol 对应的文件是 ./linux/include/asm/unistd.h。

7.3.2 系统调用表

系统调用表是 Linux 内核中的一个数据结构，其作用是将系统调用号和对应的服务例程关联起来。在系统调用过程中，最终会在内核态中查找系统调用表，该表存放在 sys_call_table 数组中，借此定位相应系统服务函数的地址。

Linux 系统调用表是内核为用户空间程序提供的一种接口，它允许用户空间程序通过系统调用与内核空间的服务和资源进行交互。系统调用表本身是内核的一部分，它在内核中的表现形式通常是一组函数指针的数组，每个指针指向一个内核函数，这个内核函数实现了特定的系统调用。

Linux 的系统调用是预先定义好的，每一个系统调用都有一个编号，在内核中有一个对应的服务函数。从 Linux 内核在初始化的时候开始填充，从内核源代码中可以得到它的声明和定义。不同的内核版本，其系统调用号和系统调用头文件会有差别，例如，基于 Linux4 的内核源码，其定义在文件 arch/x86/um/sys_call_table_64.c 中，部分代码如下：

```
const sys_call_ptr_t sys_call_table[] ____cacheline_aligned = {
    [0...__NR_syscall_max] = &sys_ni_syscall,
#include<asm/syscalls_64.h>
};
```

系统调用的参数存放在寄存器中，一般参数不超过 6 个（包括系统调用号），如表 7-2 所示。从该表中我们看出，系统调用号存放在 eax 寄存器中，每个系统调用在内核中对应的服务例程以 sys 打头。

表 7-2 系统调用表

%eax	Name	Source	%ebx	%ecx	%edx	%esx	%edi
1	sys_exit	kernel/exit.c	int				
2	sys_read	fs/read_write.c	unsigned int	char	size_t		
3	sys_write	fs/read_write.c	unsigned int	const char	size_t		
15	sys_chmod	fs/open.c	const char	mode_t			
20	sys_getpid	kernel/timer.c	void				

续 表

%eax	Name	Source	%ebx	%ecx	%edx	%esx	%edi
21	sys_mount	fs/namespace.c	char _user *	char _user *	char _user *	unsigned long	
88	sys_reboot	kernel/sys.c	int	int	unsigned int	void _user *	void _user *

注：表中各列分别表示系统调用号、系统调用名、第1参数、第2参数、第3参数等。

7.3.3 从用户态跟踪一个系统调用到内核

系统调用是操作系统为用户提供的一系列API，系统调用将用户的请求发给内核，内核执行完以后，将结果返回给用户。

正如之前在7.2.2小节中介绍的那样，从用户态切换到内核态有3种方式。

第一种方式是系统调用，这是用户态进程主动要求切换到内核态的一种方式，其核心还是使用了操作系统为用户特别开放的一个中断来实现，如Linux的int 0x80中断。

第二种方式是出现异常，当CPU在执行运行在用户态下的程序时，发生了某些事先不可知的异常，转到了内核态，如缺页异常。

第三种方式是外围设备的中断，外围设备完成用户请求的操作后，会向CPU发出相应的中断信号，这时CPU会暂停执行下一条即将要执行的指令转而去执行与中断信号对应的处理程序。

其中系统调用可以认为是用户进程主动发起的，异常和外围设备中断则是被动的。系统调用实质上是一个中断，而汇编指令int可以实现用户态向内核态切换，iret可以实现内核态向用户态切换。

由此可见，从触发方式上看，我们可以认为存在前述3种不同的方式，但是从最终实际完成由用户态到内核态的切换操作来说，涉及的关键步骤是完全一致的，没有任何区别，都相当于执行了一个中断响应的过程，因为系统调用实际上最终是中断机制实现的，而异常和中断的处理机制基本上也是一致的。

1. 由用户态切换到内核态的步骤

涉及由用户态切换到内核态的步骤主要包括：

① 从当前进程的描述符中提取其内核栈的SS及ESP信息；

② 使用SS和ESP指向的内核栈将当前进程的CS、EIP等信息保存起来，这个过程也完成了由用户栈到内核栈的切换过程，同时保存了被暂停执行的程序的下一条指令；

③ 将先前由中断向量检索得到的中断处理程序的CS、EIP信息装入相应的寄存器，开始执行中断处理程序，这时就转到了内核态的程序执行了。

2. 一个从用户态跟踪某系统调用到内核的例子

图7-6是一个从用户态跟踪某系统调用到内核的具体流程：

首先，从用户程序中调用fork，在libc库中把fork对应的系统调用号2放入寄存器eax；其次，通过int 0x80进入内核态，在中断描述表IDT中查到系统调用的入口0x80；再次，进入Linux内核的entry_32(64).S文件，从系统调用表sys_call_table中找到sys_fork的入口地址，执行fork.c中的do_fork代码；最后，通过iret或者sysiret返回。

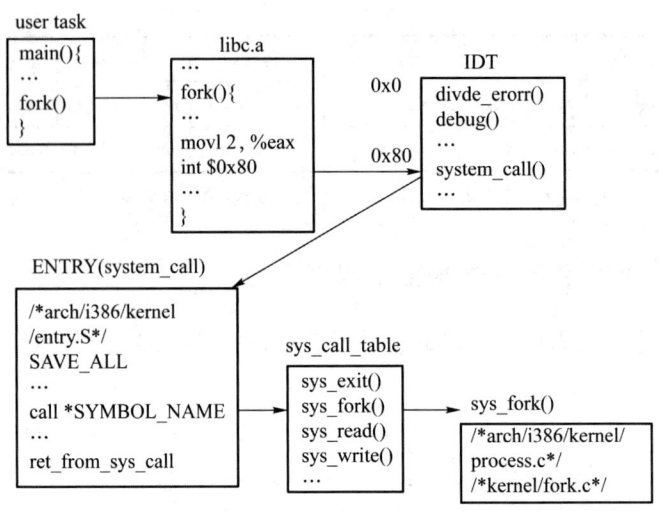

图 7-6　从用户态跟踪一个系统调用到内核

7.4　系统调用的优化

在 2.6 之前的版本中，系统调用是基于 int 0x80 和 iret 命令实现的。

之所以传统的 int 0x80 有点慢，是因为系统调用的实现需要在内核空间和用户空间之间进行上下文切换，执行系统调用前后要在用户态和内核态之间转换，开销很大。

Intel 和 AMD 分别实现了 sysenter/sysexit 和 syscall/ sysret，即所谓的快速系统调用指令，使用它们更快，但是它们也带来了兼容性的问题。于是 Linux 实现了 vsyscall，程序统一调用 vsyscall，具体的选择由内核决定。而 vsyscall 的实现就在 VDSO 中，如图 7-7 所示。

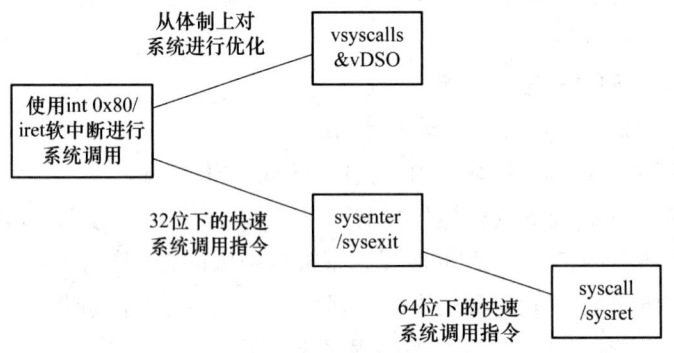

图 7-7　系统调用机制的优化

vsyscall 用来执行特定的系统调用，减少系统调用的开销。某些系统调用并不会向内核提交参数，而仅仅只是从内核里请求读取某个数据，如 gettimeofday()。内核在处理这部分系统调用时可以把系统当前时间写在一个固定的位置（由内核在每个时间中断中完成这个更新动作），并将 mmap 映射到用户空间。这样会更快速，避免了传统系统调用模式 int 0x80/SYSCALL 造成的内核空间和用户空间的上下文切换。

系统调用是应用与内核之间的一个接口，Linux 内核中系统调用的具体实现与 CPU 体系结构相关。添加新的系统调用前，需要认真评估。

7.5 添加系统调用实验

系统调用是操作系统提供的服务接口，通常以 C 或 C++ 编写，对某些底层任务（如需直接访问硬件等）可能以汇编语言指令编写。以下实验将添加一个不用传递参数的系统调用，其功能是简单地输出一个字符串。

7.5.1 Linux 添加系统调用的方法

添加系统调用有两种方法：一种是编译内核法，另一种是内核模块法。

编译内核法主要思想是：首先添加系统调用号，系统会根据这个号找到 syscall_table 中的对应表项，具体做法是在 syscall_64.tbl 文件中添加系统调用号和调用函数的对应关系；接着实现 my_syscall，在 kernel/sys.c 中添加自己的服务函数，然后为该函数在 syscalls.h 中添加函数声明。完成上述准备工作之后，就可以编译内核了。

内核模块法其实是系统调用拦截的实现。其主要思想是：系统调用服务程序的地址是存放在 sys_call_table 中的，基于系统调用号定位到的系统调用地址，我们可以通过编写内核模块将 sys_call_table 中的系统调用地址修改为自己定义的函数地址，这样可以实现系统调用的拦截。具体做法就是在模块加载时，将系统调用表里的某个系统调用号对应的系统调用服务的地址改为自己实现的系统调用服务的地址。

7.5.2 小节和 7.5.3 小节实验主要采用编译内核法。

7.5.2 编译内核法添加系统调用

编译内核法添加系统调用的具体步骤是：先获取 root 权限，进入 kernel 目录；接着打开 sys.c，并加入如下函数。

```
asmlinkage long sys_helloworld(void){
    printk( "helloworld!");
    return 1;
}
```

添加声明：

```
# cd /usr/src/linux-4.16.10/arch/x86/include/asm/
# vim syscalls.h
```

在 syscalls.h 中插入 asmlinkage long sys_helloworld(void)，继续加一个系统调用的 id：

```
# cd /usr/src/linux-4.16.10/arch/x86/entry/syscalls
# vim syscall_64.tbl
```

操作系统内核

该文件有一个系统调用表,最前面的属性是 id,在里面添加自己的系统调用号,修改后保存 syscall_64.tbl 文件,添加系统调用号示例如下:

```
333    64    helloworld              sys_helloworld
```

配置内核:

```
# cd   /usr/src/linux-5.1.10
# sudo make mrproper
# sudo make clean
# sudo make menuconfig
```

编译和安装内核:

```
# sudo make -j8
# sudo make modules -j8
# sudo make modules_install
# sudo make install
```

最后重启系统:

```
# uname -r     查看此时的内核版本
```

7.5.3 验证添加系统调用是否成功

为了验证系统调用是否成功,编写验证代码如下:

```c
#include<stdio.h>
#include<linux/kernel.h>
#include<sys/syscall.h>
#include<unistd.h>
int main(){
    long int a = syscall(333);
    printf("System call sys_helloworld reutrn %ld\n", a);
    return 0;
}
```

编译验证代码:

```
# gcc hello.c
```

执行验证代码:

```
# ./a.out
```

输出"System call sys_helloworld reutrn 1"表示成功调用,也可以通过 dmesg 查看系统日志,若成功调用应输出"helloworld!"。

课 程 思 政

提高职业素养,助力职业成长,早日实现人生价值

早在 20 世纪 70 年代,国内许多科研院所就已参与到了 UNIX 自主操作系统的研发中。伴随着 Linux 系统的诞生,其凭借开源特征迅速取代 UNIX 成为国产操作系统开发的主流。

20 世纪 90 年代,北京中科红旗软件技术有限公司(简称中科红旗)以 Linux 系统为基础二次开发操作系统,经过多年的努力,国产操作系统无论是布局还是操作方式,都同 Windows XP 相差无几,并在易用性等方面基本具备了替代 Windows XP 的能力。

为壮大开发力量,2009 年中科红旗团队加入了中国电子信息产业的国家队——中国电子科技集团,双方整合优势资源成立普华公司。普华公司肩负提升国家基础软件产业核心竞争力的重要使命,2014 年初正式进军国产操作系统领域。2014 年 9 月,普华操作系统 3.0 版本便正式发布。但当真正走进市场普华公司才发现,绝大多数人依旧只认 Windows。直到"棱镜门"事件爆发与 WannaCry 病毒肆虐全球,网络安全才逐步上升到国家战略层面,具备网络安全优势的国产操作系统得到了业内外的普遍认可,并逐步进入国家政府部门,以及金融、能源等经济社会运行的神经中枢。

我们作为未来的科技工作者,要向国产操作系统的开发者们学习,提高职业素养,助力职业成长,早日实现人生价值。

课 后 练 习 题

1. Linux 中有 4 种类型的接口,请对其进行简述。
2. 请对 POSIX(portable operating system interface of UNIX)标准做一个简要介绍。
3. 请简述系统调用(system call)的含义及其主要功能。
4. 请简述中断、异常和系统调用的区别。
5. 请简述系统调用的一般处理流程。
6. 请简述从用户态跟踪一个系统调用到内核有哪些步骤。
7. 请简述大部分的应用程序运行在什么空间,内核和设备驱动运行在什么空间。

第 8 章 内核同步

在使用共享内存的应用程序中,内核同步提供对共享资源的保护,防止由于多个执行线程同时访问和操作共享资源,导致各线程之间相互覆盖共享数据的情况,造成被访问的数据处于不一致状态。本章主要内容包括内核同步概述、原子操作和锁、其他同步机制、生产者-消费者问题,并进行了 RCU 锁的使用实验。

8.1 内核同步概述

8.1.1 内核同步引入

在早期的 Linux 内核中,并发的来源相对较少。早期内核不支持对称多处理(symmetric multi processing,SMP),因此,导致并发执行的唯一原因是对硬件中断的服务。

这种情况处理起来较为简单,但并不适用于为获得更好的性能而使用更多处理器且强调快速响应事件的系统。

内核中的各个任务,并不是严格按着顺序依次执行的,而是相互交错执行的。内核会随时响应进程、中断、系统调用等请求。

因为计算机中共享资源(如共享内存)有限,若共享资源在同一时间被多个执行并发访问,系统就有可能会发生各个线程间相互覆盖共享数据的情况,造成访问数据状态不一致,影响系统的稳定性,并导致跟踪和调试困难。

对这些共享资源的访问需要严格遵循访问规则,否则就可能破坏共享资源,影响系统正常运行。同步就是一种保护共享资源的手段,可以避免共享资源同一时刻被同时访问。

因此,引入内核同步机制非常重要。并发执行的原因如下:

Linux 内核目前步入了一个同时需要处理更多事情的时代,以满足现代硬件和应用程序的需求。Linux 系统是个多任务操作系统,会存在多个任务同时访问同一片内存区域的情况,这段内存中的数据可能会被这些任务相互覆盖,造成内存数据混乱,严重的话可能会导致系统崩溃,这个问题必须被处理。

现在的 Linux 系统并发产生的原因很复杂,总结一下有如下几个主要原因:

① 多线程并发访问:Linux 是多任务(线程)的系统,所以多线程并发访问是最基本的原因。

② 中断程序并发访问:中断几乎可以在任何时刻异步发生,也可能随时打断正在执行的代码。设备中断是异步事件,也会导致代码的并发执行。

③ 抢占式并发访问：由于内核代码是可抢占的，驱动程序代码可能随时会丢失对处理器的独占，若内核具有抢占性，那么内核中的任务就可能会被另一任务抢占。

④ 睡眠：在内核执行的进程可能会睡眠，这将唤醒调度程序，其将调度一个新的进程执行。

⑤ 对称多处理：两个或多个处理器可以同时执行代码。

8.1.2 竞态条件及其导致的错误

竞态条件（race conditions）问题是一种多线程编程的常见问题。当两个或两个以上的线程同时竞争同一资源时，如果竞争的结果取决于系统运行的具体时序，那么就会出现竞态条件问题。在 Linux 中，这种问题尤其突出，因为 Linux 使用了完全抢占式的调度方式，这就意味着线程可以随时被中断，切换到别的线程上。因此，如果线程之间没有正确地进行同步，就会出现竞态条件问题。

竞态条件问题的表现形式有很多种。最常见的是死锁和活锁。死锁指的是多个线程在互相等待彼此释放资源的情况下，都陷入了无限等待，从而导致程序的崩溃；而活锁则是指多个线程之间发生了资源争用，但是每个线程都在主动释放资源，并试图重新请求资源，然而这个过程会一直进行下去，最终导致程序不能正常工作。

当以下两个条件同时发生时，竞争发生，其中一种情况是至少有两个可执行上下文并行执行，另一种情况是可执行上下文对共享内存变量执行读写访问。前者又分为两个系统调用在不同的处理器上执行形成的真正并行，以及其中一个上下文能随意抢占另一个。

下面举例说明竞态条件导致出错。

假设有一个简单的变量增长声明，其中 b 是一个整数，b 的初始值为 5：

```
b = b + 1;
```

假定有两个线程在运行这一行代码，在这里，b 是一个由两个线程共享的变量。

以下是一个使用共享的 b 可能出现的执行次序：

```
(thread1) load b into some register in thread 1.
        (thread2) load b into some register in thread 2.
(thread1) add 1 to thread 1's register, computing 6.
        (thread2) add 1 to thread 2's register, computing 6.
(thread1) store the register value (6) to b.
        (thread2) store the register value (6) to b.
```

b 的初始值为 5，然后两个线程分别加 1，但是最终的结果是 6，而不是应该得到的 7。问题在于，这两个线程互相干扰，从而导致产生错误的最终答案。

通常，线程不是以原子的方式执行的，另一个线程可以在任何两个指令期间打断原本在运行的线程，而且还可以使用一些共享的资源。

如果一个安全程序的线程没有预防这些中断，那么另一个线程就可以干扰该安全程序的线程。在安全程序中，不管在任何一对指令中间运行了多少其他线程的代码，程序都必须正确地运行。

关键是，程序在访问任意资源时要确定其他某个线程是否可能因为使用该资源对程序造成干扰。

8.1.3 临界区

临界资源是一次仅允许一个进程使用的共享资源。每个进程中访问临界资源的那段代码称为临界区(critical section),就是访问和操作共享数据的代码段。每次只准许一个进程进入临界区,该线程进入后不允许其他进程进入。

多个内核任务并发访问同一个资源通常是不安全的,多个进程必须互斥地对它进行访问。为了避免对临界区进行并发访问,编程人员必须保证临界区代码被原子地执行。也就是说,代码在执行期间不可被打断,就如同整个临界区是一个不可分割的指令一样。

对临界资源的访问分为 4 个部分:

① 进入区:检查是否可以进入临界区,若可以则设置正在访问临界区的标志(加锁),以阻止其他进程同时进入临界区。

② 临界区:进程中访问临界资源的那段代码。

③ 退出区:解除正在访问临界资源的标志(解锁)。

④ 剩余区:处理代码的其余部分。

如图 8-1 所示,进程 A 进入临界区后,进程 B 试图进入的时候被阻塞,只有当进程 A 离开临界区后,进程 B 才能进入。

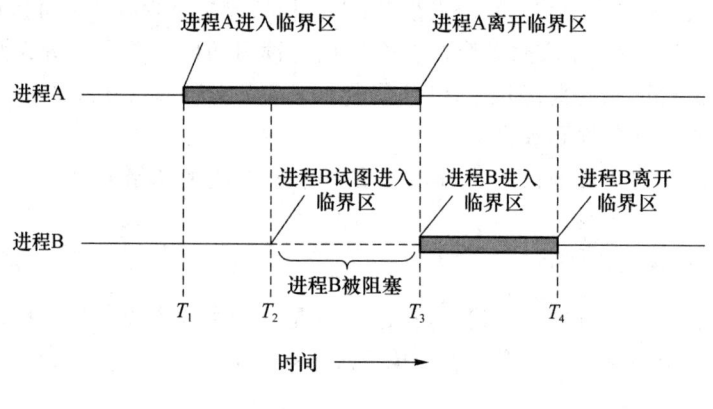

图 8-1 临界区

1. 保护临界区的措施

在使用临界区时,一般不允许其运行时间过长,只要进入临界区的线程还没有离开,其他所有试图进入此临界区的线程都会被挂起而进入等待状态,并会在一定程度上影响程序的运行性能。尤其需要注意的是,不要将等待用户输入或是其他外界干预的操作包含到临界区。如果进入了临界区却一直没有释放,同样也会引起其他线程的长时间等待。

保护临界区的措施有以下 5 种:

① 使临界区的操作原子地进行,如使用原子指令。如果遇到有若干进程要求进入空闲的临界区,一次仅允许一个进程进入。

② 进入临界区后禁止抢占,可以通过禁止中断、禁止下半部处理程序,或者线程抢占等方法来保证。

③ 任何时候,处于临界区内的进程不可多于一个。如已有进程进入自己的临界区,则其他所有试图进入临界区的进程必须等待,串行地访问临界区。

④ 进入临界区的进程要在有限时间内退出,以便其他进程能及时进入自己的临界区。

⑤ 如果进程不能进入自己的临界区,则应让出 CPU,避免进程出现忙等现象。

2. 实现临界区互斥的方法应当遵循的准则

临界区不是内核对象,而是系统提供的一种数据结构,程序中可以声明一个该类型变量,之后用它来实现对资源的互斥访问。

当欲访问某一临界资源时,先将该临界区加锁(如果临界区不空闲,等待),用完该资源后,将临界区释放。

一般将它们用于线程间的同步,而且通常可以互换使用。

临界区对象不能跨越进程,是线程间共享数据区的同步对象。通常采用同步机制,实现临界区互斥的方法应当遵循的准则如下:

① 空闲让进:临界区空闲时,可以允许一个请求进入临界区的进程立即进入临界区。
② 忙则等待:当已经有进程进入临界区时,其他试图进入临界区的进程必须等待。
③ 有限等待:对请求访问临界区的进程,应保证其在有限的时间内进入临界区。
④ 让权等待:当进程不能进入临界区时,应立即释放处理机。

8.2 原子操作和锁

8.2.1 原子操作

1. 原子操作

在内核中所说的原子操作表示这一个访问是一个步骤,必须一次性执行完,不能被打断,不能再进行拆分。原子操作目的是保证对共享数据的操作要么完全执行,要么完全不执行,避免数据不一致的问题。原子操作是实现线程同步和并发控制的重要手段。

2. 原子类型及例子

内核提供了一个特殊的类型 atomic_t,源代码在 include/linux/types.h 中,定义如下:

```
typedef struct {
    int counter;
} atomic_t;
```

从上面的定义来看,atomic_t 实际上就是一个 int 类型的 counter。

下面是一个原子操作举例,使用 atomic_dec_and_test() 实现资源计数器 isopen 的操作并检查这两个操作是否是原子地进行。

① 声明:定义并初始化原子变量。

```
atomic_t isopen = ATOMIC_INIT(1);
```

② 使用:原子变量自减 1,并测试是否为 0,如果为 0,返回 true,否则返回 false。

```
if( ! atomic_dec_and_test(&isopen) ){
    atomic_inc(&isopen);     //加 1 操作
    return - EBUSY;
}
```

③ 释放：减1操作。

```
atomic_dec(&isopen);
```

3. 原子操作的 API

原子操作 API 接口函数通常用于管理共享数据结构、实现互斥锁、计数器等，以确保多个线程或进程可以安全地访问和修改这些数据。

它们是 Linux 内核编程中确保并发安全性的重要工具之一。部分原子操作的 API 接口函数及描述如表 8-1 所示。

表 8-1 原子操作的 API 接口函数及描述

函数	描述
ATOMIC_INIT(int i)	定义原子变量的时候对其初始化
int atomic_read(atomic_t * v)	读取 v 的值，并且返回
void atomic_set(atomic_t * v, int i)	向 v 写入 i 值
void atomic_add(int i, atomic_t * v)	给 v 加上 i 值
void atomic_sub(int i, atomic_t * v)	从 v 中减去 i 值
void atomic_inc(atomic_t * v)	给 v 加上 1，也就是自增
void atomic_dec(atomic_t * v)	从 v 中减去 1，也就是自减
int atomic_dec_return(atomic_t * v)	从 v 中减去 1，并且返回 v 的值
int atomic_inc_return(atomic_t * v)	给 v 加上 1，并且返回 v 的值
int atomic_sub_and_test(int i, atomic_t * v)	从 v 中减去 i，如果结果为 0 就返回真，否则返回假
int atomic_dec_and_test(atomic_t * v)	从 v 中减去 1，如果结果为 0 就返回真，否则返回假
int atomic_inc_and_test(atomic_t * v)	给 v 加上 1，如果结果为 0 就返回真，否则返回假
int atomic_add_negative(int i, atomic_t * v)	给 v 加上 i，如果结果为负就返回真，否则返回假

以下例子展示如何在 Linux 内核模块中使用原子操作函数来执行一个原子的计数器递增操作。

本例中创建了一个内核模块，在初始化时使用 atomic_inc 原子地递增一个计数器，并在退出时清理资源。在这个示例中，atomic_t 类型是原子整数类型，ATOMIC_INIT(0) 用于将计数器的初始值初始化为 0。本例的源代码在 sample/chp8/atomic/中。

```
#include <linux/init.h>
#include <linux/module.h>
#include <linux/kernel.h>
#include <linux/atomic.h>
static atomic_t my_counter = ATOMIC_INIT(0);
static int my_module_init(void) {
    printk(KERN_INFO "My Kernel Module: Initialization\n");
    // 原子地递增计数器
    atomic_inc(&my_counter);
```

```
        printk(KERN_INFO "Counter Value: % d\n", atomic_read(&my_counter));
        return 0;       // 成功返回 0
}
static void my_module_exit(void) {
        printk(KERN_INFO "My Kernel Module: Exit\n");
}
module_init(my_module_init);
module_exit(my_module_exit);
MODULE_LICENSE("GPL");
MODULE_DESCRIPTION("Simple Kernel Module with Atomic Operation");
MODULE_AUTHOR("Your Name");
```

此示例仅用于演示如何在内核中使用原子操作。在实际内核开发中,需要确保在正确的环境中编译和加载模块,并且处理适当的错误检查和错误处理。

8.2.2 锁机制

当共享资源是一个复杂的数据结构时,在多个并发操作中,如果没有适当的锁机制,可能会导致数据竞争和不确定的结果,竞争状态往往会使该数据结构遭到破坏。

Linux 系统锁是一种用于同步并发访问共享资源的机制,以确保在某一时刻只有一个线程或进程可以访问特定的资源。这对于防止数据竞争和不一致的状态至关重要。

Linux 系统中常见的锁有互斥锁、读写锁、自旋锁和信号量。

引入锁机制可以避免竞争状态,正如锁和房间一样,房间可看成一个临界区。在某个特定时间内,房间里只能有一个人进入居住,也就是只能有一个内核任务,当一个人进入房间后,他会锁住房间的门,也就是一个任务独占了资源。当这个人结束对房间的使用后,就会打开房门,让出房间,就类似某个任务使用完共享数据后,会解锁让其他任务使用。

如图 8-2 所示,A 和 B 试图同时进入房间,在这种情况下就需要某任务进去后就立即加锁,完成后打开锁。

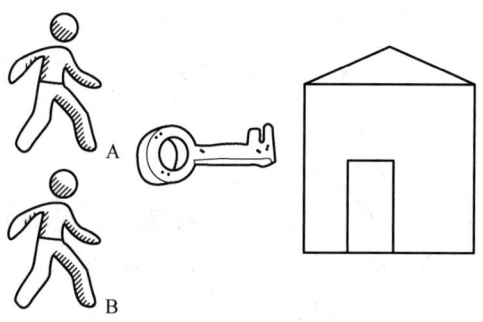

图 8-2 共享队列和加锁

任何要访问队列的代码,都要抢占对应的锁,这样就能阻止其他内核任务可能的并发访问。

保护的关键是要找出哪些数据需要被保护,也就是找出临界区。

前面我们介绍过,临界区是系统提供的一种数据结构,程序中可以声明一个该类型变量,之后用它来实现对资源的互斥访问。

大多数内核数据结构都需要加锁,也就是说它们是临界区,如图 8-3 所示。

但如果是内核任务的局部数据,由于仅被其自身访问,故不需要加锁保护。如果数据只被某些特定进程访问,也不需加锁。

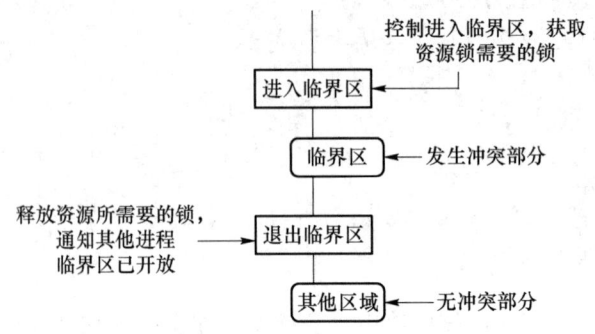

图 8-3　临界区的进入和退出

8.2.3　死锁

死锁一定是发生在并发中的,两个或更多线程(或进程)相互持有对方试图获取的资源,又不主动释放,会导致所有人都无法继续前进,导致程序陷入无尽的阻塞,这就是死锁。

死锁中的一组进程中的各个进程均占有不会释放的资源,但因这些进程还互相申请被对方占用且不会释放的资源,而处于一种永久等待的状态。也就是说,所有任务都在相互等待,但它们永远不会释放已经占有的资源,于是任何任务都无法继续,如图 8-4 所示。

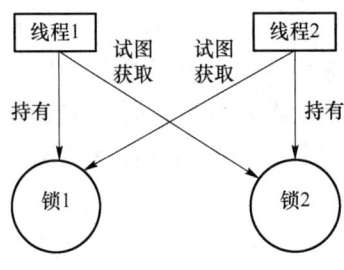

图 8-4　死锁

1．几个典型的死锁

(1) 十字路口交通堵塞

十字路口交通堵塞是现实生活中经常遇到的一种死锁情况。在一个没有红绿灯的两车道十字路口,东南西北四个方向的车都占了一个车道,谁也不肯向后让一步,导致的结果就是路被堵死了,谁也不能前进一步,只能保持这个僵死的状态。

(2) 自死锁

一个线程在拥有某个资源的情况下,又试图申请对该资源的使用,企图去获得一个已经持有的锁,这就陷入了自死锁。自死锁在现实生活中往往被忽略。

(3) 一个线程一把锁

一个线程一把锁,但是都是不可重入锁。线程为争夺这把锁而连续加锁,使自身陷入死锁。

(4) 两个线程两把锁

两个线程两把锁指两个线程先分别获取一把锁,然后再同时尝试获取对方的锁。

2. 死锁产生的条件

死锁产生的条件包含以下 4 个,这些条件属于必要条件,即如果出现死锁,必然由这 4 个条件导致。

① 互斥条件:一个资源每次只能被一个执行流使用。

② 请求与保持条件:一个执行流因请求资源而阻塞时,对已获得的资源保持不释放。

③ 循环等待条件:若干个执行流之间形成的一种头尾相接的循环等待资源的关系。

④ 不剥夺条件:一个执行流已获得的资源,在未使用完之前,不能被强行剥夺。

3. 避免死锁的方法

避免死锁的方法就是破坏上述的 4 个条件,只要破坏其中的任意一个,就不会产生死锁。

① 对于互斥条件,线程(或进程)可以尽量减少对临界资源的访问,以减少加锁解锁的操作。

② 对于请求与保持条件,在多次加锁后,如果仍不成功,线程(或进程)会解除自己所申请的锁。

③ 对于循环等待条件,系统应使加锁的顺序一致,例如,两个线程都获取 A、B 两把锁。两个线程获取的顺序都是 A、B,减少交错的情况。如果一个线程 A、B,一个线程 B、A,那么一定会死锁。

④ 对于不剥夺条件,解锁操作允许其他线程进行,即可以剥夺资源。

8.3 其他同步机制

为了避免并发,防止竞争,内核提供了一组同步方法,来提供对共享数据的保护。同步措施包括自旋锁、中断屏蔽、原子操作、信号量以及其他方法。

原子操作在 8.2 节已经介绍过了,下面介绍其他几种。

8.3.1 中断屏蔽

中断屏蔽是一种可以防止并发导致竞争的方法。在进入临界区之前屏蔽系统的中断,从而保证正在执行的内核任务不被中断处理程序所抢占(进程调度也依赖于中断),防止某些静态条件的发生。在退出临界区后,重新打开中断。

使用方法如下:

```
local_irq_disable()      //屏蔽中断
    ......                //临界区
local_irq_enable()       //开中断
```

中断屏蔽的缺点为 local_irq_disable() 和 local_irq_enable() 这两个函数,都只能禁止和开启本地 CPU 内的中断,并不能解决多处理器引发的竞态(并行)。

函数形式如下:

```
local_irq_save()/local_irq_restore()
local_irq_disable()/local_irq_enable()
```

在屏蔽中断期间，所有的中断都无法得到处理，禁止/打开当前处理器上所有的中断。因此，长时间的屏蔽中断是很危险的，有可能造成数据丢失甚至系统崩溃。

8.3.2 自旋锁

1. 自旋锁的引入

由于在多处理器的环境中某些资源存在有限性，有时需要互斥访问，这时候就需要引入锁的概念。只有获取到锁的线程才能对临界资源进行访问，因为多线程的核心是 CPU 的时分片，所以同一时刻只能有一个线程获取到锁。

那些没有获取到锁的线程，通常有两种做法：一种是线程把自己阻塞起来，重新等待 CPU 的调度，这种锁称为互斥锁；另一种是线程一直等待判断该资源是否已经释放了锁，这种锁叫作自旋锁（spinlock），它不会引起线程阻塞，本质上是一种忙等待机制，避免线程切换带来的系统开销。

自旋锁采用的是循环加锁，等待锁释放的机制。当一个线程尝试去获取某一把锁的时候，如果这个锁已经被另外一个线程占有了，那么此线程就无法获取这把锁，该线程会等待，间隔一段时间后再次尝试获取。为防范多处理器并发冲突，系统引入了自旋锁，它在内核中大量应用于中断处理等部分，而对于单处理器来说，采用关闭中断的方式就可以防止中断处理程序的并发执行。

自旋锁最多只能被一个内核任务持有，设计自旋锁的初衷是在短期间内进行轻量级的锁定，所以自旋锁不应该被持有过长时间。

2. 自旋锁的实现原理

自旋锁的实现原理比较简单，那些不能立马获取到锁资源的线程，它们不会像互斥锁那样直接将自己挂起进入阻塞状态，而是自旋等待，不断地判断锁资源是否被释放了，如果释放了那么就去获取锁资源。这样做避免了那些锁在竞争不激烈的情况下从核心态到用户态的切换，避免了系统上下文切换的开销。

如图 8-5 所示，在 T_1 时刻，CPU A 上的任务试图获得自旋锁，并且成功获得，进入临界区；在 T_2 时刻，CPU B 上的任务试图申请自旋锁，这个任务就会一直进行忙循环，也就是旋转，直到 T_3 时刻锁被释放。

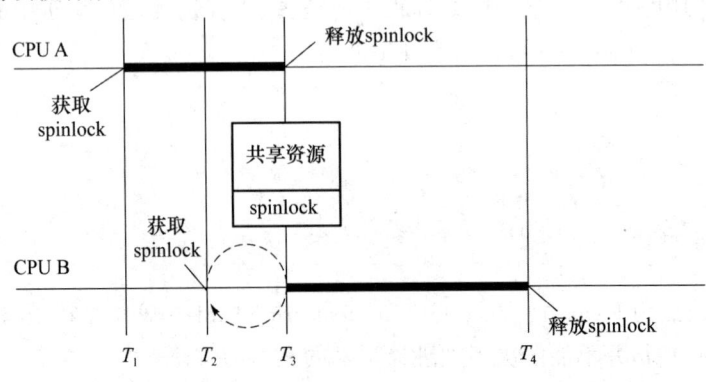

图 8-5 自旋锁

如果一个内核任务试图请求一个已被持有(被争用)的自旋锁,那么这个任务就会一直进行旋转,等待锁重新可用。要是锁未被争用,请求它的内核任务便能立刻得到它,并且继续执行。

自旋锁可以在任何时刻防止多于一个的内核任务同时进入临界区,因此,这种锁可有效地避免多处理器上并发运行的内核任务竞争共享资源。

一个被争用的自旋锁会使得请求它的线程在等待锁重新可用的期间进行自旋,这比较浪费处理器的时间,所以自旋锁不应该被持有过长时间。

因为自旋锁避免了操作系统进程调度的和线程的切换,所以自旋锁通常适用于上锁时间比较短的情况。如果长时间上锁的话,因为自旋锁阻止了其他线程调度,一旦线程持有锁的时间很长,那么其他线程将一直保持旋转状态,会不断地判断锁资源是否被释放了,并没有让出CPU,这样非常消耗系统性能。

为了解决上述问题,系统可以给自旋锁加一个自旋的时间,时间一到立即释放自旋锁。自旋锁的目的是占有CPU资源,等到线程获取锁后,立即进行处理,但是如何选择自旋的时间呢?如果自旋时间太长,会有大量的线程占用CPU,导致系统性能降低。随着适应性自旋锁的引入,自旋的时间不固定了,而是由前一次在同一个锁上自旋的时间,以及锁拥有的状态来决定,基本认为线程上下文切换的时间是最佳自旋时间。

在内核中,自旋锁主要是用来防止多处理器并发访问临界区的,防止内核抢占造成的竞争。自旋锁不允许任务睡眠,持有自旋锁的任务睡眠,会造成自死锁,因此,自旋锁能够在中断上下文中使用。

自旋锁主要是为多处理器系统设计的。对于单处理器且内核不支持抢占的系统,一旦进入了自旋状态,则会永远自旋下去,故没有任何线程可以获取CPU来释放这个锁。因此,在单处理器且内核不支持抢占的系统中,自旋锁会被设置为空操作。

自旋锁的定义如下,源代码在 include/linux/spinlock_types.h 中,部分代码片段如下:

```
typedef struct raw_spinlock {
    arch_spinlock_t raw_lock;
    unsigned int break_lock;
    unsigned int magic, owner_cpu;
    void * owner;
    struct lockdep_map dep_map;
} raw_spinlock_t;
```

使用自旋锁的基本形式如下:

```
DEFINE_SPINLOCK(mr_lock);      //定义一个自旋锁
spin_lock(&mr_lock);
……     //临界区
spin_unlock(&mr_lock);
```

自旋锁还有很多变种,内核也提供了一组相应的API,可以在网上查到。

3. 自旋锁的优缺点

在线程竞争不激烈的情况下,自旋锁在等待前一个获得锁的线程释放锁后,就可以在很短的时间内获取到锁从而继续执行,避免了直接将线程阻塞,再去重新等待 CPU 调度所浪费的两次上下文切换的系统开销,这可以极大提升系统的性能。

但在线程竞争激烈的时候,自旋锁就不太适用了。因为自旋锁在获取到锁资源之前,CPU 一直在做无用功,同时大量的线程去竞争一个锁资源,会导致获取锁的时间很长。这种情况下,会浪费许多 CPU 资源。

8.3.3 信号量

信号量和自旋锁有些相似,不同的是信号量会发出一个信号通知还需要等多久。因此,不会出现死等的情况。就像停车场停车位的数量就是一个信号量,当有车开进去,信号量加 1,当有车开出来,信号量减 1。

信号量被广泛地应用于线程和进程之间的同步与互斥,信号量的本质其实是一个非负的整数计数器,它被用来控制对公共资源的访问,当信号量大于 0 的时候才允许访问,此时不会发生阻塞。

信号量的控制使用的是 PV 原语,P 操作可以使当前信号量减 1,V 操作可以使当前信号量加 1,任务之间就是通过这个 PV 原语来完成线程之间的同步与互斥。

1. 信号量的特点

信号量不能用于中断,因为 Linux 中的信号量是一种睡眠锁,信号量会引起睡眠,而中断不能睡眠。信号量可以使等待资源线程进入睡眠状态,故信号量适合锁被长时间持有的情况,且只能在进程上下文中使用。信号量和自旋锁不可以同时占用,因为自旋锁不允许睡眠。

如果共享资源的持有时间比较短,那就不适合使用信号量,因为睡眠、等待队列维护、唤醒是有时间开销的,如果这个时间开销大于了锁的占有时间,那么无疑自旋锁是更好的选择。

2. 内核中如何定义信号量

内核中与信号量定义相关的信息有:

① lock:自旋锁,防止多处理器并行造成错误。
② count:计数器,大于 0,表示可用资源数;小于 0,其绝对值表示等待的进程数。
③ wait_list:等待资源的进程队列。

源代码在 include/linux/semaphore.h 中,部分代码片段如下:

```
struct semaphore {
    raw_spinlock_t lock;
    unsigned int count;
    struct list_head wait_list;
}s
```

信号量的操作函数列及描述如下:

① down(struct semaphore *):尝试获取信号量,如果信号量不可获取,则进入不可中断睡眠状态(不建议使用)。
② down_interruptible(struct semaphore *):尝试获取信号量,如果信号量不可获取,则进入可中断睡眠状态。
③ down_killable(struct semaphore *):尝试获取信号量,如果信号量不可获取,则进入可被致命信号中断的睡眠状态;

④ down_trylock(struct semaphore *):尝试获取信号量,如果信号量不可获取,则立即返回。

⑤ down_timeout(struct semaphore *,long jiffies):在给定时间(jiffies)内获取信号量,如果信号量不可获取,则返回;

⑥ up(struct semaphore *):释放信号量。

其中 down 和 up 操作的详述如下:

(1) down()操作

down()操作,也就是 P(proberen)操作,P 操作是对资源的申请。

down()操作中调用_down()函数,而__down 调用__down_common()函数,后者是各种 down()操作的统一函数。

源代码在 kernel/locking/semaphore.c 中,部分代码片段如下:

```
void down(struct semaphore * sem){
    unsigned long flags;
    raw_spin_lock_irqsave(&sem->lock,flags);
    //加锁,使信号量的操作在关闭中断状态下进行,防止多处理器并发操作造成错误
    if (likely(sem->count > 0))      //若信号量可用,则将引用计数减 1
        sem->count--;
    else    //如果无信号量可用,则调用__down()函数进入睡眠等待状态
        __down(sem);
    raw_spin_unlock_irqrestore(&sem->lock,flags);
}
```

(2) up()操作

释放信号量的 up()操作,相当于 V(verhogen)操作,V 操作是释放资源的操作。

源代码在 kernel/locking/semaphore.c 中,部分代码片段如下:

```
void up(struct semaphore * sem){
    unsigned long flags;
    raw_spin_lock_irqsave(&sem->lock,flags);       //对信号量操作进行加锁
    if (likely(list_empty(&sem->wait_list)))
            //如果该信号量的等待队列为空,则释放信号量
        sem->count++;
    else    //否则唤醒该信号量的等待队列队头的进程
        __up(sem);
    raw_spin_unlock_irqrestore(&sem->lock,flags);       //对信号操作进行解锁
}
```

3. 信号量与自旋锁的对比

① 低开销加锁,短期锁定时,优先使用自旋锁;
② 长期加锁,优先使用信号量;
③ 中断上下文中加锁,建议使用自旋锁;
④ 持有锁时需要睡眠、调度时,建议使用信号量。

4. 内核其他的同步措施

① 互斥锁:互斥锁和信号量为 1 的信号量含义类似,可以允许睡眠。

② 完成变量：完成量是基于等待队列机制的，如果在内核中，一个任务需要发出信号，通知另外一个任务发生了某个特定的事件，可以用完成变量。

③ 读-拷贝-修改锁（RCU）机制：允许多个读者同时访问被保护的数据，又允许多个读者（reader）和多个写者（writer）同时访问被保护的数据，我们将在 8.5 小节通过实例介绍该机制。

8.4 生产者-消费者问题

生产者-消费者问题也叫有限缓冲问题，是多线程同步的一个经典问题。这个问题描述的场景是将一个有固定大小的缓冲区同时共享给两个线程使用。这两个线程会分为两个角色，一个负责往缓冲区中放入一定的数据，称为生产者；另一个负责从缓冲区中取数据，称为消费者。

这里就会有两个问题，第一个问题是生产者不可能无限制地往缓冲区中放数据，因为缓冲区是有大小的，当缓冲区满的时候，生产者就必须停止生产。第二个问题是消费者也不可能无限制地从缓冲区中取数据，取数据的前提是缓冲区里有数据，所以当缓冲区为空的时候，消费者就必须停止生产，如图 8-6 所示。

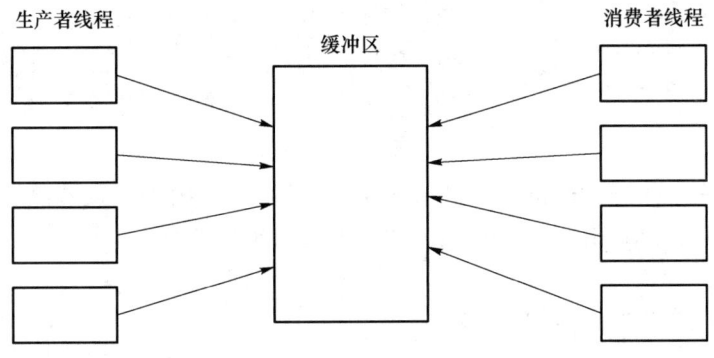

图 8-6　生产者-消费者并发实例

最简单的问题属于单一生产者、单一消费者、单一公共缓冲区，这属于典型的进程同步问题。生产者和消费者为不同的线程，公共缓冲区则为临界区。在同一时刻，只能有一个线程访问临界区。但在实现应用中，还会遇到多生产者、多消费者等更复杂的场景。

生产者和消费者用内核线程来模拟，公共缓冲区为临界区。

同一时刻，只能有一个线程访问临界区。

生产者-消费者模式就是通过一个容器来解决生产者和消费者的强耦合问题。生产者和消费者彼此之间不直接通信，而共享的缓冲区进行通信，所以生产者生产完数据之后不用等待消费者处理，直接扔给缓冲区，消费者不找生产者要数据，而是直接从缓冲区中取，这平衡了生产者和消费者的处理能力。这个缓冲区就是用来给生产者和消费者解耦的。

生产者-消费者模型的关键在于解决生产者和消费者之间的同步问题，以确保生产者不会向已满的缓冲区中插入数据，消费者不会从空的缓冲区中获取数据。为了实现这种同步，我们可以使用各种同步原语，例如，互斥锁、信号量、条件变量等。

生产者-消费者模型的特点如下：

(1) 解耦生产者和消费者

生产者和消费者之间通过队列进行通信和数据传递,使得它们可以独立进行操作。这种解耦提高了代码的灵活性和可维护性,可以更容易地修改或替换生产者和消费者的实现而无须影响其他部分。

(2) 提高系统的响应性和吞吐量

生产者和消费者可以并发地工作,生产者不必等待消费者完成处理才能继续生产,消费者也不必等待生产者生成新的数据才能继续消费。这可以提高系统的响应性和吞吐量,尤其是在处理大量数据时。

(3) 平衡生产和消费速度

生产者-消费者模型可以帮助平衡生产和消费的速度。当生产者的速度快于消费者时,数据会积累在队列中,直到消费者可以处理它们。相反,当消费者的速度快于生产者时,队列中的数据会减少,直到有新的数据生成。

(4) 简化并发编程

生产者-消费者模型提供了一种结构化的并发编程方式,通过使用队列来处理数据传递和同步,可以避免一些常见的并发编程错误,如竞态条件、死锁等。这使得并发编程更容易理解、调试和维护。

(5) 支持多个生产者和消费者

生产者-消费者模型可以很容易地扩展,以支持多个生产者和消费者。只需使用一个共享的队列来传递数据,多个生产者可以向队列中添加数据,多个消费者可以从队列中取出数据,而无须修改原有的逻辑。

实现生产者-消费者模型之前,我们需要先搞清楚生产者与消费者之间的关系:

① 生产者和生产者之间的关系:互斥关系。

② 消费者和消费者之间的关系:互斥关系。

③ 生产者和消费者之间的关系:互斥同步关系。

他们之间之所以都要有互斥关系是因为生产者和消费者共享一个缓冲区,可能会被多个执行流同时访问,造成数据不一致的问题。

生产者和消费者之间除了互斥关系,还要有同步关系。如果让生产者一直生产,那么共享缓冲区满了之后,生产者再生产数据就会失败;同理,如果让消费者一直消费,那么缓冲区空了之后,消费者再消费就会失败。

这样就会引起一方饥饿的问题,效率是非常低的。我们应该让生产者和消费者访问该缓冲区时具有一定的顺序性,例如,让生产者先生产,然后再让消费者进行消费。当缓冲区满了之后,生产者应该停止生产,通知消费者进行消费;当缓冲区空了之后,消费者停止消费,通知生产者生产数据。

8.5 RCU 锁的使用实验

本节是 RCU 锁的使用实验,通过本实验大家可以了解和熟悉 RCU 锁的使用。

8.5.1 RCU 锁使用

本小节编写了一个简单的内核模块,创建一个读者内核线程和一个写者内核线程来模拟同步访问共享变量的情景。

该例子的目的是通过 RCU 机制保护 my_test_init() 分配的共享数据结构 g_ptr,另外创建了一个读者线程和一个写者线程来模拟同步场景。

对于读者线程 myrcu_reader_thread,通过 rcu_read_lock() 和 rcu_read_unlock() 构建一个读者临界区。调用 rcu_dereference() 获取被保护数据 g_ptr 指针的一个副本,即指针 p,这时 p 和 g_ptr 都指向旧的被保护数据。读者线程每隔一段时间读取一次被保护数据。

对于写者线程 myrcu_writer_thread,分配一个新的保护数据 new_ptr,并修改对应数据。rcu_assign_pointer() 让 g_ptr 指向新数据。call_rcu() 注册一个回调函数,确保所有对旧数据的引用都执行完成之后,才调用回调函数来删除旧数据 old_data。写者线程每隔一段时间修改一次被保护数据。

在所有的读访问完成之后,内核可以释放旧数据,对于何时释放旧数据,内核提供了两个 API 函数:synchronize_rcu() 和 call_rcu()。

8.5.2 实验流程

进入本实验的参考代码如下:

```
# cd /home/lab466/
```

编译内核模块:

```
/home/lab466/    # make
make -C /lib/modules/uname -r/build M=/home/lab466/ modules;
```

安装内核模块:

```
/home/lab466/    # insmod rcu.ko
```

RCU 实验效果如图 8-7 所示。

```
[  403.229026] figo: my module init
[  403.369367] myrcu_reader_thread2: read a=0
[  403.453238] myrcu_reader_thread1: read a=0
[  403.509234] myrcu_reader_thread2: read a=0
[  403.514017] myrcu_writer_thread: write to new 5
[  403.649874] myrcu_reader_thread2: read a=5
[  403.708540] myrcu_reader_thread1: read a=5
[  403.785434] myrcu_reader_thread2: read a=5
[  403.790052] myrcu_del: a=0
[  403.802063] myrcu_writer_thread: write to new 6
[  403.921998] myrcu_reader_thread2: read a=6
[  403.933537] myrcu_reader_thread1: read a=6
[  403.946099] myrcu_del: a=5
[  404.061304] myrcu_reader_thread2: read a=6
[  404.090060] myrcu_writer_thread: write to new 7
[  404.160037] myrcu_reader_thread1: read a=7
[  404.197607] myrcu_reader_thread2: read a=7
[  404.202055] myrcu_del: a=6
[  404.334156] myrcu_reader_thread2: read a=7
```

图 8-7 RCU 实验效果

卸载模块:

```
rmmod rcu
```

以下是部分 rcu_test.c 中的源码。

```c
static int myrcu_reader_thread1(void *data)      //读者线程1
{
    struct foo *p1 = NULL;
    while (1) {
        msleep(20);
        rcu_read_lock();
        mdelay(200);
        p1 = rcu_dereference(g_ptr);
        if (p1)
            printk("%s: read a = %d\n", __func__, p1->a);
        rcu_read_unlock();
    }
    return 0;
}

static int myrcu_reader_thread2(void *data)      //读者线程2
{
    ...
}

static int myrcu_writer_thread(void *p)          //写者线程
{
    struct foo *old;
    struct foo *new_ptr;
    int value = (unsigned long)p;
    while (1) {
        msleep(250);
        new_ptr = kmalloc(sizeof(struct foo), GFP_KERNEL);
        old = g_ptr;
        *new_ptr = *old;
        new_ptr->a = value;
        rcu_assign_pointer(g_ptr, new_ptr);
        call_rcu(&old->rcu, myrcu_del);
        printk("%s: write to new %d\n", __func__, value);
        value++;
    }

    return 0;
}
```

课 程 思 政

培养"实践是检验真理的唯一标准"的求真精神

提及华为鸿蒙系统(HarmonyOS),很多人的第一印象便是,鸿蒙系统是一款近两年才突然走进大众视野的操作系统。其实并非如此,鸿蒙系统的起源可以一直追溯到2012年。

2012年7月2日,华为总裁任正非同诺亚方舟实验室的干部与专家举行座谈会。座谈会中,在回答时任华为欧拉实验室终端操作系统开发部部长李金喜的提问时,任正非说道:"如果说这三个操作系统(Android、iOS、Windows Phone 8)都给华为一个平等权利,那我们的操作系统是不需要的,为什么不可以用别人的优势呢?我们现在做终端操作系统是出于战略的考虑,如果他们突然断了我们的'粮食',Android系统不给我们用了,Windows Phone 8系统也不给我们用了,我们是不是就'傻'了?"

于是,2012年,华为在Linux系统的诞生地(芬兰赫尔辛基)组建了自己的终端操作系统研发团队,此后该团队从20名工程师开始逐步壮大。

有人说华为的与众不同之处在于,它在不确定是否能用得上的情况下,仍会坚持为自己打造"备胎"。果不其然,这句话中"不确定是否能用得上的情况"在2019年5月变成了确定——谷歌公司停止了与华为的部分合作,即华为手机将不能使用完整版Android系统。在此背景下,曾经的"备胎"(鸿蒙系统)肩负着前所未有的压力,被推到了历史潮流的浪头。至此,备受国人期待的鸿蒙系统才算正式走进了大众的视野。

我们要培养"实践是检验真理的唯一标准"的求真精神,坚信在相关科技人才的不懈努力下,华为一定可以尽快构建起鸿蒙系统的应用生态,进而走出一条艰辛但充满希望的国产操作系统发展之路。

课后练习题

1. 请简述并发执行与并行执行的概念,并分析其区别。
2. 请对并发执行的原因做一个介绍。
3. 请简述哪些条件同时发生时,会导致竞争发生?
4. 什么是临界区,临界区有什么特点?
5. 什么是死锁,典型的死锁有哪些?
6. 为了避免并发,防止竞争,提供对共享数据的保护,内核提供了哪些同步方法?
7. 请简述自旋锁(spinlock)机制?
8. 请简述信号量与自旋锁的区别。
9. 信号量的典型例子是生产者-消费者问题,正确吗?

第 9 章 文件系统

Linux 文件系统中的文件是数据的集合,文件系统不仅包含文件中的数据还包含文件系统的结构,所有 Linux 用户和程序看到的文件、目录、软连接及文件保护信息等都存储在其中。本章主要内容包括虚拟文件系统的引入、虚拟文件系统的主要数据结构、文件系统中的各种缓存、文件系统的查找和读写,并进行了文件系统查看实验。

9.1 虚拟文件系统的引入

9.1.1 一切皆是文件

在操作系统中,负责管理和存储文件信息的软件机构称为文件管理系统,简称文件系统。

在 UNIX 原始论文 *The UNIX Time Sharing System* 中,丹尼斯·里奇(Dennis Ritchie)和肯·汤普森(Ken Thompson)就提出了"一切皆是文件"的朴素思想,因此,"一切皆是文件"是 UNIX/Linux 的基本哲学之一。

UNIX 将普通文件和设备通过目录统一在一个递归的树形结构中。形成了一个统一的命名空间。UNIX 文件系统是一个挂载在 ROOT 的树形目录结构,每一个目录节点都可以挂载一棵子树。而 Linux 内核的设计借鉴了 UNIX 操作系统的思想,故这个概念也传承了下来。

Linux 采用标准的树形目录结构,操作系统不管有几个磁盘分区要管理,其目录树只有一个,如图 9-1 所示。从系统角度来看,文件系统是对文件存储设备的空间进行组织和分配,负责文件存储,并对存入的文件进行保护和检索的系统,主要体现在对文件和目录的组织上。

这样的树形目录组织有利于对文件系统本身和不同的用户文件进行统一管理。

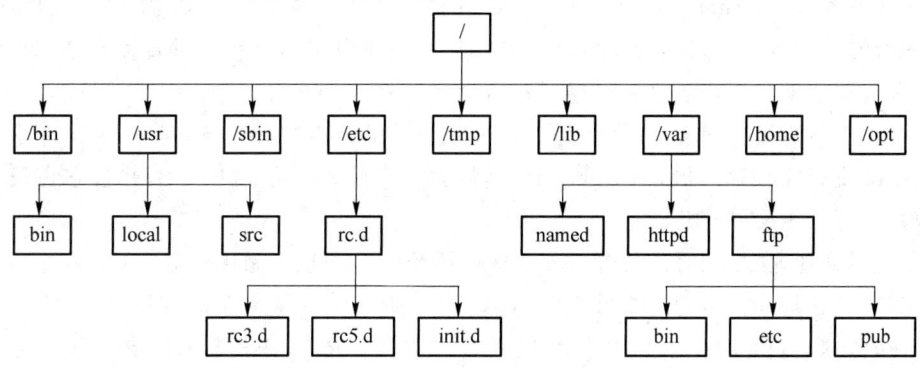

图 9-1 Linux 树形目录组织

Linux 系统把一切资源都看作是文件，包括硬件设备。Linux 系统把每个硬件都看成一个文件，通常称为设备文件，这样用户就可以通过读写文件的方式实现对硬件的访问。这样带来的优势是显而易见的。

普通的文件，其目录、字符设备、块设备、套接字等在 UNIX/Linux 中都被看作是文件，虽然它们类型不同，但是操作系统对其提供的却是同一套操作界面。

文件系统是操作系统用于明确存储设备或分区上的文件的方法和数据结构，即在存储设备上组织文件的方法。具体地说，它负责为用户建立文件，进行文件的存入、读出、修改、转储，控制文件的存取，实现安全控制、日志、压缩、加密等操作。

9.1.2 文件系统类型

文件系统是组织和访问数据的方式，包括文件和目录的结构，数据的存储和检索，以及权限、属性和元数据的管理。文件系统是具体到分区的，所以格式化针对的是分区。

分区格式化是指采用指定的文件系统类型，对分区空间进行登记、索引，并建立对应的管理表格的过程。分区格式化的本质就是在分区上创建某个文件系统。

Linux 目前支持几十种文件系统类型，常见的有 ext2、ext3、ext4、xfs、ReiserFS、NTFS、JFS 等类型，如图 9-2 所示。

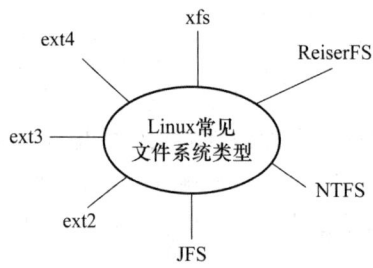

图 9-2　Linux 常见文件系统类型

下面对 Linux 常见的文件系统类型进行简单介绍。

① ext2 是 GNU/Linux 系统中标准的文件系统，是 Linux 中使用频率最高的一种文件系统。它是专门为 Linux 设计的，拥有极快的速度和极小的 CPU 占用率。ext2 既可以被用于标准的块设备，如硬盘等，也被应用在软盘等移动存储设备上。

② ext3 是 ext2 的下一代，也就是在保留 ext2 格式的基础上再加上日志功能。ext3 是一种日志式文件系统（journal file system）。ext3 的特点是：它会将整个磁盘的写入动作完整地记录在磁盘的某个区域上，当在某个过程中断时，系统可以根据这些记录直接回溯并重整被中断的部分，重整速度相当快。该分区格式被广泛应用在 Linux 系统中。

③ ext4 是第四代扩展文件系统，是 Linux 系统下的日志文件系统，是 ext3 文件系统的后继版本，ext4 支持 1 EB（1 024×1 024 TB），其最大单文件大小可达 16 TB，并且它在设计上支持连续写入，可减少文件碎片。

④ xfs 可以管理 500 TB 的硬盘，brtfs 文件系统针对固态盘做优化等。

⑤ ReiserFS 是一种新型的文件系统，它通过一种与众不同的方式，即其采用完全平衡树结构来容纳数据，包括文件数据、文件名以及日志支持。ReiserFS 还可以支持海量磁盘和磁盘阵列，并能在上面继续保持很快的搜索速度和很高的效率。

⑥ NTFS 是 Windows 操作系统中常见的文件系统格式，目前 Linux 系统也能够支持 NTFS 格式的存储设备。这为用户在 Linux 系统中访问、编辑和管理 NTFS 格式的文件提供了便利。

不同文件系统采用不同的方法管理磁盘空间，各有优劣，可以使用 man 5 fs 命令取得文件系统的介绍，如图 9-3 所示。

```
DESCRIPTION
       When, as is customary, the proc filesystem is mounted on /proc, you can
       find in the file /proc/filesystems which filesystems your kernel
       currently supports; see proc(5) for more details.  If you need a
       currently unsupported filesystem, insert the corresponding module or
       recompile the kernel.

       In order to use a filesystem, you have to mount it; see mount(8).

       Below a short description of the available or historically available
       filesystems in the Linux kernel.  See kernel documentation for a
       comprehensive description of all options and limitations.

       ext        is an elaborate extension of the minix filesystem. It has
                  been completely superseded by the second version of the
                  extended filesystem (ext2) and has been removed from the
                  kernel (in 2.1.21).

       ext2       is the high performance disk filesystem used by Linux for
                  fixed disks as well as removable media. The second extended
                  filesystem was designed as an extension of the extended
                  filesystem (ext). See ext2 (5).

       ext3       is a journaling version of the ext2 filesystem. It is easy
```

图 9-3　Linux 支持的文件系统介绍

在 /proc 目录下，我们可以查看 filesystems 文件。图 9-4 是一个样例，通过 cat /proc/filesystems，我们可以看到本机已经安装的文件系统。

```
lab466@ubuntu:~$ cat /proc/filesystems
nodev   sysfs
nodev   rootfs
nodev   ramfs
nodev   bdev
nodev   proc
nodev   cpuset
nodev   cgroup
nodev   cgroup2
nodev   tmpfs
nodev   devtmpfs
nodev   configfs
nodev   debugfs
nodev   tracefs
nodev   securityfs
nodev   sockfs
nodev   dax
nodev   bpf
nodev   pipefs
nodev   hugetlbfs
nodev   devpts
        ext3
        ext2
        ext4
        squashfs
        vfat
```

图 9-4　本机已安装的文件系统

9.1.3 文件存储

1. 磁盘和扇区

我们先对磁盘的读写单位(扇区),以及磁盘结构做一个介绍,图 9-5 是扇区及其在磁盘中的位置关系。

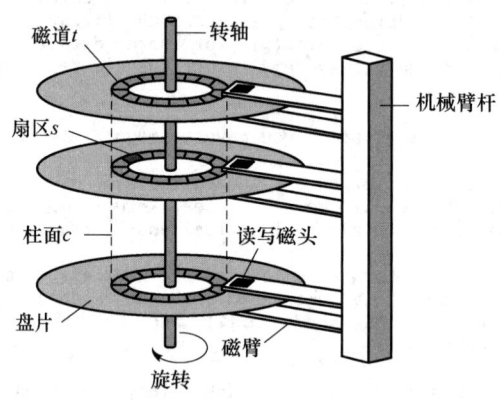

图 9-5 磁盘中的各种关系

硬盘的内部圆形金属盘片被磁道划分成若干个扇形区域,称为硬盘扇区,扇区用来存储数据。扇区是文件系统和块设备之间传送数据的单位。

文件储存在硬盘的扇区上,硬盘的最小存储单位叫作扇区(sector)。每个扇区储存 512 B(相当于 0.5 KB)的数据,磁盘驱动器在向磁盘读取和写入数据时,要以扇区为单位。若干个扇区组成整个盘片,硬盘的读写以扇区为基本单位。

这种以簇为最小分配单位的机制,使硬盘对数据的管理变得相对容易。

扇区一般大小是 512 B,如果实际设备的扇区不是 512 B,而是 4 096 B(如 SSD),那么将多个内核扇区对应一个设备扇区即可。

2. 块和索引节点

操作系统读取硬盘的时候,不会逐个扇区读取,这样效率太低;而是一次性连续读取多个扇区,即一次性读取一个块(block)。这种由多个扇区组成的块是文件存取的最小单位。块的大小最常见的是 4 KB,即连续 8 个 sector 组成一个 block。

文件数据都储存在块中,那么很显然,我们还必须找到一个地方储存文件的元信息,例如,文件的创建者、文件的创建日期、文件的大小等等。这种储存文件元信息的区域叫作索引节点(inode)。

简言之,索引节点号是系统给每个索引节点分配的一个号码,Linux 文件系统使用索引节点记录文件信息,如图 9-6 所示。文件系统识别某个文件就是靠这个索引节点号。

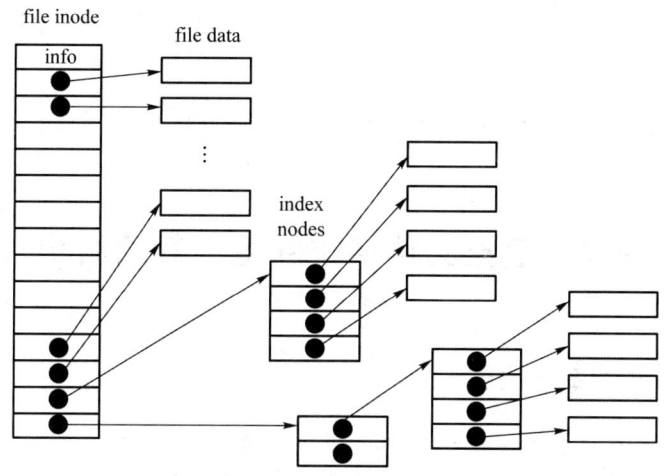

图 9-6　Linux 文件系统使用索引节点记录文件信息

9.1.4　安装文件系统

安装(mount)是 Linux 下的一个命令,它可以将分区挂接到 Linux 的一个文件夹下,从而将分区和该目录联系起来,因此,只要访问这个文件夹,就相当于访问该分区。

mount 命令在 Linux 中用于挂载 Linux 系统外的其他文件系统,每一个设备都必须先挂载后才能使用。此命令通常在系统引导时由系统启动脚本自动执行。

ext2、ext3、ext4 这样的系统是 Linux 的标准文件系统,系统将它的磁盘分区作为系统的根文件系统。

除 ext2、ext3、ext4 外的文件系统则安装在根文件系统下的某个目录,称为系统树形结构中的一个分支。

mount 的目的是将某个文件系统的顶层目录挂到另某个文件系统的子目录上,使其成为一个整体,将该子目录称为安装点(mount point),如图 9-7 所示。

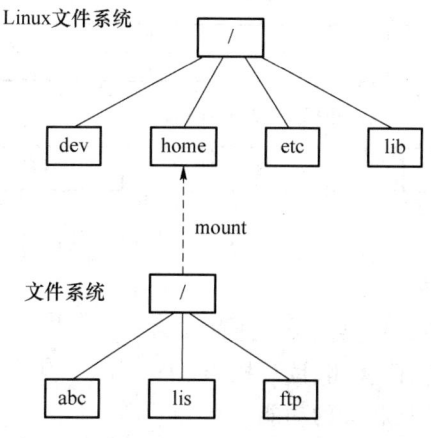

图 9-7　文件系统的安装

mount 命令在所有主流的 Linux 发行版中都是可用的,包括但不限于 Debian、Ubuntu、Alpine、Arch Linux、Kali Linux、RedHat/CentOS、Fedora 和 Raspbian。在大多数系统中,

mount 命令是预装的,无须额外安装。

mount 命令的基本语法如下:

mount [-t vfstype] [-o options] device dir

9.2 虚拟文件系统的主要数据结构

9.2.1 虚拟文件系统框架

虚拟文件系统(virtual filesystem switch)是由 Sun microsystems 公司在定义网络文件系统(NFS)时创造的,它是一种用于网络环境的分布式文件系统,是允许与操作系统使用不同的文件系统实现的接口。

Linux 的虚拟文件系统(VFS)是物理文件系统与服务之间的一个接口层,它对 Linux 的每个文件系统的所有细节进行抽象,使得不同的文件系统在 Linux 核心以及系统中运行的其他进程看来,都是相同的。

在本书中,VFS 是 Linux 文件系统中虚拟文件系统的简称。它主要由一组标准的、抽象的操作构成,如 open()、read()、write() 等,这些函数以系统调用的形式供用户程序调用。

VFS 是 Linux 内核中的一个抽象层,它提供了一种方法,使得不同的文件系统可以共存,并且提供一个统一的用户空间接口来访问这些文件系统。

之所以 Linux 能够支持多种文件系统,是因为 VFS 保证了 Linux 完成统一、高效的组织及管理工作,如图 9-8 所示。

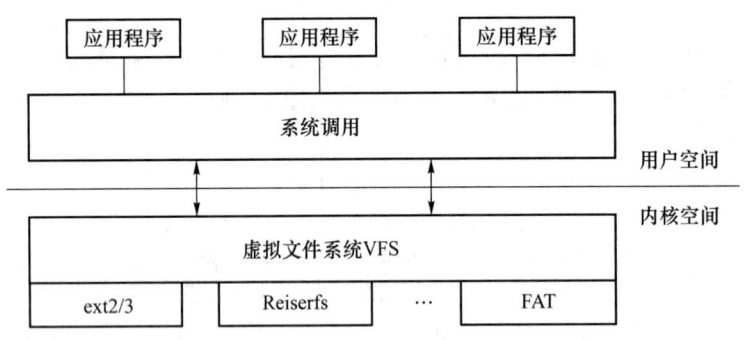

图 9-8 虚拟文件系统 VFS 框架

VFS 的主要功能包括:

① 为不同类型的文件系统提供一个通用的接口;
② 管理文件和目录的打开、关闭、读写操作;
③ 提供文件锁和与安全性相关的功能;
④ 处理文件的挂载和卸载操作。

严格来说,VFS 并不是一种实际的文件系统。它只存在于内存,不存在于任何外存空间。VFS 在系统启动时建立,在系统关闭时消亡。VFS 并不实际存储数据,它只是提供了一个用来和各种文件系统交互的接口。具体的文件系统实现(如 ext4、NFS、tmpfs 等)负责数据的实际存储和操作。

这使得不同的文件系统在 Linux 核心以及系统中运行的其他进程看来,都是相同的。用户程序调用这些系统调用时,根本无须关心其所操作的文件属于哪个文件系统,这个文件系统是怎样设计和实现的。

也就是说,虚拟文件系统(VFS)是一个内核软件层在具体的文件系统之上抽象的一层,用来处理与 Posix 文件系统相关的所有调用,表现为其能够给各种文件系统提供一个通用的接口,使上层的应用程序能够使用通用的接口访问不同文件系统,同时,其也为不同文件系统的通信提供了媒介。

虚拟文件系统的形成是一个逐步发展的过程,Linux 支持数十种文件系统,这些文件系统实际上是按需被挂载的,并不是一下全部挂在系统中的。

VFS 是一种软件机制,只存在于内存中,每次系统初始化期间 Linux 都会先在内存中构造一棵 VFS 的目录树(也就是源码中的 namespace)。

VFS 的主要作用是对上层应用屏蔽底层不同的调用方法,提供一套统一的调用接口,便于对不同的文件系统进行组织管理。

VFS 提供了一个抽象层,将 POSIX API 接口与不同存储设备的具体接口实现进行了分离,使得底层的文件系统类型、设备类型对上层应用程序透明。其实现机制是 VFS 中提供一个抽象的结构体(structv),然后对于每一个具体的文件系统要把自己的字段和函数填充进去,这样就解决了异构问题。

9.2.2 虚拟文件系统对象

Linux 作为 UNIX 的后继者,VFS 在需要管理哪些对象上吸取了 UNIX 的设计思想,在文件系统的设计中,VFS 抽象出 4 个对象,分别为超级块文件、索引节点、目录项对象和文件对象,其中:

① 超级块(super_block):一个 super_block 对应一个文件系统,例如,ext2 有一个 super_block,xfs 对应一个 super_block。super_block 保存文件系统的类型、大小和状态等等。

② 索引节点(inode):保存文件实际数据的一些信息,也就是元数据,例如,文件大小、文件模式、扩展属性和指向存储文件数据的磁盘区块指针等等。

③ 目录项(dentry)对象:描述文件的逻辑属性,只存在在内存中,磁盘上没有实际对应的描述。存在于内存的 dentry 缓存,是为了提高查找性能。不管是文件还是文件夹,都属于 dentry,所有的 dentry 一起构成一棵目录树。

④ 文件(file)对象:文件对象描述的是进程已经打开的文件。由于一个文件可以被多个进程打开,所以一个文件可以存在多个文件对象。但是由于文件是唯一的,故对应的 inode 就是唯一的,dentry 也是唯一的。

文件、目录项、索引节点之间的关系如图 9-9 所示。

下面对这 4 类对象进行详细介绍。

1. 超级块(super_block)对象

超级块是整个文件系统的元数据的容器,每个注册的文件系统都对应着相应的超级块对象。对于基于磁盘的文件系统,磁盘上的超级块是保存在磁盘设备上固定位置的一个或多个块,在装载文件系统时,磁盘上的超级块被读入内存,并以此为据,构造内存中的超级块。其中一部分是各种文件系统共有的 VFS 超级块,被提取出来。在装载时,还根据文件系统类型设置超级块操作表。

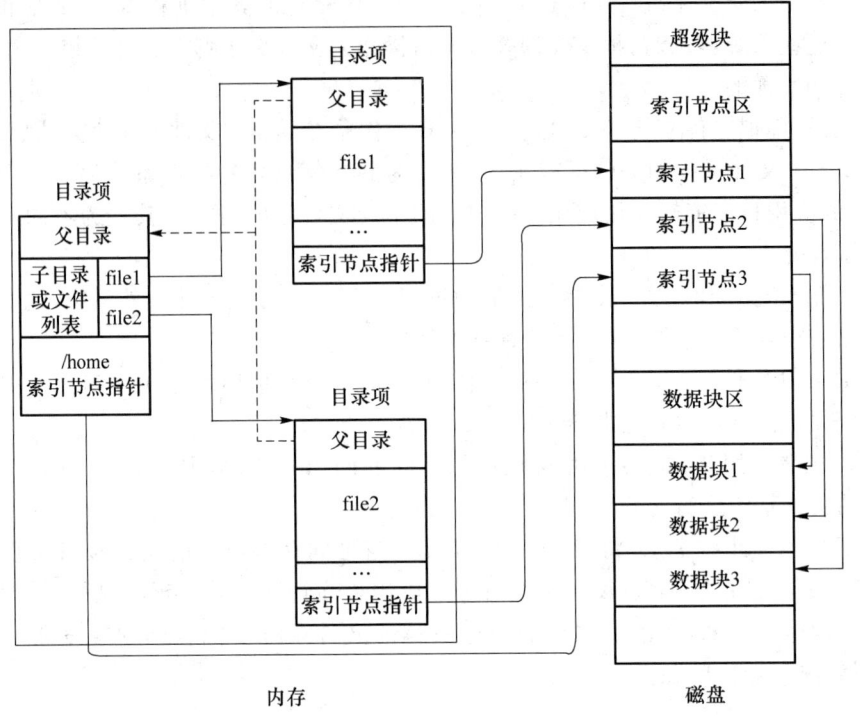

图 9-9 文件、目录项、索引节点之间的关系

一个超级块对应一个已经安装的实际的文件系统类型如 ext2,存放系统中已安装文件系统的有关信息,对于基于磁盘的文件系统,这类对象通常对应于存放在磁盘上的文件系统控制块。也就是说,每个文件系统都有一个超级块对象。9.1 节已介绍了文件系统用于管理这些文件的数据格式和操作,系统文件有系统文件自己的文件系统,同时对于不同的磁盘分区也有不同的文件系统。那么一个超级块对应一个独立的文件系统,用于保存文件系统的类型、大小、状态等等。

超级块存储一个已安装的文件系统的控制信息,代表一个已安装的文件系统。每次一个实际的文件系统被安装时,内核会从磁盘的特定位置读取一些控制信息,来填充内存中的超级块对象。每个具体的文件系统都有各自的超级块。

安装实例和超级块对象一一对应。超级块通过其结构中的一个域 s_type 记录它所属的文件系统类型。

超级块反映了文件系统整体的控制信息,超级块以多种方式存在。对于基于磁盘的文件系统,它以特定格式储存在磁盘的固定区域(取决于文件系统类型),为磁盘上的超级块。

VFS 超级块的数据结构是 super_block,各种具体文件系统在安装时建立 VFS 超级块,在卸载时自动删除。所有超级块对象均采用双向环形链表方式链接在一起。

与超级块关联的方法是超级块操作表,这些操作由 super_operations 数据结构描述。

超级块是文件系统的控制块,包含整个文件系统信息,某个文件系统所有的 inode 都要连接到超级块上,一个超级块就代表了某个文件系统,该对象用于存储特定文件系统的信息。

系统中所有的超级块均由 super_blocks 链表组织。

图 9-10 描述了超级块和文件系统之间的联系,以及超级块在内核中的组织情况。

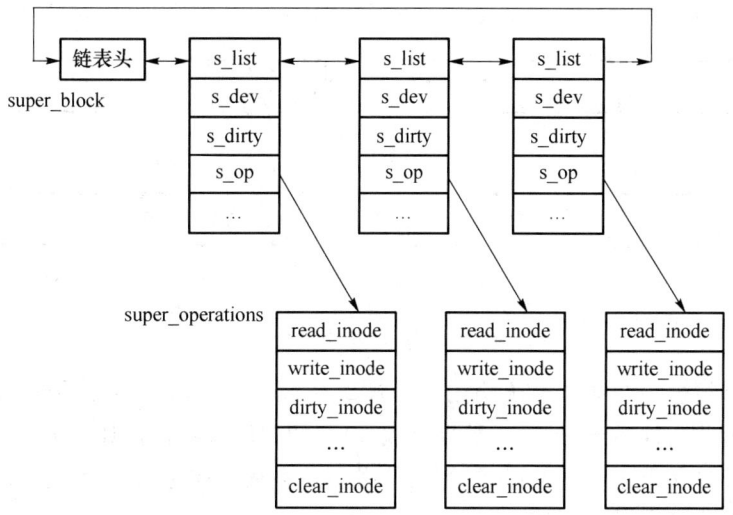

图 9-10　超级块数据结构

super_block 的源代码在 include/linux/fs.h 中，部分代码片段如下：

```
struct super_block{        //超级块数据结构
    struct list_head    s_list;     //指向超级块链表的指针
    dev_t               s_dev;
    struct file_system_type * s_type;    //文件系统类型
    const struct super_operations * s_op;   //超级块方法
    ……
    struct hlist_node s_instances;       //该类型文件系统
    ……
}
struct super_operations{    //超级块方法
    struct inode * ( * alloc_inode)(struct super_block * sb);
//该函数在给定的超级块下创建并初始化一个新的索引节点对象
    void ( * destroy_inode)(struct inode * );
    ……
//该函数从磁盘上读取索引节点,并动态填充内存中对应的索引节点对象的剩余部分
    void( * read_inode) (struct inode * );
    ……
}
```

(1) ext2 文件系统超级块的组织形式

ext2 分区中的第一个块是为分区的引导扇区所保留的，所以它不受 ext2 文件系统的管理。除了第一个块，ext2 分区的剩余部分被分割成块组（block group），图 9-11 是 ext2 块组的分布图。

ext2 文件系统中的块组均大小一致且按序存放，内核可很容易地利用块组的整数索引得到磁盘中某个块组的位置。

(2) 文件系统的注册加入

Linux 内核采用 VFS 框架来组织文件系统，在文件系统被装载时，其内容被读入内存，构

建内存中的超级块。

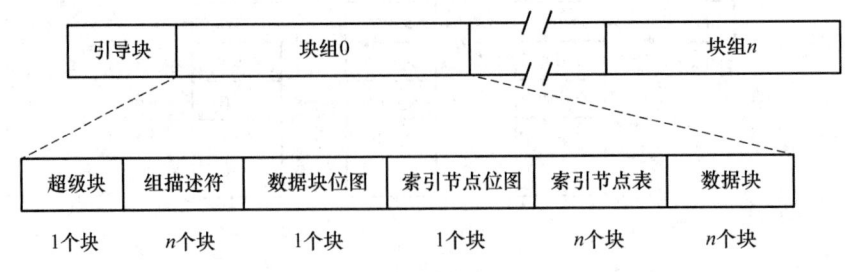

图 9-11　ext2 块组的分布图

本小节已介绍过每个文件系统均用一个超级块（super_block）数据结构描述。其中某些信息为各种类型的文件系统所共有，被提炼成 VFS 的超级块结构。如果某些文件系统不具有磁盘上超级块和内存中超级块的形式，则它们必须负责从零构造出 VFS 的超级块。

某个文件系统必须先在 VFS 中注册才能够加入，注册实际上是填写一个 file_system_type 数据结构，内核采用 file_system_type 类型的链表组织每个注册的文件系统。

file_system_type 结构描述的是文件系统的名称，以及一个指向对应 VFS 超级块读取例程的地址。

Linux 使用 file_system_type 表示一种文件系统，例如，ext2、ext4、exfat 等等。文件系统可以有多个实例，每个实例都使用 super_block 表征。

无论有 0 个或多个实例被安装到系统中，被 Linux 支持的文件系统只有一个 file_system_type 结构。

但每次某个文件系统被安装，就有一个超级块和安装点与之对应。

通过一个 s_type 域，超级块可以指向其对应的文件系统具体类型。

通过 file_system_type 中的某个 fs_supers 域，具体的文件系统链接起同一种文件类型的超级块。

通过 s_instances 域，链接同一文件系统类型超级块，file_system_type 的源码在 include/linux/fs.h 中，部分代码如下：

```
struct file_system_type {
    const char * name;
    int fs_flags;
    #define FS_REQUIRES_DEV         1
    #define FS_BINARY_MOUNTDATA     2
    #define FS_HAS_SUBTYPE          4
    #define FS_USERNS_MOUNT         8    // 以 root 用户身份进行挂载失败
    #define FS_DISALLOW_NOTIFY_PERM 16
    //禁用 fanotify 的权限事件通知功能。fanotify 允许用户空间程序监视文件系统的变化
    #define FS_THP_SUPPORT          8192  //转换所有 fs 后删除
    #define FS_RENAME_DOES_D_MOVE   32768
    int ( * init_fs_context)(struct fs_context * );
    const struct fs_parameter_spec * parameters;
```

```
        struct dentry * ( * mount) (struct file_system_type * , int,
                const char * , void * );
        void ( * kill_sb) (struct super_block * );
        struct module * owner;
        struct file_system_type * next;
        struct hlist_head fs_supers;
        struct lock_class_key s_lock_key;
        struct lock_class_key s_umount_key;
        struct lock_class_key s_vfs_rename_key;
        struct lock_class_key s_writers_key[SB_FREEZE_LEVELS];

        struct lock_class_key i_lock_key;
        struct lock_class_key i_mutex_key;
        struct lock_class_key i_mutex_dir_key;
};
```

其中:name 表示文件系统名字,例如,ext2、ext4;fs_flags 是一些 FS_标志位;init_fs_context/parameters 和 fs_context 有关系;mount 函数指针指向挂载文件系统实例的函数;next 指针用于将文件系统链接成链表;fs_supers 是链表头,用于链接文件系统的所有实例。

2. 索引节点(inode)对象

在 9.1.3 小节中我们介绍了索引节点,索引节点(inode)对象存储了文件的相关信息,代表了存储设备上的一个实际的物理文件。

inode 保存的是实际数据的一些信息,也就是对文件属性的描述,这些信息称为元数据,例如,文件大小、设备标识符、用户标识符、用户组标识符、文件模式、扩展属性、文件读取或修改的时间戳、链接数量、指向存储该内容的磁盘区块的指针、文件分类等等。

当一个文件首次被访问时,内核会在内存中装配对应的索引节点对象,以便向内核提供对一个文件进行操作时所必需的全部信息,包含了某个文件的长度、创建及修改时间、权限、所属关系、磁盘中的位置等信息,代表了存储设备上的一个实际的物理文件。这些信息一部分存储在磁盘特定位置,另外一部分是在加载时动态填充的。

每个文件都有一个索引节点对象,每个索引节点对象都有一个索引节点号,这个号唯一地标识某个文件系统中的指定文件。

inode 有两种,一种是 VFS 的 inode,一种是文件系统的 inode,前者存在于内存中,后者存在于磁盘中。系统开启后,磁盘中的 inode 被填充到内存中的 inode。

当打开一个文件时,系统找到这个文件名对应的 inode 号;然后通过 inode 号得到 inode 信息;最后,由 inode 找到文件数据所在的 block,从而处理文件数据。

inode 的源代码在 include/linux/fs.h 中,部分代码片段如下:

```
struct inode{           //索引节点结构
    struct list_head        i_list;     //inode 链表指针
    struct list_head        i_dentry;
    //dentry 链表指针,与此 inode 有关的 dentry 连在一起
    unsigned long           i_ino;      //inode 号
    atomic_t                i_count;    //引用计数
```

```
    umode_t              i_mode;       //文件类型和访问权限
    loff_t               i_size;       //文件大小
    time_t               i_atime;      //文件最后一次访问时间
    time_t               i_mtime;      //文件最后一次修改时间
    time_t               i_ctime;      //inode最后一次修改时间
    unsigned int         i_blkbits;    //块大小,字节单位
    unsigned long        i_blksize;    //块大小,bit单位
    unsigned long        i_blocks;     //文件所占块数
    struct inode_operations  * i_op;   //索引节点操作
    struct file_operations   * i_fop;  //文件操作
    struct super_block       * i_sb;   //inode所属文件系统的超级块指针
    ……
};
struct inode_operations {     //索引节点方法
    struct dentry * ( * lookup)(struct inode * ,struct dentry * , unsigned int);
    //该函数为dentry对象所对应的文件创建一个新的索引节点,主要是由open()系统调用来调用
    int ( * create)(struct inode * ,struct dentry * , umode_t, bool);
    // 在特定目录中寻找dentry对象所对应的索引节点
    ……
}
```

3. 目录项(dentry)对象

目录项是描述文件的逻辑属性,Linux引入目录项概念的主要目的是便于查找文件。目录项对象只存在于内存中,所以它没有对应的磁盘数据结构,实际对应的是磁盘的目录inode对象。

不管是文件夹还是最终的文件,都是属于目录项,所有的目录项在一起构成一棵庞大的目录树。目录也是一种文件,所以也存在对应的inode。打开目录,实际上就是打开目录文件。

目录项对象包含路径的诸多组成部分,一个路径的各个组成部分,不管是目录还是普通的文件,都是一个目录项对象。

dentry是描述文件的逻辑属性只存在于内存中,磁盘上没有实际对应的描述。存在于内存的dentry缓存,是为了提高查找性能。不管是文件还是文件夹,都属于dentry,所有的dentry一起构成一棵目录树。

打开一个文件时,例如,在打开/home/lab466/test.txt时,其中的"/"、"home"、"lab466"、"test.txt"都是一个dentry,VFS在查找文件的时候,根据一层一层的dentry找到对应每个dentry的inode,再沿着dentry就可以找到文件。在遍历路径名的过程中,VFS现场将其一一解析成目录项对象。

dentry的源代码在include/linux/dcache.h中,部分代码片段如下:

```
struct dentry {      //目录项结构
    struct dentry * d_parent;       //父目录的目录项对象
    struct qstr d_name;             //目录项的名字
    struct list_head d_subdirs;     //子目录
```

```
    struct inode * d_inode;        //相关的索引节点
    const struct dentry_operations * d_op;    //目录项操作表
    struct super_block * d_sb;     //文件超级块
    ……
}
```

一个有效的 dentry 必定有一个 inode,所以其 d_inode 必定指向一个 inode。

```
struct dentry_operations {
    int (* d_revalidate)(struct dentry *, unsigned int);      //判断目录项是否有效
    int (* d_weak_revalidate)(struct dentry *, unsigned int);
    int (* d_hash)(const struct dentry *, struct qstr *);     //为目录项生成散列值
    …
}
```

4. 文件(file)对象

文件对象描述的是进程已经打开的文件。由于一个文件可以被多个进程打开,所以一个文件可以存在多个文件对象。但是由于文件是唯一的,故其对应的 inode 就是唯一的,dentry 也是唯一的。

进程是通过文件描述符来操作文件的,每个文件都有一个 32 位的数字(称为文件位置)表示下一个读写的字节位置。打开文件后,一般情况下打开位置都是从 0 开始。file 被称为打开的文件描述,Linux 中用 file 结构体来保存打开文件的位置。

file 结构会形成一个双链表(称为系统打开文件表),用于存放打开文件与进程之间进行交互的有关信息,这类信息仅在进程访问文件期间存在于内存中。

我们可以用 sys_open() 创建文件对象,用 sys_close() 销毁文件对象,可以用进程和程序的关系类比文件对象和物理文件的关系。已打开的文件在内存中以文件对象的形式表示,文件对象的主要目的是建立进程和磁盘文件的对应关系。

站在用户空间角度来看 VFS,我们就无须关心超级块、索引节点或目录项了,只需与文件对象交流。同一个文件可能会有多个对应的文件对象,这是因为同一个文件可被多个进程同时打开和操作。

从进程角度来看,文件对象仅表示已打开的文件,它反过来指向目录项对象。

注意某个文件对应的文件对象可能不是唯一的,但其对应的索引节点和目录项对象是唯一的。

file 的源代码在 include/linux/fs.h 中,部分代码片段如下:

```
struct file{
    struct list_head          f_list;
    //所有的打开的文件形成的链表,链接到 super_block 中的 s_files 链表
    struct dentry            * f_dentry;      //该文件的 dentry
    struct vfsmount          * f_vfsmnt;      //该文件在这个文件系统中的装载点
    struct file_operations   * f_op;
    //文件操作,当进程打开文件时,这个文件的 inode 中的 i_fop 会初始化这个字段
    atomic_t                 f_count;
    //引用计数,当关闭一个 fd 时,并不是真正的关闭文件,仅仅是将 f_count 减一
    //当 f_count 等于零时才真正关闭文件
```

```
    unsigned int              f_flags;       //打开文件时候指定的标识
    mode_t                    f_mode;        //文件的访问模式
    loff_t                    f_pos;         //目前文件的偏移
    struct fown_struct        f_owner;       //记录一个进程 ID
    unsigned int              f_uid, f_gid;  //用户 ID 和组 ID
    ……
};
struct file_operations {
    struct module * owner;
    loff_t (*llseek) (struct file *, loff_t, int);
    ssize_t (*read) (struct file *, char __user *, size_t, loff_t *);       //文件读操作
    ssize_t (*write) (struct file *, const char __user *, size_t, loff_t *);
    //文件写操作
    int (*open) (struct inode *, struct file *);       //文件打开操作
    int (*flush) (struct file *, fl_owner_t id);
    ……
}
```

9.2.3 相关的数据结构

1. 与进程相关的文件结构

文件描述符(file descriptor)是内核为了高效管理已被打开的文件所创建的索引,简单来讲,文件描述符是用来描述打开的文件的。

files_struct 是进程用来记录文件描述符使用情况的结构,该 files_struct 结构也被称为进程打开文件表,里面是进程的私有数据。

注意,每个打开的文件在内核中都有 file 对象,如图 9-12 所示。

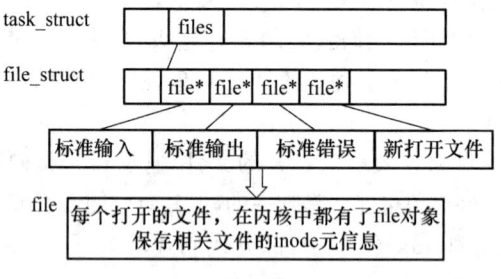

图 9-12 打开文件对应的 file 对象

file_struct 结构用来记录进程打开的文件表,其源代码在 include/linux/fdtable.h 中,部分代码片段如下:

```
struct files_struct {       //打开的文件集
    atomic_t count;         //结构的使用计数
    ...
    int max_fds;            //文件描述符的上限
```

```
    int next_fd;        //某个文件描述符
    struct file ** fd;  //全部文件对象数组
    ...
}
```

进程与文件系统间的关系,采用 fs_sturct 结构来描述。源代码在 include/linux/fs_struct.h 中,部分代码片段如下:

```
struct fs_struct {          //建立进程与文件系统的关系
    atomic_t count;         // 结构的使用计数
    rwlock_t lock;          // 保护该结构体的锁
    int umask;              // 默认的文件访问权限
    struct dentry * root;   // 根目录的目录项对象
    ...
    struct vfsmount * rootmnt;  // 根目录的安装点对象
    ...
};
```

注意,Linux 版本不同,内容有差异。

2. 数据结构关系

进程通过 task_struct 中的 files 域可以获取当前打开的文件对象;通过 fs 域,进程可以获取进程所在文件系统的信息,如图 9-13 所示。

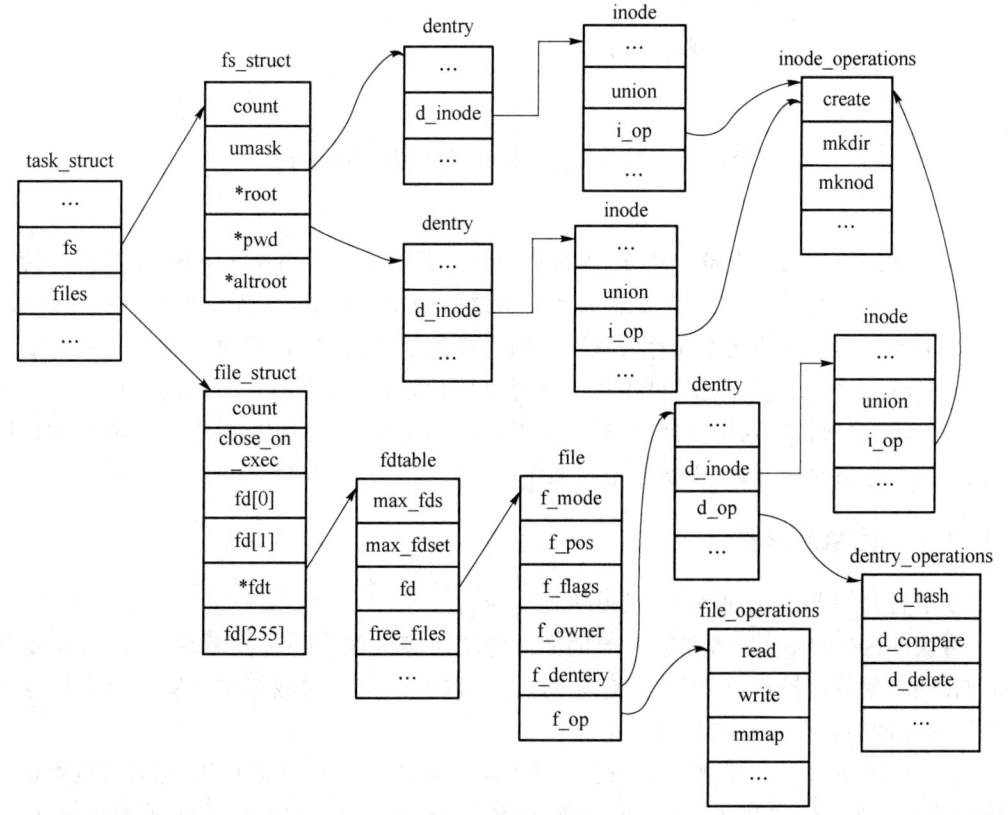

图 9-13 数据结构关系

通过 f_dentry 域，文件对象可找到其对应的目录项对象；再通过目录项对象 d_inode 域，可以获取其对应的索引节点，从而建立实际物理文件和文件对象之间的关联。

通过对应的操作域，我们可以得到索引节点对象、目录项对象，以及文件对象所对应的操作函数列表。

之前介绍了与文件系统相关结构：文件系统类型（file_system_type）和超级块（supe_block），这里给出安装点数据结构（vfsmount），其源代码在 include/linux/mount.h 中，部分代码片段如下：

```
struct vfsmount {
    struct list_head mnt_hash;          //散列表
    struct vfsmount * mnt_parent;       //父文件系统
    struct dentry * mnt_mountpoint;     //安装点的目录项对象
    struct dentry * mnt_root;           //该文件系统的根目录项对象
    struct super_block * mnt_root;      //该文件系统的超级块
    struct list_head mnt_child;         //子文件系统链表
    atomic_t mnt_count;                 //使用计数
    int mnt_flags;                      //安装标志
    char * mnt_devname                  //设备文件名
    struct list_head mnt_list;          //描述符链表
    struct list_head mnt_fslink;        //具体文件系统的到期列表
    struct  namespace * mnt_namespace;  //相关的名字空间
};
```

注意，Linux 版本不同，内容有差异。

9.3 文件系统中的各种缓存

为了提高系统访问块设备的速度，内核在内存中开辟了一块高速缓冲区，将其划分为多个与磁盘块大小相等的缓冲块，用于暂存与块设备之间的交换数据，实现减少 I/O 操作次数，提高系统性能的目的。缓冲块中保存着最近访问磁盘的数据，内核在读块设备之前先搜索缓冲区，如果在缓冲区中发现了数据，就不用再从磁盘中读，否则向块设备发出读的指令。当内核写块设备时，先将数据写入缓冲区，何时将数据同步到块设备，视具体情况而定，其目的是尽可能久地将数据停留在内存，减少块设备的操作。

9.3.1 缓冲区分类

本小节将介绍 buffer 和 cache 的基本概念。

内存缓冲区（buffer）是诸多进程产生文件的临时存放区。为提高系统性能，减少磁盘碎片和硬盘的频繁寻道操作，可以在一定时间段内，将 buffer 中的数据统一写入磁盘。也就是说，要写入磁盘的数据存放在 buffer 中。

内存缓存区（cache），经常被用在磁盘的输入输出请求上，系统会将 CPU、进程等频繁访问的文件，缓存在 cache 区，供其访问。也就是说，从磁盘中读出的频繁被访问数据，存放在 cache。

可以使用命令 cat/proc/meminfo，查看 proc 目录下的 meminfo 文件，可以看到本机 buffer 和 cache 的大小，样例如图 9-14 所示。

```
lab466@ubuntu:~$ cat /proc/meminfo
MemTotal:        4015680 kB
MemFree:          310076 kB
MemAvailable:    2238568 kB
Buffers:          200540 kB
Cached:          1829720 kB
SwapCached:            0 kB
Active:          1848620 kB
Inactive:        1155440 kB
Active(anon):     624584 kB
Inactive(anon):   365784 kB
Active(file):    1224036 kB
Inactive(file):   789656 kB
Unevictable:          16 kB
Mlocked:              16 kB
SwapTotal:       2097148 kB
SwapFree:        2097148 kB
Dirty:                24 kB
Writeback:             0 kB
AnonPages:        973848 kB
Mapped:           245116 kB
Shmem:             16568 kB
Slab:             278812 kB
SReclaimable:     204212 kB
SUnreclaim:        74600 kB
```

图 9-14 本机 buffer 和 cache 的大小信息

文件系统为了提升效率提供了多种缓冲，例如，inodecache、dentrycache、buffercache 等，图 9-15 是文件系统中的缓冲区及其所在位置的示意图。

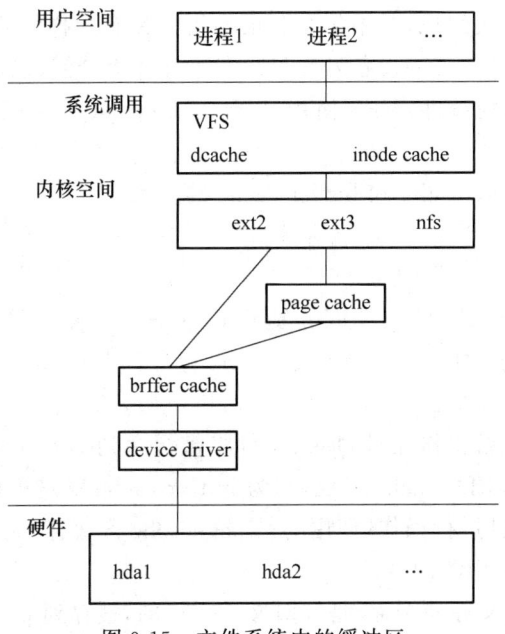

图 9-15 文件系统中的缓冲区

本小节将详细介绍这些缓冲区的作用及其之间的区别。

(1) buffer cache

buffer cache 就是缓冲区缓存,当进程使用安装的文件系统时,它们会产生很多对块设备数据块的读写请求,这些块读写请求,最终会通过标准核心过程,以 buffer_head 数据结构的形式,给出设备驱动程序所需的绝大部分信息。操作系统将设备块上的数据看作具有同样大小的数据块的线性列表。buffer_head 中的 b_dev 和 b_blocknr 属性值唯一指明了向什么设备读写第几个数据块,在 9.3.2 小节中,我们会分析 buffer_head 的源代码。

(2) inode cache

inode cache 就是 VFS 索引节点缓存,VFS 索引节点是一个 Hash 表,它不断地读取。VFS 提供的索引节点缓存,可以加快对文件系统的存取。每次从索引节点缓存中读取一个 VFS 索引节点,这样系统就可以节省读取物理设备的存取时间。

当 VFS 访问索引节点时,它首先查找 VFS 索引节点缓存。为了在 VFS 索引节点缓存中查找一个索引节点,系统先计算其对应的哈希值,然后将其作为索引值,进入索引节点哈希表。然后再通过读取这个拥有相同哈希值的索引节点链表,逐个匹配索引节点,直到找到具有指定设备号和 inode 号的索引节点。如果从缓存中找到了索引节点,那么将该索引节点的计数值加 1,否则申请空闲的索引节点。

(3) dentry cache

dentry cache,也称 dcache 是目录缓存,目的是加快对常用的目录的存取。由于 Linux 是根据路径访问文件的,Linux 维护了表达路径与索引节点对应关系的目录缓存,被文件系统使用过的目录,将会存入到该目录缓存中。如果同一目录再次被访问时,那么它就可以从缓冲区直接得到,不必重复访问存储文件系统的设备。

当真实的文件系统读取一个目录时,目录的详细信息被添加到目录缓存中。这样,同一目录被再次访问时,可直接从缓冲区找到此目录的有关信息。只有短于 15 个字符的目录才能保存在目录缓存中。

目录缓存由一张哈希表组成,其中每个表项均指向具有同样哈希值的目录缓存链表的一个指针,哈希函数使用文件系统的设备号和目录名来计算哈希值,以便快速地找到目录项。为了保持一个最新的、正确的缓冲,VFS 使用基于 LRU(least recently used)算法的目录缓冲链表。

9.3.2 小节将分析 page cache 和 buffer cache 的关系。

9.3.2 页和块缓存

总结磁盘的操作,Linux 文件缓冲区分别有 page cache 和 buffer cache 与文件系统级的 cache 和磁盘块级的 cache 对应,每一个 page cache 包含若干 buffer cache。这两种 cache 就是各自缓存逻辑和物理级数据的。

假设我们通过文件系统操作文件,那么文件将被缓存到 page cache,如果需要刷新文件,那么 page cache 将交给 buffer cache 完成,因为 buffer cache 就是缓存磁盘块的。

也就是说,直接对文件进行操作,使用的是 pagecache 区缓存;用 dd 等命令直接操作磁盘块,缓存的是 buffer cache 中的内容。

page cache 实际上是文件的缓存,是针对文件系统的,缓存到 page cache 中的主要是在文件层面上的数据。

文件系统完成的是文件的逻辑层和实际物理磁盘之间的映射关系。

当 page cache 的数据需要刷新时,其中的数据要交给 buffer cache。buffer cache 是在没有文件系统的情况下,对磁盘进行直接操作的数据,会缓存到 buffer cache 中,它是针对磁盘块的缓存。例如,文件系统的元数据会缓存到 buffer cache 中。

内存管理系统和 VFS 只与 page cache 交互,内存管理系统负责维护每项 page cache 的分配和回收,同时在使用"内存映射"方式访问时负责建立映射。VFS 负责 page cache 与用户空间的数据交换,图 9-16 描述了这几者之间的关系。

而文件系统则一般只与 buffer cache 交互,它们负责在存储设备和 buffer cache 之间交换数据,文件系统直接操作的是磁盘部分。而具体如何被包装,被用户使用,是 VFS 的责任,也就是说 VFS 将 buffer cache 包装成 page 给用户。

每一个 page 有 n 个 buffer cache,struct buffer_head 结构体中一个字段 b_this_page 就是将一个 page 中的 buffer cache 连接起来的结构。

为了更详细地说明它们之间的关系,我们先分析一下页描述符(page)的源代码。

页描述符(page)中有两个字段:mapping 和 index。页描述符的 mapping 字段指向拥有页的索引节点的 address_space 对象;页描述符的 index 字段表示在所有者的地址空间中以页大小为单位的偏移量,也就是在所有者的磁盘映像中页中数据的位置。

通过这两个字段,我们可以在页高速缓存中查找,源代码在 include/linux/mm.h 中,部分代码片段如下:

```
typedef struct page {
        struct list_head list;
        struct address_space * mapping;
        unsigned long index;
        struct page * next_hash;

        atomic_t count;
        unsigned long flags;
        struct list_head lru;
        struct page ** pprev_hash;
        struct buffer_head * buffers;
        ……
}
```

其中,struct buffer_head * buffers 指明了 block 和 buffer 之间的关系,如图 9-16 所示。

图中最上部是进程打开的用户文件,文件分为第 1 部分,第 2 部分,…,第 N 部分,中间画圈的部分是 page。page 是用户操作文件的单位,一个 page 包含多个 buffer 缓冲区,最下面的磁盘空间分为一个个的 block,每个 buffer cache 对应一个磁盘上面的块 block。

在 9.1.3 小节中,我们介绍过,具体的 Linux 文件系统会以 block(磁盘块)的形式组织文件,为了减少对物理块设备的访问,在文件以块的形式调入内存后,使用块高速缓存进行管理。每个缓冲区由两部分组成,第一部分称为缓冲区首部,用数据结构 buffer_head 表示,第二部分是真正的存储的数据。由于缓冲区首部不与数据区域相连,数据区域独立存储。因而在缓冲区首部中,有一个指向数据的指针和一个缓冲区长度的字段。

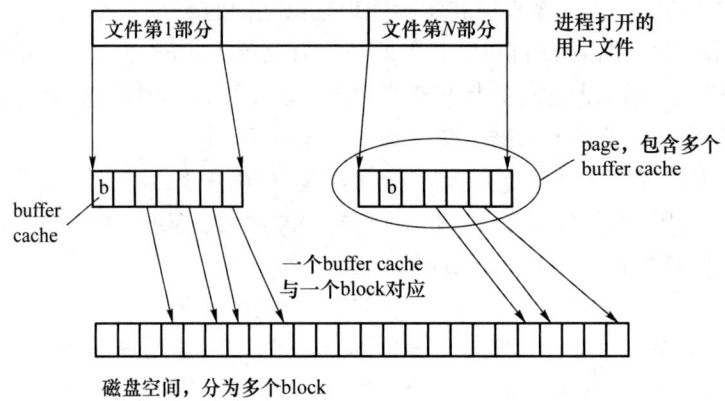

图 9-16　文件、page、buffer 和 block 之间的关系

buffer_head 的源代码在 include/linux/buffer_head.h 中,并有每个具体字段的详细解释,下面我们具体看看这个结构体,部分代码片段如下:

```
struct buffer_head {
    unsigned long b_state;       // buffer 状态位图
    struct buffer_head * b_this_page;    // 页面缓冲区的循环列表
    sector_t b_blocknr;          // 开始的块号
    size_t b_size;               //映射长度
    struct block_device * b_bdev;
    bh_end_io_t * b_end_io;      // I/O 完成
    void * b_private;            // 为 b_end_io 保留
    struct list_head b_assoc_buffers;    //与另一个映射关联
    struct address_space * b_assoc_map;  //映射相关的缓冲区
    atomic_t b_count;            // 使用 buffer_head 的用户数
};
```

buffer cache 的组织,主要采用 LRU 链表。其源代码在 fs/buffer.c 中,部分代码片段如下:

```
#define BH_LRU_SIZE 16
struct bh_lru {
    struct buffer_head * bhs[BH_LRU_SIZE];
};
static DEFINE_PER_CPU(struct bh_lru, bh_lrus) = {{ NULL }};
```

bhs 是实现 LRU 算法的基础,bhs 是一个缓冲头指针数组。Linux 内核通过使用 DEFINE_PER_CPU 为每个 CPU 建立一个 LRU 实例,目的是提高对 CPU 高速缓存的利用率。

LRU 缓存操作接口有:
① lookup_bh_lru:查找块缓存中是否有所需数据项。
② lh_lru_install:添加新的缓冲头到缓冲中。

下面介绍一下 VFS 管理 buffer cache 链表方法:

一种方法是 hash 表，用于管理包含有效数据的 buffer，在定位 buffer 的时候很快捷。哈希索引值由数据块号及其所在的设备标识号计算（散列）得到，hash 代码如下：

```
# define _hashfn(dev,block)         \
    (((((dev)<<(bh_hash_shift - 6))^((dev)<<(bh_hash_shift - 9)))^ \
    (((block)<<(bh_hash_shift - 6))^((block) >> 13)^ \
    ((block) << (bh_hash_shift - 12))))</span>
```

另外一种方法是 LRU 链表，对于每一种不同缓冲区，其都会使用一个 LRU 来管理未使用的有效缓冲区。

缓冲区类型如下：

```
# define BUF_CLEAN      0    //未使用的干净的缓冲区
# define BUF_LOCKED     1    //正在等待写入的缓冲区
# define BUF_DIRTY      2    //脏缓冲区，还没有被写回磁盘
```

当我们需要寻找一块 buffer 的时候，如果发现 buffer 在缓冲区中，且在 LRU 链表中，那么从 LRU 表中删除。

结合上面的一个 hash 链表，寻找 buffer 的基本过程为：首先，在 hash 表中寻找，如果找到，那就成功，如果没有找到，那么需要分配新的 buffer，如果分到，那么将数据加载进来；然后，如果没有足够的空间分配，那么需要将 LRU 链首元素取出，先看其是否置了"脏"位，如已置，则将它的内容写回磁盘；最后，清空内容，将它分配给新的数据块。

当使用完缓冲区，将它的 b_count 域减 1，如果 b_count 变为 0，则将它放在某个 LRU 链尾，表示该缓冲区已可以重新利用。

本小节介绍了页和块缓存，9.3.3 小节将对节点和目录缓存进行介绍。

9.3.3 节点和目录缓存

1. dentry cache(dcache)

为了提高目录项对象的处理效率，Linux 设计并实现了目录项高速缓存（dentry cache，dcache），它主要由两个数据结构组成：

① 哈希链表（dentry_hashtable）：dcache 中的所有 dentry 对象都通过 d_hash 指针域链入相应的 dentry 哈希链表中。

② 未使用的 dentry 对象链表（dentry_unused）：dcache 中所有处于 unused 状态和 negative 状态的 dentry 对象都可以通过其 d_lru 指针域链入 dentry_unused 链表中。该链表也称为 LRU 链表。

简言之，dcache 是 dentry 对象的 cache，dcache 用来把路径转换为索引节点。

每个 dentry 对象都属于下列几种状态之一：

① 未使用（unused）状态：该 dentry 对象的引用计数 d_count 的值为 0，但其 d_inode 指针仍然指向相关的索引节点。该目录项仍然包含有效的信息，只是当前没有被引用。这种 dentry 对象在回收内存时可能会被释放。

② 正在使用（inuse）状态：处于该状态下的 dentry 对象的引用计数 d_count 大于 0，且其 d

_inode 指向相关的 inode 对象。这种 dentry 对象不能被释放。

③ 负(negative)状态:与目录项相关的 inode 对象不复存在,相应的磁盘索引节点可能已经被删除,dentry 对象的 d_inode 指针为 NULL。但这种 dentry 对象仍然保存在 dcache 中,以便后续能够快速完成对同一文件名的查找。这种 dentry 对象在回收内存时将首先被释放。

目录项高速缓存 dcache 是索引节点缓存 inode cache 的主控器(master),即 dcache 中的 dentry 对象控制着 inode cache 中的 inode 对象的生命期转换。无论何时,只要有一个目录项对象存在于 dcache 中(非 negative 状态),则相应的 inode 就将总是存在,因为 inode 的引用计数 i_count 总是大于 0。当 dcache 中的一个 dentry 被释放时,针对相应 inode 对象的 iput()方法就会被调用。

dentry 缓存的目的是减少对慢速磁盘的访问,每当 VFS 文件系统对底层的数据进行访问时,都会将访问的结果缓存下来,保存成一个 dentry 对象。而且 dentry 对象的组织与管理是和 inode 缓存极其相似的,其也有一个 hash 表和一个 lru 队列。而且当内存压力较大时,dentry 也会调用 prune_dcache 来企图释放 lru 中优先级较低的 dentry 项。

2. inode cache

inode cache 是 inode 对象的 cache,inode cache 表示文件系统中的文件或者目录。

我们已知 Linux 文件储存在 block 中,它还必须找到一个储存文件的元信息,例如,文件的创建者、创建日期、文件大小等等。这种储存文件元信息的区域就是 inode。

inode 包含以下几种文件的属性信息:文件的字节数;文件拥有者的 id;文件所属组 id;文件的读写执行权限;文件的时间戳,包括文件内容上一次变动时间、文件上一次打开时间;链接数,即有多少个文件指向这个 inode;文件数据块的位置等。

inode 也会消耗硬盘空间,所以硬盘格式化的时候,操作系统自动将硬盘划分为两个区域。一个是数据区,用于存放文件数据;另一个是 inode 区(inode table),用于存放 inode 所包含的信息。

正因如此,作为 inode 对象的 cache,inode cache 很重要。

要了解 inode cache 与 dcahce 二者的区别,关键要理解 inode 是不需要维护目录的关系的,但是 dentry 需要,因此,dentry 的组织要比 inode 复杂。

3. address_space 对象

address_space 是一个嵌入在页所有者的索引节点对象中的数据结构。高速缓存中的许多页可能属于同一个所有者,从而可能被链接到同一个 address_space 对象。其中,所有者(host)是 address_space 对象的第一个字段,每一个 host 可以认为是一个 inode 指向的文件,也就是一个具体的文件,它对应着一个 address_space 对象,页高速缓存中的多个页,可能属于一个所有者,可以链接到一个 address_space 对象。

一个页(page)和一个 address_space 之间产生关联的源代码在 include/linux/fs.h 中,部分代码片段如下:

```
struct address_space {
    struct inode      * host;       //所有者 inode 或块设备
    struct radix_tree_root   page_tree;    //所有页的基数树
    spinlock_t        tree_lock;    /* and lock protecting it */
    atomic_t          i_mmap_writable;   //VM_SHARED 映射的计数
    struct rb_root    i_mmap;       //私有和共享映射的树
```

```
    struct rw_semaphore    i_mmap_rwsem;     //变化树 计数 列表
    unsigned long    nrpages;    //页的总数
    pgoff_t         writeback_index;    //回写由此开始
    const struct address_space_operations * a_ops;    //方法,即地址空间操作
    unsigned long    flags;    //错误标志位/gfp 掩码
    ...
}
```

下面我们对索引节点、页和页缓存之间的关系进行分析。

首先,一个 inode 节点对象与一个 address_space 对象相对应。其中指向相应的 address_space 对象的是 inode 节点对象的 i_mapping 和 i_data 字段,而指向相应的 inode 节点对象的是 address_space 对象的 host 字段。

其次,每个 address_space 对象均有一棵基树与之对应。二者之间通过 address_space 对象中的 page_tree 字段发生联系,指向该 address_space 对象相应的基树。

最后,通常一个 inode 节点对象对应的文件,或者是块设备,都会包含多个页面的内容,所以一个 inode 对象会与多个 page 描述符相对应。我们可以在该文件相应的基树中找到同一个文件拥有的所有 page 描述符,它们之间的关系如图 9-17 所示。

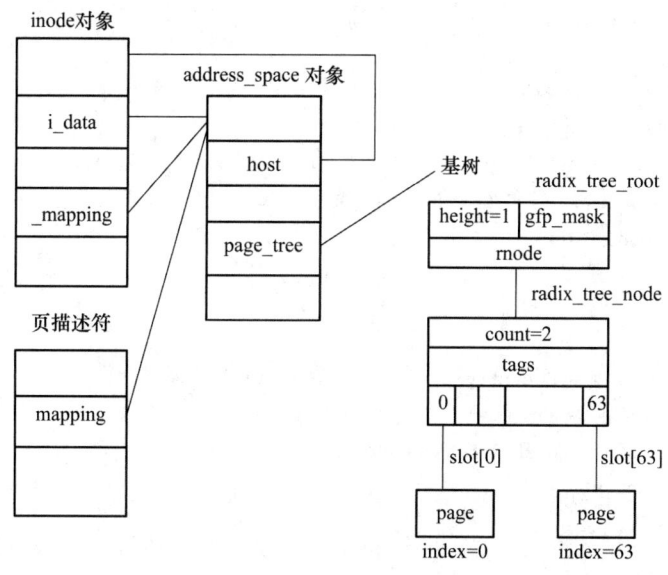

图 9-17 索引节点、页和页缓存之间的关系

9.4 文件系统的查找和读写

9.4.1 文件查找过程

本小节我们通过对文件的查找过程,来了解内核相关部分源码是如何实现的。

操作系统内核

1. 查找过程的内核实现

打开文件的核心是查找,通常内核将查找过程分为两部分:

① 查找根目录信息:为获取之后循环查找的起始位置,我们需要先判断该起始位置是系统根目录还是当前工作目录,此处的位置含义是具体的文件系统挂载位置,如从哪个目录开始等。

② 循环查找后续各路径分量:从起始位置出发,循环查找后续各路径分量。

查找过程的内核实现比较复杂,涉及不少 cache 技术。do_lookup 是查找涉及的关键接口,do_lookup 的部分源码如下:

```
static int do_lookup(struct nameidata * nd, struct qstr * name, struct path * path)
{
    struct vfsmount * mnt = nd->path.mnt;
    struct dentry * dentry = __d_lookup(nd->path.dentry, name);    //查找 name 对应的 dentry

    if (! dentry)        //dentry 不存在,跳转至 need_lookup
        goto need_lookup;
    //如果底层文件系统中定义了 d_revalidate 函数,则要判断目录项是否有效,
    //以保证一致性,该函数是针对于网络文件系统存在的
    if (dentry->d_op && dentry->d_op->d_revalidate)
        goto need_revalidate;
done:
    path->mnt = mnt;
    path->dentry = dentry;
    //这里由于 path 往下走了一层,因此要调用__follow_mount()判断 dentry 对应
    //的目录下是否挂载了其他的文件系统,以保证对应的 mnt 是正确的
    __follow_mount(path);
    return 0;

need_lookup:
    //没有找到 name 对应的 dentry,则要创建新的 dentry 并从磁盘中
    //读取数据保存在 dentry 中
    dentry = real_lookup(nd->path.dentry, name, nd);
    if (IS_ERR(dentry))
        goto fail;
    goto done;

need_revalidate:
    dentry = do_revalidate(dentry, nd);
    if (! dentry)
        goto need_lookup;
    if (IS_ERR(dentry))
        goto fail;
    goto done;
fail:
    return PTR_ERR(dentry);
}
```

简单来讲,查找的主要过程如下:

首先,在 dentry cache 中查找相应的 dentry。若找到,则直接返回;若没有找到,则必须去底层文件系统,查找相应的 dentry。

其次,调用底层文件系统相应的 inode_operations 操作集的 lookup 函数进行查找,然后在 inode cache 中查找是否存在相应的 inode。如果有,则返回;如果没有,则必须去更底层的磁盘查找相应的 inode 信息。

最后,在去磁盘查找 inode 信息时应先去 buffer cache 层查找相应的块。如果有相应的块存在,则从相应的 buffer cache 中提取 inode 信息,并将其转化为相应的文件系统的 inode 结构。

由于块设备速度较慢,查出与某个文件名相关联的 inode 信息可能耗时较长,为此需要引入 dentry cache 来配合。

前面介绍过,这个缓存的组织包括一个散列表,包含了全部活动的 dentry 对象,散列表由 dentry_hashtable 组织,通过 d_hash 字段 dentry 链接加入散列表中;一个 LRU 链表,在 dentry 结构体中由 d_lru 链表组织。

目录项缓存中的查找包括:首先缓存由 d_hash 来计算散列值,通过值相应的索引,从其 dentry_hashtable 中查找相关的队列;其次再从队列头部,循环查找相应的 dentry,也就是先从哈希表中查找,然后从 LRU 表中查找。

为了加速查找,引入了索引节点缓存(inode cache),由 inode_hashtable 组织索引节点缓存。

2. 从磁盘中获取 inode 信息

内核从磁盘获取 inode 信息的方法为首先根据索引节点号,通过计算出其所在块组,得到此块组描述符;然后算出其在块组索引表中的偏移量,并算出相应的块号。

在获取原始 inode 信息时候,需要读取超级块信息,具体实现在 sb_bread 中,其源代码在 fs/ext2/inode.c 中,部分代码片段如下:

```
static struct ext2_inode * ext2_get_inode(struct super_block * sb, ino_t ino,
               struct buffer_head * * p)
{
    struct buffer_head * bh;
    unsigned long block_group;
    unsigned long block;
    unsigned long offset;
    struct ext2_group_desc * gdp;
    * p = NULL;
    if((ino != EXT2_ROOT_INO && ino < EXT2_FIRST_INO(sb)) ||
        ino > le32_to_cpu(EXT2_SB(sb) - > s_es - > s_inodes_count))
        goto Einval;
    block_group = (ino - 1) / EXT2_INODES_PER_GROUP(sb);
    gdp = ext2_get_group_desc(sb, block_group, NULL);
    if(! gdp)
        goto Egdp;
    ...
    return ERR_PTR( - EIO);
}
```

其实现过程如下：

① 首先通过参数，去 buffer cache 组织的 LRU 链表中查找，相关的参数有块设备描述符、块号，以及索引等；

② 如果在 LRU 块高速缓存中查找到缓冲区首部，则返回相应的 buffer_head 类型缓冲区首部；

③ 如果查找不到结果，则需要在页高速缓冲中查找相关数据，如果找到，则返回页高速缓存中，相应块缓存区所对应的缓冲区首部。

本小节简要描述了基于缓冲区的查找过程。当应用程序打开某个文件时，首先，我们需要查找发现这个文件；其次，在查找过程中，目录项缓存可以加快文件路径名的解析过程，索引节点缓存可加快文件元数据的查找速度，同时数据缓存或页缓存可以加快数据的查找速度；最后，我们将这些数据都通过文件系统传递给块 I/O 层，封装成 I/O 请求给驱动程序，驱动程序最终从设备上存取数据。

9.4.2 文件的读写过程

当用户通过系统调用 write 给文件写数据时，首先涉及的是用户态的 I/O 缓冲区，移动逻辑文件中的写指针，此时还没有发生写入；然后陷入内核态，位于用户态缓冲区的数据被移动到内核缓冲区 page cache。

在绝大多数情况下，内核在读写磁盘时都引用页高速缓存。新页被追加到页高速缓存以满足用户态进程的读请求。如果页不在高速缓存中，新页就被加到高速缓存中，然后用从磁盘读出的数据填充它。如果内存有足够的空闲空间，就让该页在高速缓存（内存）中长期保留，使其他进程再使用该页时不再需要访问磁盘。

同样，在把一页数据写到块设备之前，内核首先检查对应的页是否已经在高速缓存中；如果不在，就要先在其中增加一个新项，并用要写到磁盘中的数据填充该项。

I/O 数据的传送并不是马上开始，而是要延迟几秒之后才对磁盘进行更新，从而使进程有机会对要写入磁盘的数据做进一步的修改，也就是内核执行延迟的写操作，以便对磁盘 IO 进行寻道优化等。

页高速缓存中缓存的最小单元就是内存页，但是此内存页对应的数据不仅仅是文件系统的数据，可以是任何基于页的对象，包括各种类型的文件和内存映射。

页高速缓存中缓存的是具体的物理页面，为了有效提高 I/O 性能，页高速缓存需要满足以下条件：能够快速检索需要的内存页是否存在，能够快速定位脏页面，尽量减少页高速缓存被并发访问时并发锁带来的性能损失。

下面通过一个例子介绍文件读取的过程。

1. 读取文件

如图 9-18 所示，假设某个进程 reader 要读取某个 my.dat 文件，产生的实际步骤如下：

第一步：reader 进程向内核发起读 my.dat 文件的请求，如图 9-18(a)所示。

第二步：内核根据 my.dat 的 inode 找到相应的 address_space，紧接着在 address_space 中查找页缓存，若没有发现，就分配一个内存页 page 添加到页缓存，如图 9-18(b)所示。

第三步：进行第一次复制，也就是从磁盘中读取 my.dat 文件相应的页，填充页缓存中的页，如图 9-18(c)所示。

第四步：进行第二次复制，也就是将页缓存中页的内容复制到 reader 进程的堆空间内存中,如图 9-18(d)所示。

最后的物理内存中存在两份同一个文件 my.dat 的内容拷贝,也就是页缓存和用户进程堆空间对应的物理内存空间都各有一份 my.dat 的内容拷贝。

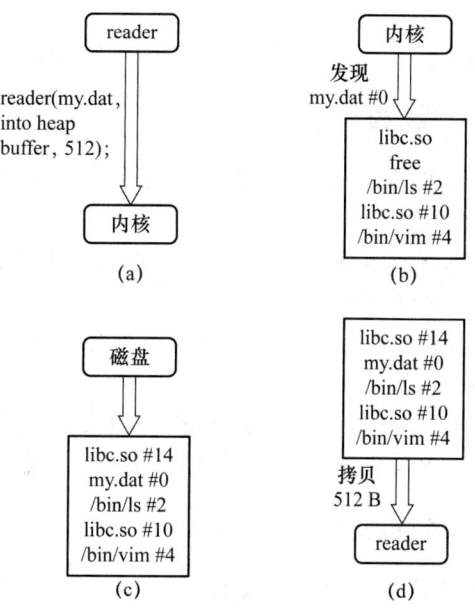

图 9-18　一个读取文件的样例

2. 写入文件

从内核的角度来看,写文件对应的系统调用服务例程为 sys_write。这与读取的函数处理流程相似,只是将对应函数中的 read 改为了 write。对于写操作,Linux 也采用了缓存技术,相关的缓存流程请参考 9.3 节的相关内容。

但要注意,此处的缓存跟文件读取用到的有些不一样,具体为什么不一样,请大家结合 9.3 节的内容进行思考。

3. 脏页写回

考虑文件写入的时候,数据页也许只是某块数据发生了部分变化,所以写的过程结合了块缓冲技术,如果发现了脏页,那么只将发生写入的脏块部分写回磁盘,如图 9-19 所示。

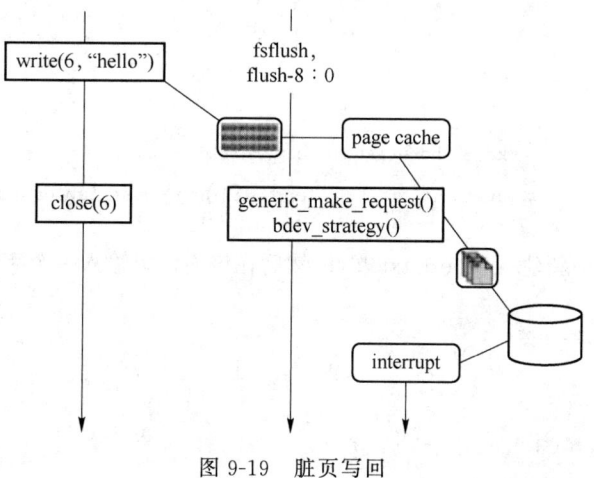

图 9-19　脏页写回

9.5 文件系统查看实验

本节实验将实现文件系统的查看，方便大家熟悉文件系统中的 inode、块号等概念。

9.5.1 文件系统查看流程

使用 dd 命令创建磁盘文件 file.img 并将其格式化为 ext2 文件系统，然后通过 mout 命令将其挂载到 Linux 主机文件系统。

① 查看文件系统的信息，例如，数据块的数量、数据块的大小、inode 个数、空闲数据块的数量等信息，并画出文件系统的布局图。

② 在文件系统中创建文件 a.txt，写入一些数据。查看 a.txt 文件的 inode 编号，统计 a.txt 文件占用了哪几个数据块。

③ 使用 dd 或 hexdump 命令导出 file.img 磁盘文件的二进制数据并且分析超级块。大家可以对照 Linux 内核中的 ext2_super_block 数据结构来分析磁盘文件的二进制数据。

9.5.2 创建、挂载和分析文件

本小节使用 dd 命令创建一个 ext2.img 文件：

```
/home/lab466/bupt      # cd /home/lab466/bupt
/home/lab466/bupt      # dd if = /dev/zero of = ext2.img bs = 4K count = 64
64 + 0 records in
64 + 0 records out
262144 bytes (262 kB, 256 KiB) copied, 0.0176809 s, 14.8 MB/s
```

格式化：

```
/home/lab466/bupt      # mkfs.ext2 ext2.img
mke2fs 1.45.0
Discarding device blocks: done
Creating filesystem with 256 1k blocks and 32 inodes
......
```

挂载该文件系统：

```
/home/lab466/bupt      # mkdir /home/lab466/bupt/ext2
/home/lab466/bupt      # mount - t ext2 - o loop ext2.img /home/lab466/bupt/ext2
```

在 ext2 文件系统中新建一个 test.txt 文件，然后在该文件里输入一个字符串"I am bupt"。

```
cd /home/lab466/bupt/ext2
vi test.txt
I am bupt
cd ..
```

完成上述准备工作之后,分析这个文件系统。首先,我们使用 dumpe2fs ext2.img 命令来查看这个 ext2.img 文件系统的布局情况,如图 9-20 所示。

```
root@ubuntu:/home/lab466/bupt# dumpe2fs ext2.img
Filesystem volume name:    <none>
Last mounted on:           /home/lab466/bupt/ext2
Filesystem flags:          signed_directory_hash
Default mount options:     user_xattr acl
Filesystem state:          not clean
Errors behavior:           Continue
Filesystem OS type:        Linux
Inode count:               32
Block count:               256
Reserved block count:      12
Free blocks:               233
Free inodes:               21
First block:               1
Block size:                1024
```

图 9-20 ext2.img 文件系统的布局

9.5.3 分析超级块信息和 inode 表

1. 分析超级块信息

本小节使用 dd 命令来读取 ext2.img 的内容,其中:

① bs:设置读入/输出的块大小为多少个字节。
② count:读取多少个块数据。
③ skip:从输入文件开头跳过多少个块后再开始读取数据。

首先分析第 0 个数据块,它通常是引导块,暂时没有用来存储数据,里面全是数据 0,我们可以使用 dd 命令来查看它。

dd if = ext2.img bs = 1 count = 1024 skip = 0 | od − t x1 − Ax

接下来分析超级块的内容:

dd if = ext2.img bs = 1 count = 1024 skip = 1024 | od − t x1 − Ax

分析内容如图 9-21 所示。

```
root@ubuntu:/home/lab466/bupt# dd if=ext2.img bs=1 count=1024
 skip=0 | od -t x1 -Ax
1024+0 records in
1024+0 records out
1024 bytes (1.0 kB, 1.0 KiB) copied, 0.00601407 s, 170 kB/s
000000 00 00 00 00 00 00 00 00 00 00 00 00 00 00 00 00
*
000400
root@ubuntu:/home/lab466/bupt# dd if=ext2.img bs=1 count=1024
 skip=1024 | od -t x1 -Ax
1024+0 records in
1024+0 records out
000000 20 00 00 00 00 01 00 00 0c 00 00 00 e9 00 00 00
000010 15 00 00 00 01 00 00 00 00 00 00 00 00 00 00 00
000020 00 20 00 00 00 20 00 00 00 20 00 00 02 f5 6c 66
000030 02 f5 6c 66 01 00 ff ff 53 ef 00 00 01 00 00 00
```

图 9-21 超级块信息

2. 分析 inode 表

inode 表在第 5 个数据块，一共有 4 个数据块存储 inode 表。ext2 文件系统使用 struct ext2_inode 数据结构来表示一个 inode 节点，其中 struct ext2_inode 数据结构的大小为 128 B。

那为什么要使用 4 个数据块来存储 inode 表呢？

ext2 文件系统最多支持 32 个 inode 节点，那么 $128 \times 32 = 4\ 096$，正好是 4 个数据块。

接下来需要通过 stat 命令来确定 test.txt 的 inode 节点号。

进入 ext2 目录：

```
cd /home/lab466/bupt/ext2
```

使用 stat 命令来查看 test.txt，结果如图 9-22 所示。

```
root@ubuntu:/home/lab466/bupt/ext2# stat test.txt
  File: test.txt
  Size: 10              Blocks: 2          IO Block: 1024
  regular file
Device: 718h/1816d      Inode: 14          Links: 1
Access: (0644/-rw-r--r--)  Uid: (    0/    root)   Gid: (
    0/    root)
Access: 2024-06-15 10:00:25.000000000 +0800
Modify: 2024-06-15 10:00:25.000000000 +0800
Change: 2024-06-15 10:00:25.000000000 +0800
```

图 9-22 stat 命令查看的结果

从 stat 命令可以看出，test.txt 使用的 inode 节点号为 14。那么，需要读取第 14 个 inode 节点的 struct ext2_inode 数据结构的内容。

第 14 个 inode 节点在 inode 表的位置的计算公式如下：

$$(14 - 1) \times 128 = 1\ 664$$
$$1\ 664 - 1\ 024 = 640 = 0x280$$

所以，第 14 个 inode 节点位于 inode 表中第二个数据块的 0x280 地址处。

返回上级目录：

```
cd ..
```

使用 dd if=ext2.img bs=1024 count=1 skip=6 | od -t x -Ax 命令来读取第 6 个数据块的内容，如图 9-23 所示。

那么从地址 0x280 处开始的数据就是第 14 号 inode 节点的内容了。

ext2 文件系统采用直接和间接索引的方式来索引数据块，i_block 数组是位于 struct ext2_inode 数据结构中第 40 个字节开始的地方。

可知，$0x280 + 40 = 0x2a8$，也就是说 i_block 数组存储在 0x2a8 地址处，这个值为 0x1b，即 31，test.txt 数据存储在第 27 个数据块中。

通过使用 dd if=ext2.img bs=1024 count=1 skip=27 | od -t c -Ax 命令，我们发现 "I am bupt" 字符串果然存储在第 27 个数据块中，如图 9-24 所示。

该实验完成了对 ext2 文件系统的静态分析和动态分析，我们相信该实验会对大家理解文件系统有帮助。

```
root@ubuntu:/home/lab466/bupt# dd if=ext2.img bs=1024 count
=1 skip=6 | od -t x -Ax
000000 00000000 00000000 00000000 00000000
*
000100 000041c0 00003000 666cf4f1 666cf4f1
1+0 records in
1+0 records out
000110 666cf4f1 00000000 00020000 00000018
1024 bytes (1.0 kB, 1.0 KiB) copied, 0.00178664 s, 573 kB/s
000120 00000000 00000000 0000000a 0000000b
000130 0000000c 0000000d 0000000e 0000000f
000140 00000010 00000011 00000012 00000013
000150 00000014 00000015 00000000 00000000
000160 00000000 00000000 00000000 00000000
*
000180 00008180 00000000 666cf5af 666cf5bb
000190 666cf5bb 666cf5bb 00000000 00000000
0001a0 00000000 00000001 00000000 00000000
0001b0 00000000 00000000 00000000 00000000
*
0001e0 00000000 6a6afca9 00000000 00000000
0001f0 00000000 00000000 00000000 00000000
000200 00008180 00000000 666cf5af 666cf5af
000210 666cf5af 666cf5af 00000000 00000000
000220 00000000 00000001 00000000 00000000
000230 00000000 00000000 00000000 00000000
```

图 9-23　第 6 个数据块的内容

```
root@ubuntu:/home/lab466/bupt# dd if=ext2.img bs=1024 count=1 skip=2
7 | od -t c -Ax
1+0 records in
1+0 records out
1024 bytes (1.0 kB, 1.0 KiB) copied, 0.000167738 s, 6.1 MB/s000000
   I       a   m       b   u   p   t  \n  \0  \0  \0  \0  \0  \0
000010  \0  \0  \0  \0  \0  \0  \0  \0  \0  \0  \0  \0  \0  \0  \0
 \0
*
000400
```

图 9-24　发现"I am bupt"字符串

课 程 思 政

增强集体意识和团队精神

　　国内 Linux 系统的发展与国际上 Linux 系统的市场占有情况密切相关。

　　随着大数据与云计算等前沿技术的快速发展,越来越多的互联网公司开始构建自主控制与维护的云计算平台。具有开源与跨平台等属性的 Linux 系统搭配采用 Arm64 芯片的计算平台,成为这些互联网公司的首选技术方案。与此同时,Linux 服务器端解决方案通过互联网企业迅速应用到了大数据与云计算的市场环境中。

　　但是,互联网企业使用 Linux 服务器端时,并未因采用 Linux 系统而形成典型的操作系统销售市场,专业的 Linux 系统厂商在服务器市场中还未形成较大的市场影响力。

　　目前,国内海量的应用软件都是基于 Windows 系统的,因为该系统用户学习成本低、熟练程度高;而针对 Linux 系统,存在用户熟练程度低、对专业技术支持团队的依赖程度高、使用和维护成本高等问题。

为了更好、更快地解决上述问题,国产操作系统亟须建立顺畅的产品服务情况与用户使用预期的沟通渠道,通过了解并满足用户对操作系统在使用、维护等方面的多种需求,提升国产(基于 Linux 系统进行二次开发的)操作系统的整体性能。同时,国产操作系统亟须确定一个兼具稳定性和一致性的开发接口,以使开发 Linux 系统应用软件的代码可以跨平台落地,形成基于较为成熟的国产操作系统的产业氛围。

操作系统的自主可控是网络强国的关键基石,在操作系统国产化的过程中,我们一定要增强集体意识和团队精神,努力奋进。

课后练习题

1. 请简述虚拟文件系统(virtual file system,VFS)的作用。
2. Linux 目前支持几十种文件系统类型,请举例说明几种最常见的文件系统类型。
3. 请简述扇区(sector)、块(block)的概念,以及它们之间的关系。
4. Linux 文件系统的索引节点是什么,请简述。
5. 请简述超级块的数据结构。
6. Linux 文件系统引入目录项的概念主要出于什么目的?
7. 请简述现代操作系统中的缓冲区(buffer)技术。
8. 请简述 buffer 和 cache 有何不同?
9. 请简述某个文件的读取过程?

第 10 章 设 备 驱 动

Linux 设备驱动是一类特殊的系统软件,通常专为特定的硬件设备设计,其内核可以通过设备驱动与硬件设备通信,而无须了解硬件的具体工作细节,在硬件设备以及使用该硬件设备的程序或者操作系统之间担任中介。本章主要介绍设备驱动,包括设备驱动概述、I/O 空间管理、设备驱动模型、字符设备驱动程序、块设备驱动程序,并进行了字符设备编写实验。

10.1 设备驱动概述

10.1.1 设备驱动程序

计算机系统中存在着各种不同类型的硬件设备,例如,打印机、显示器、网卡等。这些设备通常由不同的制造商生产,因而其工作原理和通信协议也可能各不相同。

操作系统为实现与这些硬件设备的协作,需要提供一个标准的接口作为一个中间层来处理与硬件交互的细节,供操作系统和应用程序使用,这就是设备驱动程序的作用。

应用程序通过操作系统调用到驱动程序,从而实现硬件操控,所以驱动程序中必然是操作硬件的具体细节代码。

相较于其他硬件设备,文件系统对设备的操作更简单方便,适应用户日常操作习惯。也就是说,文件系统相较于硬件设备是一种逻辑意义上的存在。

我们通过对文件的操作实现对设备的抽象操作,与之对应,设备的操作又是对文件操作的实现。设备驱动程序承担起便捷的媒介作用,使某个特定硬件响应一个定义良好的内部编程接口,这些操作完全隐藏了设备的工作细节。用户的操作通过一组标准化的调用执行,而这些调用独立于特定的驱动程序。将这些调用映射到作用于实际硬件的设备特有操作上则是设备驱动程序的任务。

也就是说,设备驱动程序的作用在于提供机制(需要提供什么功能,What can do),而不在于提供策略(这些功能怎么使用,How to do)。驱动程序本质上是一段软件代码,用户通过设备驱动可以像操作文件一样控制设备,如图 10-1 所示。

1. 硬件设备和操作系统的桥梁

在 Linux 内核中,驱动程序建立了硬件设备与操作系统之间联系的沟通媒介,使得操作系统可以直接使用通用接口调用,而无须关心硬件设备的底层细节。驱动程序通过向操作系统提供标准的命令和函数,使得应用程序可以方便地与硬件设备进行交互。

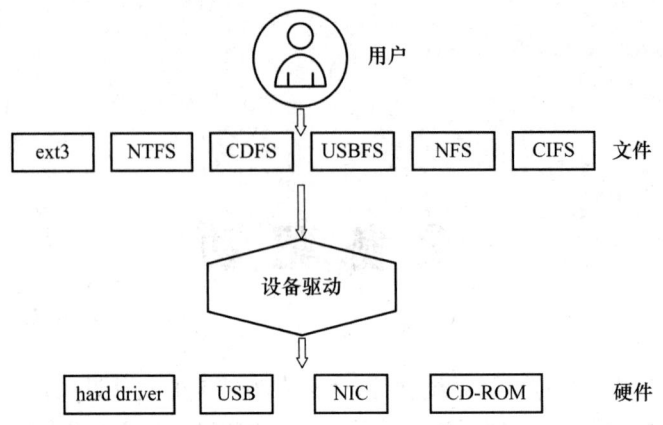

图 10-1　用户、文件、设备及硬件关系

在 Linux 系统中,驱动程序是内核的一部分,它们以模块的形式存在。内核模块是一种可以在运行时加载和卸载的代码,它允许将驱动程序动态地添加到内核中。

Linux 驱动程序通常由一系列的回调函数组成,这些函数定义了驱动程序与内核之间的接口,如图 10-2 所示。

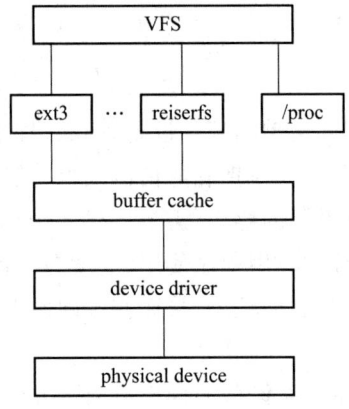

图 10-2　设备驱动与硬件和 OS 的关系

2. 设备驱动程序的作用

如前所述,设备驱动程序建立了操作系统和硬件设备之间的沟通桥梁,负责将操作系统的指令转化为硬件可以理解和执行的命令,使得操作系统能够与硬件设备良好地配合工作,提供了对硬件的控制和访问能力。设备驱动程序的重要作用在于:

(1) 与操作系统交互

设备驱动程序可以与操作系统内核进行交互,以便操作系统能够识别和使用设备,方便用户对硬件设备,包括设备的寄存器、端口、中断等进行设置。

(2) 控制硬件设备

设备驱动程序负责数据在设备和操作系统之间的传输,可以控制硬件设备的操作,包括读取设备数据到内存和从内存向设备写入数据,例如,发送指令、接收数据等。

(3) 管理设备资源

设备驱动程序提供了对设备的管理和控制功能,可以为多个应用程序提供对设备的访问和管理设备资源的分配,如打开和关闭设备、配置设备参数以及维护设备状态等。

(4)提供错误处理

设备驱动程序负责检测设备错误,并采取相应的措施。它可以识别硬件故障、错误状态和异常情况,并向操作系统报告或采取纠正措施。

设备驱动程序的质量和性能直接影响设备的稳定性和功能实现。因此,编写高质量的设备驱动程序是保证设备正常运行和提供良好用户体验的关键之一。

10.1.2 设备驱动的分层

在 Linux 操作系统中,设备归属文件系统管理,也就是说设备文件可以被文件系统调用,设备都有相应的文件名,在内核中也有与之相对应的索引节点。

从进程角度来看,设备文件的逻辑层面是一个线性空间,故其可以按照线性空间的方法进行地址的操作。当进程需要访问具体设备的磁盘的磁道、扇区等物理层面时,内核会提供相关的映射,这个映射还能进一步划分。

在分层设计的时候,Linux 内核大量使用了面向对象的设计思想。在面向对象的程序设计中,内核可以为某一类相似的事物定义一个基类,而具体的事物可以继承这个基类中的函数。

如果对于继承的这个事物而言,某成员函数的实现与基类一致,那它就可以直接继承基类的函数;相反,它也可以重载(overriding),对父类的函数进行重新定义。

若子类中的方法与父类中的某方法具有相同的方法名、返回类型和参数表,则新方法将覆盖原有的方法。这种面向对象的多态设计思想极大地提高了代码的可重用性,是对现实世界中事物之间关系的一种良好呈现。

在驱动程序设计上,Linux 内核基于面向对象思想,为同类的设备设计了一个框架,而框架中的核心层则实现了该设备通用的一些功能。

为此,Linux 设备驱动框架大量引入了分层的思想,也就是说设备驱动是分层的。这样,就可以把一个系统划分为用户程序所在的应用层、文件系统和设备驱动层等多个层次,如图10-3所示。

分层后,通过底层的抽象,可以将具体的磁道、扇区等物理信息进行隐藏,使用户无须了解读写中的相应位置的细节。

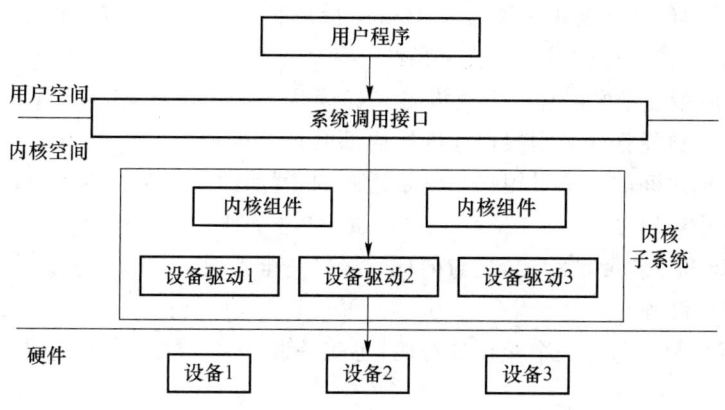

图 10-3 设备驱动分层及抽象

中间层的抽象可以对相应的逻辑块信息进行隐藏，无须用户了解相关读写内容的细节，如图 10-3 所示。

与文件用唯一的索引节点标识相似，一个物理设备也用唯一的索引节点标识，索引节点中记载着与特定设备建立连接所需的信息。

一个字符设备或者块设备都有一个主设备号和次设备号。主设备号和次设备号统称为设备号。

主设备号用来表示一个特定的驱动程序。主设备号和控制这类设备的驱动是一一对应的。也就是说，主设备号告诉 Linux 内核使用哪一个驱动程序为该设备（/dev 下的设备文件）服务。

次设备号用来表示使用该驱动程序的某设备，也就是次设备号用来标识具体且唯一的某个设备。

在同一个系统中，一类设备的主设备号是唯一的，例如，磁盘类。次设备号只在驱动程序内部使用，系统内核直接把次设备号传递给应用程序，由驱动程序管理。

简言之，主设备号用来区分不同种类的设备，而次设备号用来区分同一类型的多个设备。

为了保证驱动程序的通用性，避免驱动程序移植过程中出现主设备号冲突，系统为设备编了号，每个设备号又分为主设备号和次设备号。

对于常用设备，Linux 有约定俗成的编号，可以通过索引节点，主设备号＋次设备号来标识一个设备。

10.1.3　设备的分类

以 Linux 的方式看待设备，可将其分为 3 种基本设备类型，每个设备常常实现 3 种类型中的某一种。因此，设备可分类为字符设备、块设备、网络设备。

（1）字符设备

字符设备如同一个文件，是可以被当作字节流来存取的设备，负责实现这种行为的就是字符驱动模块。这样的驱动模块至少要实现打开、关闭、读和写等系统调用。文本控制台（/dev/console）和串口（/dev/ttyS0 及其他）是字符设备的例子，因为它们很好地展现了流的抽象。字符设备通过文件系统节点来存取，例如，/dev/tty1 和 /dev/lp0。

（2）块设备

同字符设备一样，块设备也是通过位于 /dev 目录的文件系统节点来存取的。一个块设备（例如，一个磁盘）应该可以驻有一个文件系统。

Linux 允许应用程序像读写一个块设备一样读写一个字符设备，它允许一次传送任意数目的字节。块和字符设备的区别仅仅在内核内部管理数据的方式以及内核/驱动的软件接口上有所不同。它们之间的区别对用户来说是透明的，就如同一个字符设备，每个块设备都通过一个文件系统节点存取。

注意：块驱动和字符驱动相比，其与内核的接口完全不同。

（3）网络接口设备

任何网络事务都是通过一个接口进行的，也就是说，该接口是一个能够与其他主机交换数据的设备。

通常，接口是硬件设备，但是它也可能是一个纯粹的软件设备，例如，回环接口。一个网络接口负责发送和接收数据报文，在内核网络子系统的驱动下，用户不必知道单个事务是如何映射到实际的被发送的报文上的。很多网络连接是面向流的,例如,使用 TCP 的网络连接。但是网络设备却常常被设计成处理报文的发送和接收。网络驱动对单个连接一无所知,它只处理报文。

本小节将重点讨论字符和块设备。

建立设备文件的方式有两种,分别为手动创建和自动创建。

(1) 手动创建设备文件:mknod

在驱动程序 insmod 成功之后,通过 mknod 命令手动创建设备文件至/dev 目录下,例如,mknod/dev/mydev c 111 22,其中,111 表示主设备号,22 表示次设备号,c 表示字符设备,b 表示块设备,p 表示网络设备。

(2) 自动创建设备文件:mdev

在设备驱动注册到系统后,调用 class_create 为该设备在/sys/class 目录下创建一个设备类,再调用 device_create 函数为每个设备创建对应的设备,并通过 uevent 机制调用 mdev(嵌入式 Linux 由 busybox 提供)来调用 mknod 将设备文件创建至/dev 目录下。

10.2 I/O 空间管理

10.2.1 设备控制器

设备控制器是计算机中的一个重要组件,主要负责控制一个或多个输入/输出(I/O)设备,以实现 I/O 设备和计算机之间的数据交换。它是 CPU 与 I/O 设备之间的接口,接收从 CPU 发来的命令,并控制 I/O 设备工作,从而使处理机从繁杂的设备控制事务中解脱出来。

设备控制器的组成包括 3 部分,如图 10-4 所示。

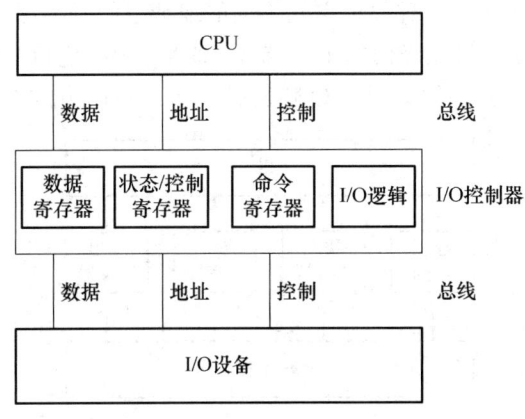

图 10-4 设备控制器组成图

(1) 设备控制器与处理机的接口

设备控制器与处理机的接口用于实现 CPU 与设备控制器之间的通信。共有 3 类信号线:数据线、地址线和控制线。数据线通常与两类寄存器相连接。一类是数据寄存器,在控制器中可以有一个或多个数据寄存器,用于存放从设备送来的输入数据或从 CPU 送来的输出数据;另一类是控制/状态寄存器,在控制器中可以有一个或多个这类寄存器,用于存放从 CPU 送来的控制信息或设备的状态信息。

(2) 设备控制器与设备的接口

一个设备控制器可以连接一个或多个设备。相应地,控制器便有一个或多个设备接口,一个接口连接一台设备。在每个接口中都存在数据、控制和状态 3 种类型的信号。控制器中的 I/O 逻辑根据处理机发来的地址信号选择一个设备接口。

(3) I/O 逻辑

在设备控制器中的 I/O 逻辑用于实现对设备的控制。它通过一组控制线与处理机交互,处理机利用该逻辑向控制器发送 I/O 命令,I/O 逻辑对收到的命令进行译码。每当 CPU 要启动一个设备时,一方面系统将启动命令发送给控制器;另一方面又同时通过地址线把地址发送给控制器,由控制器的 I/O 逻辑对收到的地址进行译码,再根据译出的命令对所选设备进行控制。

10.2.2 内存映射和 I/O 映射

在介绍内存映射和 I/O 映射之前,我们先分析一下不同 CPU 体系结构地址空间之间的区别。

有些体系结构的 CPU 通常只实现一个物理地址空间,例如,在 PowerPC 中,外设 I/O 端口的物理地址就被映射到 CPU 的单一物理地址空间中,成为内存的一部分。此时,CPU 可以像访问一个内存单元那样访问外设 I/O 端口,而不需要设立专门的外设 I/O 指令。这就是内存映射(memory-mapped)方式。

而另外一些体系结构的 CPU 则为外设专门实现了一个单独地地址空间,称为 I/O 地址空间或 I/O 端口空间。例如,在 X86 中,设备驱动程序可直接访问外设或其接口卡上的物理电路,通常以寄存器的形式访问。外设寄存器也称为 I/O 端口,通常包括 3 类,分别为控制寄存器、状态寄存器和数据寄存器,也称输入/输出寄存器,如图 10-5 所示。

这是一个与 CPU 的 RAM 物理地址空间不同的地址空间,所有外设的 I/O 端口均在这一空间中进行编址。CPU 通过设立专门的 I/O 指令(如 X86 的 IN 和 OUT 指令)来访问这一空间中的地址单元,即 I/O 端口。这就是 I/O 映射(I/O-mapped)方式。

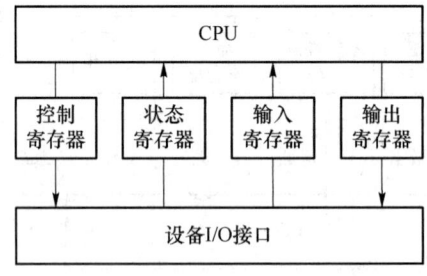

图 10-5 专用 I/O 端口

与物理地址空间 RAM 相比,I/O 地址空间通常都比较小,如 x86CPU 的 I/O 空间就只有 64 KB。这是 I/O 映射方式的一个主要缺点。由此可知,几乎每一种外设都是通过读写设备上的寄存器进行的,设备一般会提供一组寄存器来控制设备、读写设备以及获取设备的状态。

CPU 对外设 I/O 端口物理地址的编址方式有以下两种:

① 内存映射(memory-mapped)方式,若 I/O 空间与内存一起编址,对应的内存空间被称

为 I/O 内存,如图 10-6(a)所示;

② I/O 映射(I/O-mapped)方式,若 I/O 空间单独编址,就位于 I/O 空间,通常被称为 I/O 端口,如图 10-6(b)所示。

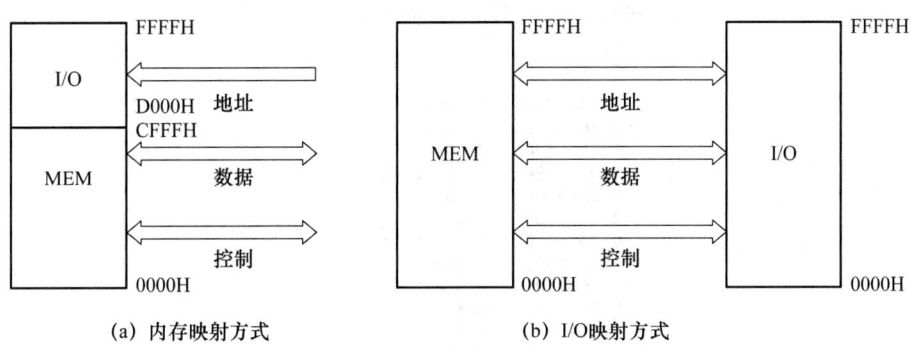

图 10-6　内存映射方式和 I/O 映射方式

1. I/O 端口访问接口

在 Linux 设备驱动中,我们应使用 Linux 内核提供的函数来访问定位于 I/O 空间的端口,这些函数包括如下 6 种。

```
#读写字节端口(8 位)
unsigned inb(unsigned port);
void outb(unsigned char byte, unsigned port);
#读写字端口(16 位)
unsigned inw(unsigned port);
void outw(unsigned short word, unsigned port);
#读写长字端口(32 位)
unsigned inl(unsigned port);
void outl(unsigned longword, unsigned port);
#读写一串字节
void insb(unsigned port, void * addr, unsigned long count);
void outsb(unsigned port, void * addr, unsigned long count);
```

insb()从端口 port 开始读 count 个字节端口,并将读取结果写入 addr 指向的内存;outsb() 将 addr 指向的内存中的 count 个字节连续写入以 port 开始的端口。

```
#读写一串字
void insw(unsigned port, void * addr, unsigned long count);
void outsw(unsigned port, void * addr, unsigned long count);
#读写一串长字
void insl(unsigned port, void * addr, unsigned long count);
void outsl(unsigned port, void * addr, unsigned long count);
```

上述各函数中 I/O 端口号(port)的类型,高度依赖于具体的硬件平台,因此,这里只是写出了 unsigned。

2. 查看本机的 I/O 端口

我们可通过 cat /proc/ioports 来获取设备当前的 I/O 端口号，样例如图 10-7 所示。

```
lab466@ubuntu:~$ cat /proc/ioports
0000-0000 : PCI Bus 0000:00
  0000-0000 : dma1
  0000-0000 : PNP0001:00
    0000-0000 : pic1
  0000-0000 : timer0
  0000-0000 : timer1
  0000-0000 : keyboard
  0000-0000 : PNP0800:00
  0000-0000 : keyboard
  0000-0000 : rtc0
  0000-0000 : dma page reg
  0000-0000 : PNP0001:00
    0000-0000 : pic2
  0000-0000 : dma2
  0000-0000 : fpu
  0000-0000 : 0000:00:07.1
    0000-0000 : ata_piix
  0000-0000 : 0000:00:07.1
    0000-0000 : ata_piix
  0000-0000 : 0000:00:07.1
    0000-0000 : ata_piix
  0000-0000 : vga+
  0000-0000 : 0000:00:07.1
```

图 10-7　当前的 I/O 端口号

3. I/O 内存访问接口

在内核中访问 I/O 内存（这些内存通常对应芯片内部的 I2C、SPI、USB 等控制器的寄存器，或者外部内存总线上的设备）之前，需首先使用 ioremap() 函数将设备所处的物理地址映射到虚拟地址上。ioremap() 的原型如下：

```
void * ioremap(unsigned long offset, unsigned long size);
```

ioremap() 与 vmalloc() 类似，也需要建立新的页表，但是它并不进行 vmalloc() 中所执行的内存分配行为。

ioremap() 返回一个特殊的虚拟地址，该地址可用来存取特定的物理地址范围，这个虚拟地址位于 vmalloc 映射区域。

通过 ioremap() 获得的虚拟地址应该被 iounmap() 函数释放，其原型如下：

```
void iounmap(void * addr);
```

ioremap() 的变体为 devm_ioremap()，类似于其他以 devm_ 开头的函数，通过 devm_ioremap() 进行的映射，通常不需要在驱动退出和出错处理的时候进行 iounmap()。

devm_ioremap() 的原型如下：

```
void __iomem * devm_ioremap(struct device * dev, resource_size_t offset, unsigned long size);
```

在设备的物理地址（一般都是寄存器）被映射到虚拟地址之后，尽管可以直接通过指针访问这些地址，但是 Linux 内核推荐用一组标准的 API 来完成设备内存映射的虚拟地址的读写。

用 readb_relaxed()、readw_relaxed()、readl_relaxed()、readb()、readw()、readl()这一组 API 分别读 8 bit、16 bit、32 bit 的寄存器,没有_relaxed 后缀的版本与有_relaxed 后缀的版本的区别是没有_relaxed 后缀的版本包含一个内存屏障,例如:

```
# define readb(c)    ({ u8  __v = readb_relaxed(c); __iormb(); __v; })
# define readw(c)    ({ u16 __v = readw_relaxed(c); __iormb(); __v; })
# define readl(c)    ({ u32 __v = readl_relaxed(c); __iormb(); __v; })
```

用 writeb_relaxed()、writew_relaxed()、writel_relaxed()、writeb()、writew()、writel()这一组 API 分别写 8 bit、16 bit、32 bit 的寄存器,没有_relaxed 后缀的版本与有_relaxed 后缀的版本的区别是前者包含一个内存屏障,例如:

```
# define writeb(v,c)({ __iowmb(); writeb_relaxed(v,c); })
# define writew(v,c)({ __iowmb(); writew_relaxed(v,c); })
# define writel(v,c)({ __iowmb(); writel_relaxed(v,c); });
```

4. I/O 区域

Linux 将基于 I/O 端口以及基于 I/O 内存的映射方式统称为 I/O 区域(I/O region)。

虽然访问 I/O 端口很简单,但是检测哪些 I/O 端口已经分配给 I/O 设备比较复杂,对基于 ISA 总线的系统来说更是如此。通常,I/O 设备驱动程序为了探测硬件设备,需要随机地向某一 I/O 端口写入数据;但是,如果其他硬件设备已经使用了这个端口,那么系统就会出问题。为了防止这种情况的发生,Linux 设计了一个通用的数据结构 resource,来记录分配给每个硬件设备的 I/O 端口。

在这里,资源表示 I/O 端口地址的一个范围,表示某个实体的一部分,这部分被互斥地分配给设备驱动程序。每个资源对应的信息存放在 resource 数据结构中,以描述各种 I/O 资源。源代码在 include/linux/ioport.h 中,该结构的定义如下:

```
struct resource {
    resource_size_t start;    //资源范围的开始
    resource_size_t end;      //资源范围的结束
    const char * name;        //资源拥有者的名字
    unsigned long flags;      //各种标志
    struct resource * parent, * sibling, * child;    //指向资源树中父、兄以及孩子的指针
};
```

所有的同种资源都插入到一个树型数据结构(父亲、兄弟和孩子)中,例如,表示 I/O 端口地址范围的所有资源都包括在一个根节点为 ioport_resource 的树中。节点的孩子被收集在一个链表中,其第一个元素由 child 指向。sibling 字段指向链表中的下一个节点。

任何设备驱动程序都可以使用下面 3 个函数来申请、分配和释放资源,传递给它们的参数为资源树的根节点和要插入的新资源数据结构的地址。

```
request_resource()     //把一个给定范围分配给一个 I/O 设备
allocate_resource()    //在资源树中寻找一个给定大小和排列方式的可用范围
```

```
//若存在,将这个范围分配给一个I/O设备,主要由PCI设备驱动程序使用
//可以使用任意的端口号和主板上的内存地址对其进行配置
release_resource()          //释放以前分配给I/O设备的给定范围
```

5. request_resource()函数源码分析

下面以函数request_resource()为例,对其执行进行介绍。

request_resource()有两个参数:root 指针,表示要在哪个资源根节点中进行分配;new 指针,指向描述所要分配的资源的 resource 结构。该函数的源代码在 kernel/resource.c 中,部分代码片段如下:

```c
int request_resource(struct resource * root, struct resource * new)
{
    struct resource * conflict;
    write_lock(&resource_lock);
    conflict = __request_resource(root, new);
    write_unlock(&resource_lock);
    return conflict ? - EBUSY : 0;
}
```

上述代码的执行分几步:

第一步,资源锁 resource_lock 对所有资源树进行读写保护,任何代码段在访问某一棵资源树之前都必须先持有该锁。其定义在 kernel/resource.c 中,如下所示:

```c
static rwlock_t resource_lock = RW_LOCK_UNLOCKED;
```

第二步,函数实际上是通过调用内部静态函数__request_resource()来完成实际的资源分配工作。如果该函数返回非空指针,则表示有资源冲突;否则,返回 NULL,表示分配成功。

第三步,如果 conflict 指针为 NULL,则 request_resource()函数返回值 0,表示成功;否则,返回 EBUSY,表示想要分配的资源已被占用。

其中第二步中函数__request_resource()完成实际的资源分配工作。如果参数 new 所描述的资源中的一部分或全部已经被其他节点所占用,则函数返回与 new 冲突的 resource 结构的指针,否则就返回 NULL。

__request_resource 的源代码在 kernel/resource.c 中,部分代码如下:

```c
static struct resource * __request_resource(struct resource * root, struct resource * new)
{
    unsigned long start = new->start;
    unsigned long end = new->end;
    struct resource * tmp, ** p;
    if (end < start)
        return root;
    if (start < root->start)
        return root;
    if (end > root->end)
```

```
        return root;
        p = &root->child;
        for(;;){
            tmp = *p;
            if(!tmp || tmp->start > end){
                new->sibling = tmp;
                *p = new;
                new->parent = root;
                return NULL;
            }
            p = &tmp->sibling;
            if(tmp->end < start)
                continue;
            return tmp;
        }
    }
```

  这段代码的前 3 个 if 语句判断 new 所描述的资源范围是否被包含在 root 内,以及这是否是一段有效的资源。因为 end 必须大于 start,否则就返回 root 指针,表示与根节点相冲突。

  接下来用一个 for 循环遍历根节点 root 的 child 链表,以便检查是否有资源冲突,并将 new 插入 child 链表中的合适位置,child 链表是以 I/O 资源物理地址从低到高的顺序排列的。为此,它用 tmp 指针指向当前正被扫描的 resource 结构,用指针 p 指向前一个 resource 结构的 sibling 指针成员变量,p 的初始值为指向 root->sibling。

  for 循环体的执行步骤如下:

  ① 让 tmp 指向当前正被扫描的 resource 结构(tmp=*p);

  ② 判断 tmp 指针是否为空,如果 tmp 指针为空,则说明指针已经遍历完整的 child 链表,或者当前被扫描节点的起始位置 start 比 new 的结束位置 end 还要大。

  只要②的两个条件之一成立,就说明没有资源冲突,于是就可以把 new 链入 child 链表中。如果上述两个条件都不成立,这说明当前被扫描节点的资源域有可能与 new 相冲突。实际上就是两个闭区间有交集,因此,需要进一步判断。故我们首先修改指针 p,让它指向 tmp->sibling,以便继续扫描 child 链表;然后判断 tmp->end 是否小于 new->start。如果 tmp->end 小于 new->start,则说明当前节点 tmp 和 new 没有资源冲突,因此,执行 continue 语句,继续向下扫描 child 链表;如果 tmp->end 大于或等于 new->start,则说明 tmp->[start,end]和 new->[start,end]之间有交集,所以返回当前节点的指针 tmp,表示发生资源冲突。

  以上是对函数 request_resource()执行源码的详细分析,此处就不一一介绍其他几个函数的源码了。

10.3 设备驱动模型

10.3.1 设备驱动模型的引入

1. 引入 Linux 设备驱动模型的目的

由于 Linux 支持世界上几乎所有的、不同功能的硬件设备，导致 Linux 内核中存在大量的设备驱动代码，而且随着硬件的快速升级换代，设备驱动的代码量也在快速增长。为了降低设备多样性带来的 Linux 驱动开发的复杂度，Linux 内核提出了设备模型（driver model）的概念。

设备驱动模型是 Linux 内核中的一个抽象框架，用于表示和管理系统中的各种硬件设备。这个模型提供了一种统一的方式，使得设备驱动程序能够与内核交互，并能够有效地管理和协调设备的注册、注销、资源分配等操作。

Linux 设备驱动模型的目的是：提供一个对系统结构的一般性抽象描述。Linux 设备模型跟踪所有系统已知的所有设备，以便让设备驱动模型的核心程序协调驱动与新设备之间的关系。

在设备驱动模型中，Linux 使用面向对象里的类进行了一系列抽象，包括总线、类、设备和设备驱动等内容，以提供一个设备管理视图，其主要特点和组成部分包括：

(1) 设备抽象

设备模型引入了通用的设备抽象（device abstraction），使得不同类型的设备都能够通过相同的接口进行管理。每个设备都有一个与之关联的设备结构体（struct device），这个结构体包含了设备的基本信息，如设备名称、设备号、设备类型等。

(2) 分类

在 Linux 设备模型中，分类（class）的概念类似面向对象中的类，它主要是集合具有相似功能或属性的设备，这样就可以抽象出一套数据结构和接口函数，以便应用在多个设备之间。从属于相同类的设备的驱动程序无须重复定义这些公共资源，直接从类中继承即可。

(3) 总线

总线（bus）是 CPU 和一个或多个设备之间进行信息交互的通道。设备模型通过总线的概念来组织设备。总线表示设备的连接方式，例如，PCI 总线、USB 总线等。每个总线都可以包含多个设备，而每个设备都可以有一个或多个子设备。

(4) 设备树

设备树（device tree）是一种描述硬件设备及其关系的数据结构，以便在运行时动态构建设备模型。设备树允许在不修改内核的情况下描述硬件配置，提高了系统的可移植性。

(5) 设备驱动

设备驱动（device driver）程序通过将驱动模型注册到设备模型中与设备进行关联，使得内核能够识别并加载适当的设备驱动程序，以管理特定类型的设备。

(6) 用户空间接口

用户空间（user space）可以通过 sysfs、udev 等接口与设备模型进行交互，从而获取有关设备的信息、配置设备等。这种用户空间接口允许用户和用户空间程序通过文件系统访问设备信息。

（7）热插拔支持

设备模型支持热插拔（hotplug），允许系统在运行时动态地添加或删除设备。当新设备被插入时，设备模型会相应地更新，以便系统能够感知并适当地处理新设备。

总体而言，设备驱动模型提供了一种组织和管理硬件设备的方式，使得设备之间的关系和系统的硬件配置能够被抽象和统一表示如图 10-8 所示。这种抽象化有助于提高内核的可维护性、可移植性，并简化了设备驱动程序的开发。

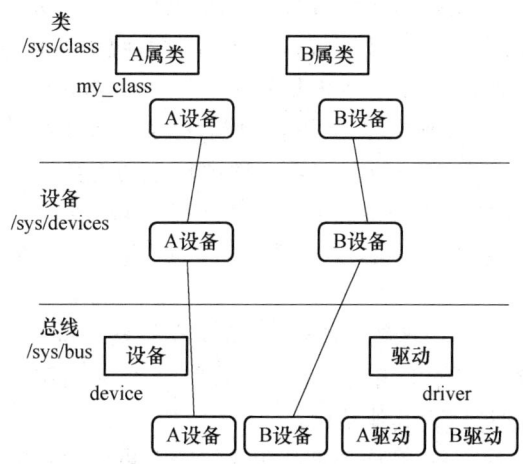

图 10-8　总线、类、设备和设备驱动

2. sys 文件系统

sys 文件系统是一个特殊的文件系统，类似于 proc 文件系统，用于将系统中的设备组织成层次结构，并向用户程序提供详细的内核数据信息。

用户可以通过访问 sys 文件系统，查看内核态的一些驱动或者设备等信息，对文件系统目录操作的一些样例，如图 10-9 所示。

```
lab466@ubuntu:~$ cd /sys
lab466@ubuntu:/sys$ ls
block    class       devices     fs           kernel    power
bus      dev         firmware    hypervisor   module
lab466@ubuntu:/sys$ cd bus
lab466@ubuntu:/sys/bus$ ls
ac97           event_source    mdio_bus    parport       scsi         virtio
acpi           gameport        memory      pci           sdio         vme
clockevents    gpio            mipi-dsi    pci-epf       serial       workqueue
clocksource    hid             mmc         pci_express   serio        xen
container      i2c             nd          platform      snd_seq      xen-backend
cpu            isa             node        pnp           spi
edac           machinecheck    nvmem       rapidio       usb
lab466@ubuntu:/sys/bus$ cd ../devices/
lab466@ubuntu:/sys/devices$ ls
breakpoint    LNXSYSTM:00    platform    software      virtual
cpu           msr            pnp0        system
isa           pci0000:00     power       tracepoint
lab466@ubuntu:/sys/devices$
```

图 10-9　文件系统目录操作样例

10.3.2 kobject、ktype 和 kset

kobject 是内核中表示对象的基本结构，kset 是用于组织和管理 kobject 的集合，而 ktype 是用于定义 kobject 的类型。使用这 3 个概念，可以实现内核对象的管理、组织和操作，kobject、kset 和 ktype 是内核中的核心基础结构。

1. 核心对象(kobject)

kobject 是 struct kobject 类型的对象。kobjects 有一个名称(name)和一个引用计数。kobject 还有一个允许对象被安排到层次结构中的父指针、一个特定的对象类型(ktype)、一个特定的对象集合(kset)，以及一个是否在 sysfs 虚拟文件系统中的状态表示。struct kobject 是 Linux 内核中的基本数据结构，用于表示内核对象(Kernel Object)。它是 Linux 设备模型的核心之一，用于表示内核中的各种实体，如设备、驱动程序、总线、类别等。

struct kobject 提供了一种统一的方式来管理内核中的对象。它允许内核开发人员创建对象树，通过具有层次结构的父子关系和链表关系连接不同的对象。它可以为每个内核对象创建相应的 sysfs 文件，并通过与 sysfs 文件系统的集成，使用户空间能够查看和修改对象的属性。

struct kobject 还提供了引用计数的机制，以确保在对象不再被使用时仍能够正确释放相关资源。引用计数允许多个实体引用同一个内核对象，当所有引用都被释放时，其可以自动销毁内核对象。kobject 通常被嵌入其他结构。

设备驱动模型中的各种对象，其内部都会包含一个 kobject，相当于面向对象中的总基类，源代码定义在文件 include/linux/kobject.h 中，部分代码片段如下：

```
struct kobject {
        const char              *name;      //kobject 的名称同时也是 sysfs 下的目录名称
        struct list_head        entry;      //链表节点，用于将 kobject 加入 kset 的 list_head
        struct kobject          *parent;
        //该 kobject 的上层节点，构建 kobject 间层次关系(在 sysfs 体现为目录结构)
        struct kset             *kset;
        //该 kobject 所属的 kset 对象(可以为 NULL)，用于批量管理 kobject 对象
        struct kobj_type        *ktype;     //该 kobject 的 sysfs 文件系统相关的操作和属性
        struct kernfs_node      *sd;        //该 kobject 在 sysfs 文件系统中对应目录项
        struct kref             kref;       //该 kobject 的引用次数
#ifdef CONFIG_DEBUG_KOBJECT_RELEASE
        struct delayed_work     release;
#endif
        unsigned int state_initialized:1;   //记录内核对象的初始化状态
        unsigned int state_in_sysfs:1;
        //表示该 kobject 所代表的内核对象是否在 sysfs 建立目录
        unsigned int state_add_uevent_sent:1;
        //记录是否已经向用户空间发送 ADD uevent 事件
        unsigned int state_remove_uevent_sent:1;
        //记录是否已经向用户空间发送 REMOVE uevent 事件
        unsigned int uevent_suppress:1;     //如果为 1,则忽略所有上报的 uevent 事件
};
```

2. 对象类型(ktype)

ktype 是嵌入在 kobject 中的对象类型,用于描述 struct kobject 的类型和行为。每个 kobject 结构都需要对应的 ktype,因为 ktype 用于控制创建和销毁 kobjec 时发生的事情。

```
struct kobj_type {
    void ( * release)(struct kobject * kobj);    // 销毁 kobject 对象时调用
    const struct sysfs_ops * sysfs_ops;
    //该类型的 kobject 的 sysfs 虚拟文件系统操作接口(读属性接口 show 和写属性接口 store)
    struct attribute ** default_attrs;
    // 该类型的 kobject 的 attribute 表(sysfs 的一个文件)
    //其将会在 kobject 添加到内核时,一并注册到 sysfs 中
    const struct kobj_ns_type_operations * ( * child_ns_type)(struct kobject * kobj);
    const void * ( * namespace)(struct kobject * kobj);
    void ( * get_ownership)(struct kobject * kobj, kuid_t * uid, kgid_t * gid);
};
```

struct kobj_type 用于描述 struct kobject 的类型和行为,为每个 struct kobject 实例提供相关的操作和属性定义。通过自定义 struct kobj_type,可以定制不同类型的内核对象,并指定相应的 release 函数、属性、命名空间等。

在使用 struct kobject 时,通常会创建一个自定义的 struct kobj_type 实例,并将其与 struct kobject 关联。这样可以为每个对象提供独立的类型和行为,并在必要时通过回调函数和属性操作与用户空间进行交互。

每个 kobject 都必须有一个 release()方法,并且该 kobject 必须持久化存在(保持一致的状态),直到 release()被调用。

3. 对象集合体(kset)

kset 是嵌入相同类型结构的 kobject 的集合,可以把它看成一个容器,可将所有相关的 kobject 对象聚集起来,例如,全部的块设备就是一个 kset。

kset 结构关心的是对象的聚集与集合,其源代码定义在文件 include/linux/kobject.h 中,部分代码片段如下:

```
struct kset {
    struct list_head list;    //用来链接该目录下的所有 kobject 对象
    spinlock_t list_lock;
    struct kobject kobj;      //该 kobject 就是本目录对应的对象结构体
    const struct kset_uevent_ops * uevent_ops;
    // 指向一个用于处理集合中 kobject 对象的热插拔操作的结构体
};
```

struct kset 对象通常作为父对象,包含一组子对象,这些子对象可以是不同类型的内核对象,但它们在逻辑上具有某种相关性。例如,设备驱动程序可以创建一个 struct kset 对象,作为设备驱动程序的集合,每个具体的设备驱动程序都是其中的一个子对象。

struct kset 提供了一些常用的操作和功能,如添加和删除子对象、遍历子对象等。通过对 struct kset 对象进行操作,可以很方便地管理和访问集合中的内核对象。

它与 kobject 的关系如图 10-10 所示。

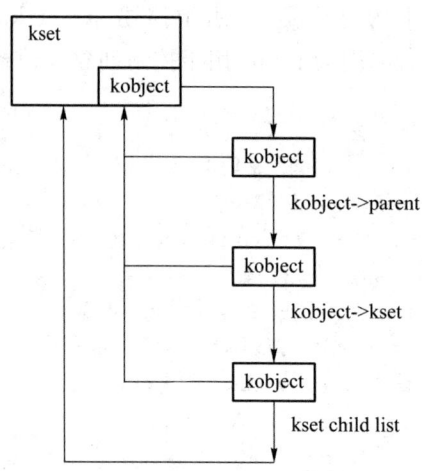

图 10-10　kset 与 kobject 的关系

10.3.3　platform 平台总线模型

由于驱动程序的特殊性,任何一个编写出来的独立驱动程序,在重用性和可移植性上都是很低的,无论之后要编写一个同类型的驱动还是要将该驱动更换一个平台,都要花费大量时间重新修改驱动代码。

为解决驱动代码和设备信息耦合的问题,平台总线(platform bus)概念被提出,即使用虚拟总线将设备信息和驱动程序进行分离,解决了此问题,如图 10-11 所示。

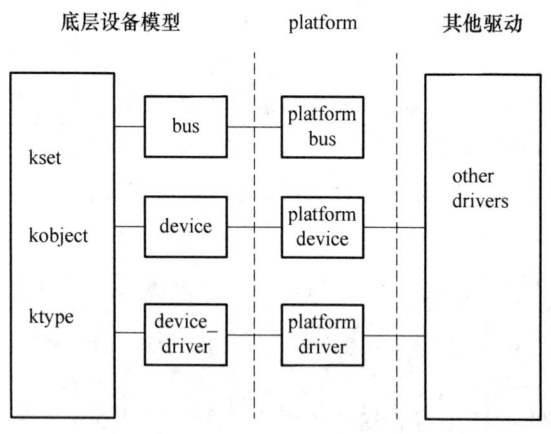

图 10-11　platform 平台总线驱动模型图

平台总线是 Linux 内核中提供的一种虚拟总线,用于管理和组织与特定硬件平台相关的设备和驱动。它充当了平台设备(platform device)和平台驱动(platform driver)之间的媒介,负责将它们进行匹配和绑定。

相较于 USB、PCI 等物理总线,platform 总线是虚拟的、抽象出来的。CPU 与外部通信的两种方式分别为地址总线式连接和专用接口式连接。platform 所描述的资源有一个共同点:在 CPU 的总线上直接取址。

当我们将设备和驱动注册到虚拟总线上(内核)时,如果该设备是该驱动的设备,且该驱动是该设备的驱动,在其注册时,它们会互相寻找对方一次(只在此时寻找一次)。

这个寻找过程是由 platform_bus 完成的。如果 device 和 driver 中 name 字符串相同的话,platform_bus 就会调用 driver 中的 probe 函数。这个从匹配到调用 probe 的过程是自动的,由总线自己完成。

设备和驱动的关系是多对一的关系,即多个相同设备可使用一个 driver,依靠设备(device)中的 id 号来区别。

当系统注册一个平台驱动时,平台总线会寻找与之匹配的平台设备。它会遍历已注册的平台设备列表,并尝试与每个平台设备进行匹配,直到找到与平台驱动匹配的设备为止。

一旦找到匹配的设备,平台总线会将平台设备与平台驱动进行绑定,使得驱动可以管理和控制与该设备相关的操作。

平台总线的优点有:
① 提高代码重用性;
② 减少重复性代码;
③ 区分设备与驱动;
④ 更便于管理设备。

将稳定不变的驱动放在 driver 中,将需要做改动的设备部分放在 device 文件中。当注册 device 或者 driver 的时候,系统会通过 name 进行匹配,实际上就是结构体中一个字符串变量的对比。

与传统的 bus/device/driver 机制相比,platform 由内核进行统一管理,在驱动中使用资源,提高了代码的安全性和可移植性。

当硬件部分的时序变了或者芯片替换了的时候,我们只需要修改硬件部分的代码,另一部分代码属于内核的稳定部分,是不用修改的,这就是一种通用的接口。

platform 平台总线是一条虚拟总线,其中,platform_device 为对应的设备,platform_driver 为对应的驱动。

下面基于源码对 platform bus 中的主要数据结构进行介绍。

1. 描述平台的结构 platform_driver

可以看到,platform_driver 结构体中包含了 probe 和 remove 等相关操作,同时还内嵌了 device_driver 结构体,源代码在 include/linux/platform_device.h 中,部分代码片段如下:

```
struct platform_driver {
    int (*probe)(struct platform_device *);
    int (*remove)(struct platform_device *);
    void (*shutdown)(struct platform_device *);
    int (*suspend)(struct platform_device *, pm_message_t state);
    int (*resume)(struct platform_device *);
    struct device_driver driver;        //设备驱动
    const struct platform_device_id * id_table;
    bool prevent_deferred_probe;
};
```

2. 描述设备驱动的结构 device_driver

这是一个描述驱动私有数据的结构,源代码在 include/linux/device.h 中,部分代码片段如下：

```
struct device_driver {
    const char           * name;      //驱动的名字
    struct bus_type      * bus;       //所属总线
    struct module        * owner;
    const char           * mod_name;
    bool suppress_bind_attrs;
    const struct of_device_id    * of_match_table;
    const struct acpi_device_id  * acpi_match_table;
    int ( * probe) (struct device * dev);      // 驱动加载的时候调用
    int ( * remove) (struct device * dev);     //驱动卸载的时候调用
    void ( * shutdown) (struct device * dev);
    int ( * suspend) (struct device * dev, pm_message_t state);
    int ( * resume) (struct device * dev);
    const struct attribute_group ** groups;
    const struct dev_pm_ops * pm;
    struct driver_private * p;        //私有的驱动
};
```

从该段代码中我们看到最后一个域指针 p 指向 driver_private。

3. 描述设备的结构 platform_device

```
struct platform_device {
    const char    * name;     //设备名字
    int           id;         //设备 id
    bool          id_auto;
    struct device dev;        //内嵌 device 结构
    u32           num_resources;  //资源的数目
    struct resource * resource;   //资源
    const struct platform_device_id  * id_entry;
    char * driver_override;   // 设备名,强制匹配
    struct mfd_cell * mfd_cell;
    struct pdev_archdata  archdata;
};
```

其中，struct resource 已在 10.2 节 I/O 空间管理中介绍过了。

4. platform 平台总线工作流程

platform 平台总线工作流程分为如下 4 步：

① 系统启动时在总线系统中注册 platform；

② 内核移植的人负责提供 platform_device；

③ 写驱动的人负责提供 platform_driver；

④ platform 的 match 函数发现 driver 和 device 匹配后,调用 driver 的 probe 函数来完成驱动的初始化和安装,然后设备就工作起来了。

5. platform 注册

① 每种总线都会带一个 match 方法，match 方法用来对总线下的 device 和 driver 进行匹配。

② platform_match 函数就是平台总线的匹配方法。该函数的工作方法是：如果有 id_table 就说明驱动可能支持多个设备，所以这时候要对比 id_table 中所有的 name，只要找到一个相同的就匹配上了，不再找了；如果找完 id_table 都还没找到，就说明没匹配上；如果没有 id_table 或者没匹配上，那就直接对比 device 和 driver 的 name，如果匹配上就成功了，如果还没匹配上那就失败。

有两个重要的链表挂在 bus 上，一个是设备 device 链表，另一个是驱动 driver 链表。

6. 设备与驱动匹配的例子

设备与驱动如何匹配，下面用日常生活中用人单位通过猎头公司寻找专业英才的例子来做个形象的比喻：

① 猎头公司(总线)负责"撮合"用人单位(设备)和专业英才(驱动)。

② 用人单位找到猎头公司缴费登记，寻找合适的专业英才(设备或驱动的注册)。

③ 猎头公司从英才库中查询有没有匹配的专业英才(match 函数进行匹配，看 name 是否相同)。

④ 如果没有找到匹配的，猎头公司就告诉用人单位目前暂时没有合适的候选人，要等待一下(设备和驱动会等待)，直到成功发现英才；如果找到了匹配的英才，用人单位和专业英才双方签订合同后，用人单位就把自己的资源(如业务、工作等)与专业英才共享(通过 struct resource * resource)。

⑤ 专业英才可以使用公司的资源〔通过 int(* probe)（struct platform_device * 匹配成功后驱动执行的第一个函数〕，就像日常生活中专业英才在用人单位开展业务工作一样。

10.4 字符设备驱动程序

10.4.1 字符设备

1. 字符设备

字符设备是指在 I/O 传输过程中以字符为单位进行传输的设备，例如，键盘、打印机等。字符设备读取数据是有顺序的，无法对设备中的某一数据进行随机读取，只能进行逐字节的读写操作，所以字符设备是面向流的设备。

字符设备可以通过文件节点来访问，设备文件和普通文件的差别在于对普通文件的访问可以前后移动访问位置，而大多数设备文件是一个只能顺序访问的数据通道。

一般每个字符设备或者块设备都会在/dev 目录下对应一个设备文件。Linux 用户层程序通过设备文件来使用驱动程序操作字符设备或块设备。每一个文件都用一个 struct inode 结构体来描述，这个结构体里面记录了这个文件的所有信息，例如，文件类型、访问权限等。

每打开一次文件，Linux 的 VFS 都会分配一个 struct file 结构体来描述打开的文件，该结构体用于维护文件打开的权限、文件指针偏移值、私有的内存信息等。

2. 字符设备驱动中的基本概念

下面是与字符设备驱动相关的几个基本概念：

① 文件操作结构(file_operations)：定义了设备驱动中各种操作的回调函数。

② 设备注册与注销(register and unregister)：设备注册是将设备驱动注册到内核中，使其生效；设备注销则相反。

③ 设备文件(device file)：用户空间通过设备文件与设备驱动程序进行交互。

④ 设备号(device number)：由主设备号和次设备号组成，用于唯一标识一个设备。

其中，驱动程序的主设备号和次设备号信息保存在 struct cdev 结构中。下面介绍 cdev 结构体。

3. cdev 字符设备描述

Linux 内核代码中使用 cdev 结构体来抽象一个字符设备。cdev 是一个结构体，用于描述一个字符设备。这个结构体包含了设备驱动与内核交互所需的信息，包括设备号、设备操作函数等。cdev 结构体的主要作用是向内核注册字符设备，使其可以被用户空间进程访问。其主要工作是对 struct cdev 结构体进行填充，主要填充内容代码如下：

```
struct cdev {
    struct kobject kobj;
    struct module * owner;         //填充时,填充值为 THIS_MODULE,表示模块
    const struct file_operations * ops;
    //这个 file_operations 结构体,是注册驱动的关键
    struct list_head list;
    dev_t dev;      //设备号,主设备号 + 次设备号
    unsigned int count;    //次设备号个数
};
```

Linux 通过一个 dev_t 类型的设备号来确定字符设备唯一性，通过 file_operations 类型的操作方法集来定义字符设备提供给 VFS 的接口函数。

在 cdev 结构体中，ops 变量让 file_operations 结构体变量成为 cdev 的成员，这个结构体会被 cdev_add 函数向内核注册 cdev 结构体。

cdev 结构体可以用很多函数操作，例如：

① cdev_alloc：让内核为 cdev 结构体分配内存。

② cdev_init：将 struct cdev 类型的结构体变量和 file_operations 结构体进行绑定。

③ cdev_add：向内核里面添加一个驱动，注册驱动。

④ cdev_del：从内核中注销掉一个驱动，注销驱动。

⑤ cdev_put()：释放 cdev 内存。

4. cdev 中与设备号相关的内容

如 10.1.2 小节所述，每个字符设备或块设备都有一个主设备号和一个次设备号。主设备号用来标识与设备文件相连的驱动程序，用来反映设备类型；次设备号被驱动程序，用来辨别操作的是哪个设备，以区分同类型的设备。

cdev 中的 dev_t 类型包括了主设备号和次设备号，其在不同的内核中定义不一样，有的是由 16 位次设备号和 16 位主设备号构成，有的是由 20 位次设备号和 12 位主设备号构成。

一些相关的宏和函数如下：

① MKDEV:用来将主设备号和次设备号转换成一个主次设备号。
② MAJOR:用于从设备号中提取出主设备号。
③ MINOR 宏:用于从设备号中提取出次设备号。

5. cdev 和 file_operations

cdev 中最关键的是 file_operations 结构,它是实现字符设备的操作集。每个字符设备都有一个描述字符设备操作集的 file_operations 数据结构,它与 cdev 的关系如图 10-12 所示。

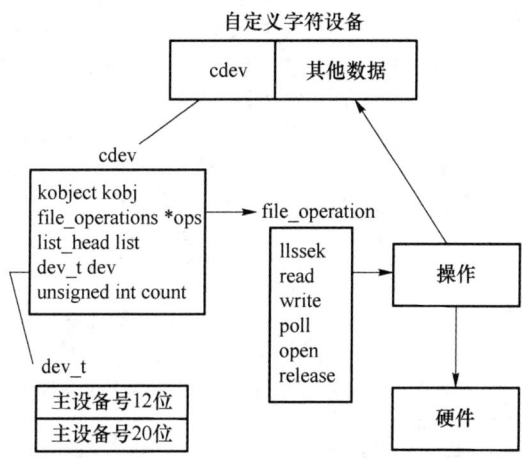

图 10-12　cdev 与 file_operations 的关系图

6. file_operations

file_operations 的数据结构位于 include/linux/fs.h 中,部分代码片段如下:

```
struct file_operations
{
    struct module * owner;        // 拥有该结构的模块的指针,一般为 THIS_MODULES
    loff_t( * llseek)(struct file * , loff_t, int);    // 用来修改文件当前的读写位置
    ssize_t( * read)(struct file * , char _ _user * , size_t, loff_t * );
        // 从设备中同步读取数据
    ssize_t( * aio_read)(struct kiocb * , char _ _user * , size_t, loff_t);
        // 初始化一个异步的读取操作
    ssize_t( * write)(struct file * , const char _ _user * , size_t, loff_t * );
        // 向设备发送数据
    ssize_t( * aio_write)(struct kiocb * , const char _ _user * , size_t, loff_t);
        // 初始化一个异步的写入操作
    int( * readdir)(struct file * , void * , filldir_t);
        // 仅用于读取目录,对于设备文件,该字段为 NULL
    unsigned int( * poll)(struct file * , struct poll_table_struct * );
        // 轮询函数,判断目前是否可以进行非阻塞的读取或写入
    int( * ioctl)(struct inode * , struct file * , unsigned int, unsigned long);
        // 执行设备 I/O 控制命令
    long( * unlocked_ioctl)(struct file * , unsigned int, unsigned long);
        // 不使用 BLK 文件系统,将使用此种函数指针代替 ioctl
    long( * compat_ioctl)(struct file * , unsigned int, unsigned long);
```

```
                // 在 64 位系统上,32 位的 ioctl 调用将使用此函数指针代替
    int(*mmap)(struct file *, struct vm_area_struct *);
                // 用于请求将设备内存映射到进程地址空间
    int(*open)(struct inode *, struct file *);      // 打开
    int(*flush)(struct file *);
    int(*release)(struct inode *, struct file *);    // 关闭
    int(*synch)(struct file *, struct dentry *, int datasync);   // 刷新待处理的数据
    int(*aio_fsync)(struct kiocb *, int datasync);   // 异步 fsync
    int(*fasync)(int, struct file *, int);   // 通知设备 FASYNC 标志发生变化
    int(*lock)(struct file *, int, struct file_lock *);
    ssize_t(*readv)(struct file *, const struct iovec *, unsigned long, loff_t *);
    ssize_t(*writev)(struct file *, const struct iovec *, unsigned long, loff_t *);
                // readv 和 writev:分散/聚集型的读写操作
    ssize_t(*sendfile)(struct file *, loff_t *, size_t, read_actor_t, void *);
                // 通常为 NULL
    ssize_t(*sendpage)(struct file *, struct page *, int, size_t, loff_t *, int);
                // 通常为 NULL
    unsigned long(*get_unmapped_area)(struct file *, unsigned long, unsigned long,
    unsigned long, unsigned long);
                // 在进程地址空间找到一个将底层设备中的内存段映射的位置
    int(*check_flags)(int);
                // 允许模块检查传递给 fcntl(F_SETEL…)调用的标志
    int(*dir_notify)(struct file * filp, unsigned long arg);
                // 仅对文件系统有效,驱动程序不必实现
    int(*flock)(struct file *, int, struct file_lock *);
};
```

下面对 file_operations 结构体中的主要成员进行分析。

① llseek()函数用来修改一个文件的当前读写位置,并返回新位置,出错时,这个函数将返回一个负值。

② read()函数用来从设备中读取数据,成功时,函数将返回读取的字节数;出错时,函数将返回一个负值。它与用户空间应用程序中的 ssize_t read(int fd,void * buf,size_t count)和 size_t fread(void * ptr,size_t size,size_t nmemb,FILE * stream)对应。read()函数如果返回 0,则暗示 EOF(erd-of-file)。

③ write()函数向设备发送数据,成功时,该函数返回写入的字节数;如果此函数未成功实现,当用户进行 write()系统调用时,将会得到一EINVAL 返回值。它与用户空间应用程序中的 ssize_t write(int fd,const void * buf,size_t count)和 size_t fwrite(const void * ptr,size_t size,size_t nmemb,FILE * stream)对应。write()函数如果返回 0,则暗示 EOF(end-of-file)。

④ unlocked_ioctl()函数提供设备相关控制命令的实现,它既不是读操作,也不是写操作,当调用成功时,函数给调用程序返回一个非负值。它与用户空间应用程序调用的 int fcntl(int fd、int cmd、…/ * arg * /)和 int ioctl(int d、int request、…)对应。

⑤ mmap()函数将设备内存映射到进程的虚拟地址空间中,如果设备驱动未实现此函数,用户进行 mmap()系统调用时将获得一ENODEV 返回值。这个函数对于帧缓冲等设备特别

有意义,帧缓冲被映射到用户空间后,应用程序可以直接访问它,而不用在内核和应用之间进行内存复制。它与用户空间应用程序中的 void * mmap(void * addr, size_t length, int prot, int flags, int fd, off_t offset)函数对应。

⑥ 当用户空间调用 Linux API 的 open()函数打开设备文件时,设备驱动的 open()函数最终被调用。驱动程序可以不实现这个函数,在这种情况下,设备的打开操作永远成功。与 open()函数对应的是 release()函数。

⑦ poll()函数一般用于询问设备是否可被非阻塞地立即读写。当询问的条件未触发时,用户空间进行 select()和 poll()系统调用将引起进程的阻塞。

⑧ aio_read()和 aio_write()函数分别对与文件描述符对应的设备进行异步读、写操作。设备实现这两个函数后,用户空间可以对该设备文件描述符执行 SYS_io_setup、SYS_io_submit、SYS_io_getevents、SYS_io_destroy 等系统调用进行读写。

10.4.2 字符设备驱动接口函数

1. 字符设备驱动接口函数

Linux 内部一切设备皆文件,所有的硬件设备操作到应用层都会抽象为文件的操作,在内核提供了多个函数来注册一组字符设备编号,主要的函数分别是 register_chrdev_region()、alloc_chrdev_region()、register_chrdev()和 unregister_chrdev()。

2. 静态注册(register_chrdev_region)

静态注册新接口注册字符设备驱动需要两步:首先,注册/分配主次设备号;其次,注册字符驱动设备。

相关源码在 linux/fs.h 中,部分代码片段如下:

```
int register_chrdev_region(dev_t first, unsigned int count, char * name);
```

参数说明:

① first:要分配的设备编号范围的初始值,这组连续设备号的起始设备号,相当于 register_chrdefv()中的主设备号。

② count:连续编号范围,是这组设备号的大小,即次设备号的个数。

③ name:编号相关的设备名称,(proc/devices),本组设备的驱动名称。

3. 动态注册 alloc_chrdev_region( )

动态注册 alloc_chrdev_region()的源代码在 linux/fs.h 中,部分代码片段如下:

```
int alloc_chrdev_region(dev_t * dev, unisgned baseminor, unsigned count, const char * name)
```

参数说明:

① dev:系统分配的设备号,可以用 MAJOR 和 MINOR 打印或查看主次设备号。

② baseminor:次设备号的基准,从第几个设备号开始分配。

③ count:次设备号的个数。

④ name:驱动的名字。

⑤ 返回值:分配成功,返回设备号的第一个参数;分配错误,返回小于零的参数。

4. register_chrdev 和 unregister_chrdev

register_chrdev 是 Linux2.6 内核以前注册字符设备的函数接口,源码在 linux/fs.h 中,原型如下：

```
static inline int register_chrdev(unsigned int major, const char * name, const struct file_opertations * fops);
```

参数说明：

① major：设备编号。major=0 表示采用系统动态分配的主设备号，major 0 表示静态注册。

② name：设备名字。

③ fops：在内核内部，与驱动设备挂钩。

④ 返回值：正常注册后，major 值为 0，返回分配的主设备号；如果分配失败，返回 EBUSY 的负值（-EBUSY）。major 值若大于 linux/major.h（2.4 内核）中声明的最大值（#define MAX_CHRDEV255），则返回 EINVAL 的负值（-EINVAL）。指定 major 值后，若该设备号已被占用，则返回 EBUSY 的负值（-EBUSY）。若正常注册，则返回 0。

unregister_chrdev 是 Linux2.6 注销字符设备接口函数，源码在 linux/fs.h 中，原型如下：

```
int unregister_chrdev (unsigned int major, const char * name);
```

参数如下：

① major：主设备号。

② name：设备文件。

③ 返回值：major 值若大于 linux/major.h（2.4 内核）中声明的最大值（#define MAX_CHRDEV255），则返回 EINVAL 的负值（-EINVAL）。指定了 major 的值后，若将要注销的 major 值并不是注册的设备驱动程序，则返回 EINVAL 的负值（-EINVAL）；若正常注销则返回 0。

5. 设备文件的创建

通常编写 Linux 设备驱动程序的时候，都是利用 10.1.3 小节中的 mknod 命令手动创建设备节点。实际上，Linux 内核提供了一组函数，可以用来在模块加载的时候自动在/dev 目录下创建相应设备节点，并在卸载模块时删除该节点，当然前提条件是用户空间移植了 udev。

内核中定义了 struct class 结构体，一个 struct class 结构体类型变量对应一个类，内核同时提供了 class_create()函数，可以用它来创建一个类，这个类存放于 sysfs 下，创建好了这个类之后，再调用 device_create()函数来在/dev 目录下创建相应的设备节点。

这样，加载模块的时候，用户空间中的 udev 会自动响应 device_create()函数，去/sysfs 下寻找对应的类，从而创建设备节点。

6. 字符设备驱动的调用逻辑

首先，用 open 函数打开设备文件，可以根据设备文件对应的 struct inode 结构体描述的信息，判断出需要操作的设备类型，并分配一个 struct file 结构体。

其次，根据 struct inode 结构中记录的设备号，找到相应驱动程序，Linux 中每个字符设备都有一个 struct cdev 结构体与之对应，struct cdev 描述了字符设备的所有信息，其中最重要的就是字符设备的操作接口。

再次，找到 struct cdev 结构体后，Linux 内核会将 struct cdev 结构体所在的内存空间首地址记录在 struct inode 结构体的 i_cdev 成员中,然后在 struct file 结构体的 fops 成员中记录下 struct cdev 结构体中的函数操作接口。

最后,任务完成,VFS 会给应用层返回一个文件描述符,这个 fd 是和 struct file 结构体相对应的,上层应用程序的调用可以通过 fd 找到对应的 struct file,通过 struct file 找到操作字符设备接口的函数。

7. 字符设备结构

在 Linux 中,字符设备是用字符设备结构 char_device_struct 来描述的。

系统维护了一个数组 chrdevs[],为方便管理,数组每一项都代表一个字符设备。

在文件 fs/char_dev.c 中定义的 char_device_struct 的数据结构及数组 chrdevs[] 的部分代码片段如下:

```
static struct char_device_struct {
    structchar_device_struct * next;
        //指向主设备号相同、次设备号范围相互不重叠的兄弟节点
    unsignedint major;       //主设备号
    unsignedint baseminor;   //起始次设备号
    intminorct;              //次设备号数
    charname[];              //设备名称
    structcdev * cdev;              // will die
} * chrdevs[CHRDEV_MAJOR_HASH_SIZE];
```

注意,在 char_device_struct 结构中,cdev 中 fops 的域指向文件操作函数集结构的指针。每个注册的驱动的程序在 chrdevs 表中都有一项。

如果用户进程在调用 write 系统调用时陷入了内核态,应首先查一下系统调用表,找到 write 系统调用的服务例程总入口。当打开文件时,open() 的第一个参数是设备文件名,此时,文件描述符 fd 就与这个设备文件关联起来了。

在字符设备表中,通过主设备号就可以找到对应的驱动程序的入口函数。

当调用读函数时,通过内核的 copy_to_user() 函数把内核空间缓冲区中的数据拷贝到用户空间的缓冲区。

10.5 块设备驱动程序

10.5.1 块设备

块设备驱动程序与字符设备驱动对应,负责提供面向块的设备的访问,这种设备以随机访问的方式传输数据,其中,数据的特点是有固定大小的块。

块设备是针对存储设备的,例如,SD 卡、EMMC、机械硬盘、固态硬盘等。因此,块设备驱动其实就是这些存储设备驱动,块设备驱动与字符设备驱动的主要区别如下:

① 块是 Linux 虚拟文件系统的数据传输基本单位,块设备是以块为单位进行读写访问的,而字符设备则是以字节为单位进行数据传输的,所以字符设备不需要缓冲;

② 块设备在结构上是可以进行随机访问的,块设备使用缓冲区暂存数据,对于这些设备

的读写都是按块进行的,等数据积累一段时间后,再将缓冲区中的数据一次性地写入块设备中。这就避免了频繁读取,提高了块设备的寿命,因为一些类似硬盘的块设备是预先设定了擦除次数的。为了提高块设备寿命而引入了缓冲区,数据先写入到缓冲区中,等满足一定条件后再一次性写入到真正的物理存储设备中,这样就减少了对块设备的擦除次数,提高了块设备寿命。而字符设备不需要缓冲区,因为字符设备是顺序的数据流设备,字符设备是按照字节进行读写访问的。对于字符设备的访问都是实时的,而且也不需要按照固定的块大小进行访问。

Linux 中的块设备模型,如图 10-13 所示。

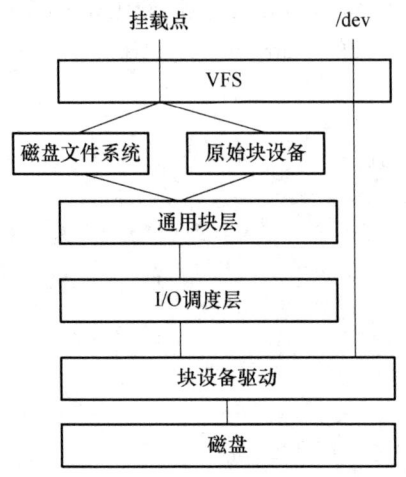

图 10-13 Linux 中的块设备模型

应用层程序有两种访问块设备的方式,分别为通过/dev 目录和文件系统挂载点。

和字符设备一样,通过/dev 目录的方式通常用于配置;文件系统挂载点方式是在 mount 之后,通过文件系统直接访问一个块设备。

具体流程如下:

① read()系统调用最终会调用一个适当的 VFS 函数〔read() --> sys_read() --> vfs_read()〕,并将文件描述符 fd 和文件内的偏移量 offset 传递给它。

② VFS 会判断这个系统调用的处理方式,如果访问的内容已经被缓存在缓冲区中,就直接访问,否则从磁盘中读取。

③ 为了从物理磁盘中读取,内核依赖映射层(mapping layer)需要确定该文件所在文件系统的块的大小,并根据文件块的大小计算所请求数据的长度。本质上,文件被拆成很多块,因此,内核需要确定请求数据所在的块。之后映射层将调用一个具体的文件系统的函数,这个层的函数会访问文件的磁盘节点,再根据逻辑块号确定所请求数据在磁盘上的位置。

④ 内核利用通用块层(generic block layer)启动 I/O 操作,来传达所请求的数据,通常,一个 I/O 操作只针对磁盘上一组连续的块。

⑤ I/O 调度程序根据预先定义的内核策略将待处理的 I/O 进行重排和合并。

⑥ 块设备驱动程序向磁盘控制器硬件接口发送适当的指令,进行实际的数据操作。

10.5.2 电梯调度

块设备的结构不同,其 I/O 调度算法也会不同,Linux 中针对不同的存储设备实现了不同的 I/O 调度算法。

对于机械硬盘这样带有磁头的设备，读取不同的盘面或者磁道中的数据，磁头都需要进行移动，I/O 调度器的总体目标是希望让磁头能够总是往一个方向移动，移动到底了再往反方向走，将那些杂乱的访问按照一定的顺序进行排列可以有效提高磁盘性能。

这个目标其实就是日常生活中的电梯模型，所以 I/O 调度器也被叫作电梯（elevator）调度，对应的算法也同时被称为电梯算法，如图 10-14 所示。

理论上磁盘设备满足块设备的随机读写的要求，众所周知，磁盘的读写是通过机械性的移动磁盘中的磁头实现的。出于节约磁盘、提高效率的考虑，我们希望当磁头处于某一个位置的时候，一起将最近需要写在附近的数据写入，而不是无序地频繁移动磁头。

I/O 调度就是将上层发下来的 I/O 请求的顺序进行重新排序以及对多个请求进行合并，这样就可以实现上述提高效率、节约磁盘的目的。

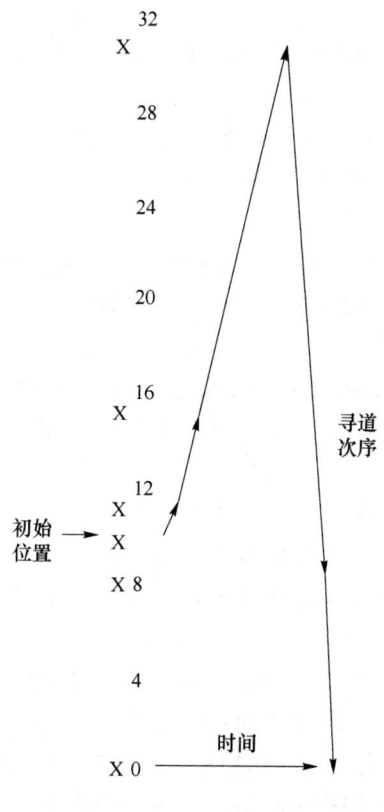

图 10-14　电梯算法

1．I/O 调度算法

Linux 内核主要提供了如下几种 I/O 调度算法：

（1）完全公平排队 I/O 调度程序（complete fairness queueing scheduler）

从 CFQ（completely fair queuing）算法的英文定义可以看出，它是一种强调绝对公平的算法。其设计目的是为所有竞争块设备使用权的进程分配一个请求队列和一个时间片，进程可以在调度器分配给它的时间片内，将其读写请求发送给底层块设备，当进程时间片用完后，进程的请求队列将被挂起，等待调度。

每个进程的时间片和每个进程的队列长度，取决于进程的 I/O 优先级，每个进程都会有一个 I/O 优先级，CFQ 调度器将会将其作为考虑的因素之一，来确定该进程的请求队列获取块设备使用权的依据。

I/O 优先级从高到低可以分为 3 大类：RT(real time)、BE(best try)、IDLE(idle)。其中，RT 和 BE 又可以再划分为 8 个子优先级。I/O 优先级可以通过 ionice 查看和修改，优先级越高，被处理得越早，用于这个进程的时间片也越多，一次处理的请求数也会越多。

实际上，我们已经知道 CFQ 调度器的公平是针对进程而言的，所有同优先级的异步请求无论来自哪个进程，都会被放入公共的队列。只有读和同步写等针对进程的同步请求才会放入进程自身的请求队列。

从 Linux 2.6.18 起，CFQ 作为默认的 I/O 调度算法。对于通用的服务器来说，CFQ 是较好的选择。

CFQ 试图均匀地分布对 I/O 带宽的访问，避免进程被饿死并实现较低的延迟，是 deadline 和 AS 调度器的折中方案。

对于多媒体应用(video,audio)和桌面系统而言，CFQ 是最好的选择。

(2) 电梯式调度程序(no operation scheduler)

NOOP(no operation)。NOOP 执行的原理是：将输入输出请求放到一个 FIFO 队列中，然后按次序执行队列中的输入输出请求，当来一个新请求时，如果能合并就合并，如果不能合并，就会尝试排序。

NOOP 的实质是请求来一个处理一个，这种方式实施起来很有效，也很简单。对于传统磁盘，NOOP 可能会导致磁盘查找太多，无法接受；但对于 SSD 磁盘是可行的，因为 SSD 磁盘不需要转动。

在 NOOP 中，如果队列上的请求都已经很老了，新的请求就不能插队，只能放到最后面；否则，新的请求将被插到合适的位置。如果既不能合并，又没有合适的位置插入，新的请求就放到请求队列的最后。

Linux2.4 或更早版本只有这一种 I/O 调度算法。

NOOP 其实质是实现了一个简单的 FIFO 队列，它像电梯的工作算法一样对 I/O 请求进行组织，当有一个新的请求到来时，它将请求合并到最近的请求之后，以此来保证请求同一介质。

其总的思路是：写请求比读请求更容易。写请求通过文件系统 cache，不需要等一次写操作完成就可以开始下一次写操作，写请求通过合并堆积到 I/O 队列中。

读请求需要等到它前面所有的读操作完成，才能进行下一次读操作。在读操作之间有几毫秒时间，而写请求如果在这之间到来将饿死后面的读请求。

(3) 截止时间调度程序(deadline scheduler)

deadline 在 CFQ 的基础上，解决了 I/O 请求被饿死的极端情况。

除 CFQ 本身具有的 I/O 排序队列外，deadline 额外分别为读 I/O 和写 I/O 提供了 FIFO 队列。

deadline 实际上是对 elevator 的一种改进：避免有些请求太长时间不能被处理，区别对待读操作和写操作。

deadline I/O 维护 3 个队列。第一个队列和 elevator 一样，尽量按照物理位置排序；第二个队列和第三个队列都是按照时间排序。不同的是，一个是读操作，另一个是写操作。

deadline I/O 需要区分读和写，一般来说如果应用程序发了一个读请求，那么它会阻塞到那里，一直等到结果返回。而写请求通常是将应用请求写到内存，再由后台进程将其写回磁盘。应用程序一般不等写操作完成就可以继续往下走。所以读请求应该比写请求有更高的优先级。

deadline 对 Oracle、MySQL 等数据库环境来说是最好的选择。

(4) 预料 I/O 调度程序(anticipatory scheduler,AS)

CFQ 和 deadline 考虑的焦点在于满足零散 I/O 请求,对于连续的 I/O 请求,例如,顺序读,其并没有做优化。

为了满足随机 I/O 和顺序 I/O 混合的场景,Linux 还支持 anticipatory 调度算法。anticipatory 在 deadline 的基础上,为每个读 I/O 都设置了 6 ms 的等待时间窗口。如果在这 6 ms 内操作系统收到了相邻位置的读 IO 请求,就可以立即满足。

其本质与 deadline 一样,但在最后一次读操作后,要等待 6 ms,才能继续进行对其他 I/O 请求进行调度。它会在每个 6 ms 中插入新的 I/O 操作,会将一些小写入数据合并成一个大写入数据,用写入延时换取最大的写入吞吐量。

AS 适合于写入较多的环境,例如,文件服务器。AS 对数据库环境表现得很差。

2. 如何指定或者改变调度算法

我们可以用内核传参的方式指定使用的调度算法:

```
kernel elevator = deadline
```

也可以使用命令改变内核调度算法:

```
echo SCHEDULER >/sys/block/DEVICE/queue/scheduler
```

10.5.3 块设备驱动的核心结构

下面对块设备驱动中涉及的一些核心结构进行介绍。

(1) gendisk 结构体

磁盘描述符 struct gendisk 代表通用块设备。内核使用它来管理和表示块设备的基本数据结构,例如,硬盘驱动器、固态驱动器和其他存储设备。在 struct gendisk 结构中,很多程序必须由驱动程序来进行初始化。

该结构体定义源代码在 include/linux/genhd.h 中,部分代码片段如下:

```
struct gendisk {
    int major;      // major number of driver
    int first_minor;
    int minors;
    char disk_name[DISK_NAME_LEN];    //name of major driver
    char * ( * devnode)(struct gendisk * gd, umode_t * mode);
    unsigned int events;       // supported events
    unsigned int async_events;      // async events, subset of all
    ...
}
```

struct gendisk 结构的一些重要字段和成员的作用如下:

① struct request_queue * queue：指向与块设备关联的请求队列的指针，请求队列管理设备的 I/O 请求。

② fmode_t exclusive_holder：指定块设备的独占持有者，用于防止对设备的并发访问。

③ struct block_device_operations * fops：指向包含块设备操作（例如，读、写、打开和释放）的结构的指针。

④ struct block_device * private_data：指向与块设备关联的私有数据。

⑤ struct device * dev：指向表示块设备的设备结构。

⑥ struct backing_dev_info * backing_dev_info：指向备份设备信息，包含有关设备的特性和功能的信息。

⑦ int Major：与块设备关联的主设备号。

（2）block_device_operations 结构体

block_device_operations 是和 file_operations 字符设备操作集类似的块设备操作集。

块设备也有类似于字符设备操作集合的块设备操作集合，用于控制设备的操作，但是由于大多数情况下对块设备的使用是以安装文件系统的方式进行访问的，故用户应用程序一般不会直接访问块设备的设备文件。

该结构体描述了磁盘操作的有关接口函数，源代码在 include/linux/blkdev.h 中，部分代码片段如下：

```
struct block_device_operations {
    int ( * open) (struct block_device * , fmode_t);
    void ( * release) (struct gendisk * , fmode_t);
    int ( * rw_page)(struct block_device * , sector_t, struct page * , int rw);
    int ( * ioctl) (struct block_device * , fmode_t, unsigned, unsigned long);
    int ( * compat_ioctl) (struct block_device * , fmode_t, unsigned, unsigned long);
    long ( * direct_access)(struct block_device * , sector_t,
                  void ** , unsigned long * pfn, long size);
    unsigned int ( * check_events) (struct gendisk * disk,
                  unsigned int clearing);
    /* ->media_changed() is DEPRECATED, use ->check_events() instead */
    int ( * media_changed) (struct gendisk * );
    void ( * unlock_native_capacity) (struct gendisk * );
    int ( * revalidate_disk) (struct gendisk * );
    int ( * getgeo)(struct block_device * , struct hd_geometry * );
    /* this callback is with swap_lock and sometimes page table lock held */
    void ( * swap_slot_free_notify) (struct block_device * , unsigned long);
    struct module * owner;
};
```

其中，主要用到的函数有：

① open：当块设备打开的时候会调用此函数。

② release：当块设备关闭的时候会调用此函数。

③ getgeo：用来根据驱动器的几何信息填充一个 hd_geometry 结构体，该结构体包含磁头、扇区、柱面等信息。

(3) request_queue

request_queue 是针对一个磁盘(gendisk)对象的所有请求队列,是对应 gendisk 的一个域,源代码在 include/linux/blkdev.h 中,部分代码片段如下:

```
struct request_queue {
    struct list_head      queue_head;
        //待处理请求的链表,请求队列中的请求用链表组织在一起
    struct request        * last_merge;     //指向队列中首先可能合并的请求描述符
    struct elevator_queue  * elevator;      //指向 elevator 对象的指针(电梯算法)
    struct request_list root_rl;    ///为分配请求描述符所使用的数据结构
    request_fn_proc      * request_fn;
        //实现驱动程序的策略例程入口点的方法,由他处理队列中请求
    make_request_fn      * make_request_fn;
        //将一个新请求插入请求队列时调用的方法
    prep_rq_fn           * prep_rq_fn;     //该方法把这个处理请求的命令发送给硬件设备
    softirq_done_fn      * softirq_done_fn;
    rq_timed_out_fn      * rq_timed_out_fn;

    sector_t             end_sector;
    struct request       * boundary_rq;
    struct delayed_work delay_work;
    struct backing_dev_info backing_dev_info;
    void                 * queuedata;
    spinlock_t           __queue_lock;     //请求队列锁
    spinlock_t           * queue_lock;     //指向请求队列锁的指针
    unsigned long         nr_requests;     // 请求队列中允许的最大请求数
    struct queue_limits limits;    //队列的其他限制
};
```

(4) request 和 bio 结构体

在 Linux 块设备驱动中,使用 request 结构体来表示等待进行的 I/O 请求。它是由 I/O 调度算法将连续的 bio 合并成一个 request,所以 bio 结构体是真正对应上层传递的 I/O 请求。

request 的源代码在 include/linux/blkdev.h 中,部分代码片段如下:

```
struct request
{
    struct list_head queuelist;     //链表结构
    unsigned long flags;
    sector_t sector;         // 要传送的下 1 个扇区
    unsigned long nr_sectors;     //当前要传送的扇区数目
    unsigned int current_nr_sectors;
    sector_t hard_sector;        //要完成的下 1 个扇区
    unsigned long hard_nr_sectors;     //当前要被完成的扇区数目
    unsigned int hard_cur_sectors;
    struct bio * bio;       //请求的 bio 结构体的链表
```

```
            struct bio * biotail;        //请求的 bio 结构体的链表尾
            void * elevator_private;
            unsigned short ioprio;
            int rq_status;
            struct gendisk * rq_disk;
            int errors;
            unsigned long start_time;
            //请求在物理内存中占据的不连续的段的数目,scatter/gather 列表的尺寸
            unsigned short nr_phys_segments;
            //与 nr_phys_segments 相同,但考虑了系统 I/O MMU 的 remap
            unsigned short nr_hw_segments;
            int tag;
            char * buffer;          //传送的缓冲,内核虚拟地址
            int ref_count;          // 引用计数
            ……
        };
```

request 结构体的重要成员有:sector_t hard_sector、unsigned long hard_nr_sectors、unsigned int hard_cur_sectors。

这 3 个成员标识还未完成的扇区,hard_sector 是第 1 个尚未传输的扇区,hard_nr_sectors 是尚待完成的扇区数,hard_cur_sectors 是当前 I/O 操作中待完成的扇区数。这些成员只用于内核块设备层,驱动不应当使用它们。

bio 的源代码在 include/linux/blk_types.h 中,部分代码片段如下:

```
        struct bio
        {
            sector_t    bi_sector;       //要传输的第 1 个扇区
            struct      bio * bi_next;    //下一个 bio
            struct      block_device * bi_bdev;
            unsigned longbi_flags;       //状态,命令等
            unsigned longbi_rw;          //低位表示 READ/WRITE,高位表示优先级
            unsigned short   bi_vcnt;    //bio_vec 数量
            unsigned short   bi_idx;     //当前 bvl_vec 索引
            //不相邻的物理段的数目
            unsignedshort    bi_phys_segments;
            //物理合并和 DMA remap 合并后不相邻的物理段的数目
            unsigned short   bi_hw_segments;
            unsigned int     bi_size;    //以字节为单位所需传输的数据大小
            //为了明确最大的 hw 尺寸,我们考虑这个 bio 中的第 1 个和最后 1 个虚拟的可合并的段的尺寸
            unsigned int    bi_hw_front_size;
            unsigned int    bi_hw_back_size;
            unsigned int    bi_max_vecs;  //我们能持有的最大 bvl_vecs 数
            struct          bio_vec * bi_io_vec;    //实际的 vec 列表
            bio_end_io_t * bi_end_io;
            atomic_t    bi_cnt;
```

```
        void * bi_private;
        bio_destructor_t       * bi_destructor;      //destructor
};
```

request 和 bio 与 request_queue 之间的关系是：bio 代表一个 I/O 请求。request 是 bio 提交给 I/O 调度器产生的数据，一个 request 中放着顺序排列的 bio。当设备将 bio 提交给 IO 调度器时，I/O 调度器可能会插入 bio，或者生成新的 request。request_queue 代表着一个物理设备，顺序地放着 request。

（5）bio_vec

bio_vec 描述应用层准备读写一个 gendisk 时，需要使用的内存页（page）的一部分，也就是段（segment），多个 bio_vec 和 bio_iter 形成一个 bio。

bio_vec 的源代码在 include/linux/blk_types.h 中，部分代码片段如下：

```
struct bio_vec {
    struct page      * bv_page;
    unsigned int     bv_len;
    unsigned int     bv_offset;
};
```

其中的关键字段含义是：

① struct page   * bv_page：表示系统内存中的页面。
② unsigned int   bv_len：指定页内数据缓冲区的长度或大小。
③ unsigned int   bv_offset：表示数据缓冲区开始的页内的偏移量。

（6）bvec_iter

bvec_iter 用于记录当前 bio_vec 被处理的情况，用于便利 bio。

bio_vec 的源代码在 include/linux/blk_types.h 中，部分代码片段如下：

```
struct bvec_iter {
    sector_t         bi_sector;       // device address in 512 byte sectors
    unsigned int     bi_size;         // residual I/O count
    unsigned int     bi_idx;          //current index into bvl_vec
    unsigned int     bi_bvec_done;    // number of bytes completed in current bvec
};
```

上面描述的这些块设备驱动核心数据结构关系如图 10-15 所示。

其中，块设备驱动中这些结构与系统之间的关系如图 10-16 所示。

块设备驱动程序可以分为以下 6 层：

第一层是 VFS 层，就是虚拟文件层；第二层是缓存层，包括磁盘缓存；第三层是映射层，包括磁盘和块设备文件系统；第四层是通用块层；第五层是 I/O 调度层，负责 I/O 调度；第六层是块设备驱动。

相关层之间的关系如图 10-17 所示。

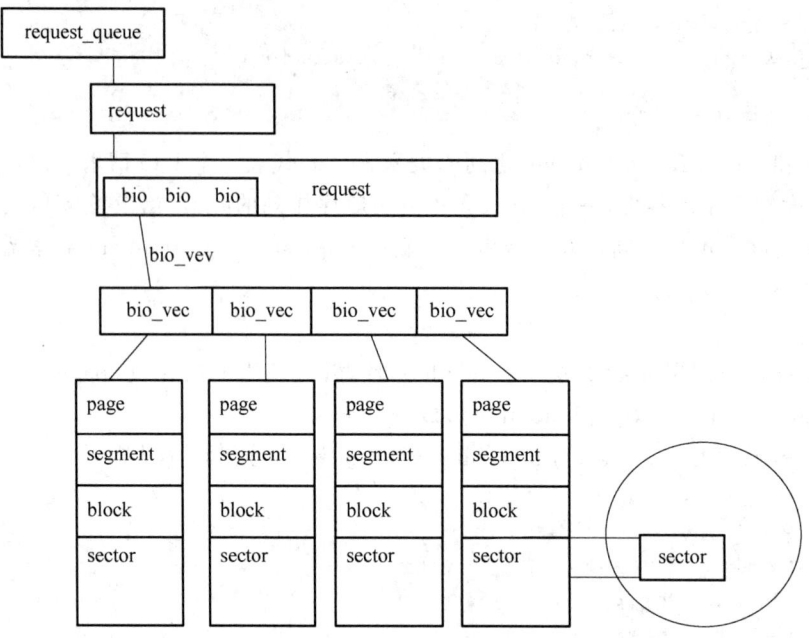

图 10-15 块设备驱动核心数据结构关系

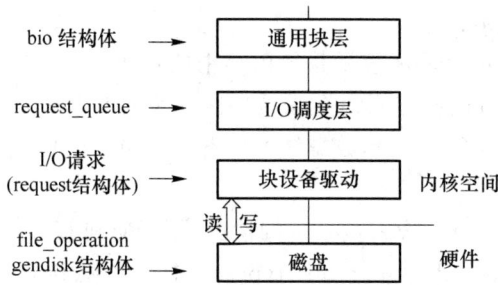

图 10-16 核心结构与系统之间的关系

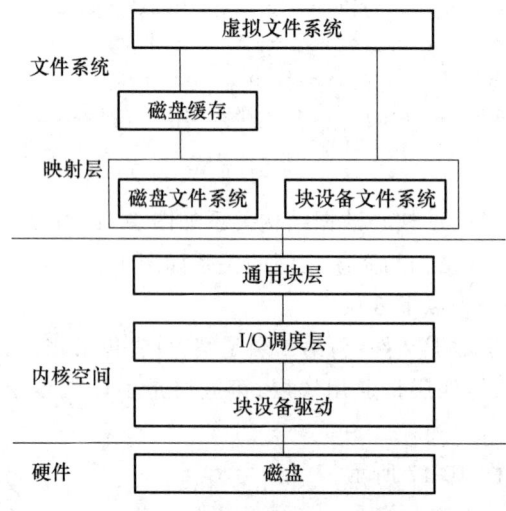

图 10-17 块设备驱动程序

10.6 字符设备编写实验

下面编写一个简单的字符设备驱动,该字符设备实现了基本的 open、read 和 write 方法。

10.6.1 字符设备和编译源码

本实验的字符设备驱动源代码在 my_demodev.c 中,部分代码片段如下:

```c
……
static int demodrv_open(struct inode * inode, struct file * file){
    int major = MAJOR(inode->i_rdev);
    int minor = MINOR(inode->i_rdev);
    printk("%s: major=%d, minor=%d\n", __func__, major, minor);
    return 0;
}
static int demodrv_release(struct inode * inode, struct file * file){
    return 0;
}
static ssize_t demodrv_read(struct file * file, char __user * buf, size_t lbuf, loff_t * ppos){
    printk("%s enter\n", __func__);
    return 0;
}
static ssize_t demodrv_write(struct file * file, const char __user * buf, size_t count, loff_t * f_pos)
{
    printk("%s enter\n", __func__);
    return 0;
}
……
```

以上是一个字符设备驱动的例子,它包含和涉及了字符设备驱动框架,对于初学者而言,这是一个很好的学习例子,因为字符设备驱动中绝大多数的 API 接口,都在这个例子中有所涉及,便于大家学习和了解。

下面先看如何编译它,Makefile 文件的部分代码片段如下:

```
BASEINCLUDE ?= /lib/modules/uname -r/build
mydemo-objs := simple_char.o
obj-m       :=    mydemo.o
all :
    $(MAKE) -C $(BASEINCLUDE) M=$(PWD) modules;
clean:
    $(MAKE) -C $(BASEINCLUDE) M=$(PWD) clean;
    rm -f *.ko
```

10.6.2 字符设备实验步骤

本小节将介绍本实验的步骤。

先在系统里直接编译内核模块：

```
# make
```

使用 insmod 命令来加载 mydemo.ko 内核模块，结果如图 10-18 所示。

```
# insmod mydemo.ko
```

```
/home/lab466/# insmod mydemo.ko
/home/lab466/# dmesg
[ 4250.908075] succeeded register char device: my_demo_dev
[ 4250.908201] Major number = 243, minor number = 0
```

图 10-18　insmod 命令加载 mydemo.ko 内核模块

可以看出，内核模块在初始化时输出了两行结果语句，这正是上述字符设备驱动例子输出的。系统为这个设备分配的主设备号为 243，次设备号为 0。

通过 cat /proc/devices 查看 /proc/devices 这个 proc 虚拟文件系统中的 devices 节点信息，我们看到生成了名称为 my_demo_dev 的设备，主设备号为 243，如图 10-19 所示。

```
/home/lab466/# cat /proc/devices
Character devices:
  1 mem
  4 /dev/vc/0
  4 tty
  4 ttyS
  5 /dev/tty
  5 /dev/console
  5 /dev/ptmx
  5 ttyprintk
  6 lp
  7 vcs
180 usb
189 usb_device
204 ttyMAX
216 rfcomm
226 drm
243 my_demo_dev
```

图 10-19　devices 节点信息

最后，删除设备和模块：

```
rmmod mydemo
```

课 程 思 政

富有远见,着眼未来,时时刻刻做好应对变化的准备

国内 Linux 系统的发展与国际 Linux 系统的市场占有率密切相关。随着大数据与云计算等前沿技术的快速发展,越来越多的互联网公司开始构建自主控制与维护的云计算平台。具有开源与跨平台等属性的 Linux 系统,搭配采用 Arm64 芯片的计算平台,成为这些互联网公司的首选技术方案。与此同时,Linux 服务器端解决方案通过互联网企业迅速应用到了大数据与云计算的市场环境中。

但是,互联网企业使用 Linux 服务器端时,并未因采用 Linux 系统而形成典型的操作系统销售市场,专业的 Linux 系统厂商在服务器市场中还未形成较大的市场影响力。目前,国内海量的应用软件都是基于 Windows 系统的,因为该系统用户学习成本低、熟练程度高;而 Linux 系统存在用户熟练程度低、对专业技术支持团队的依赖程度高、使用和维护成本高等问题。

我们应该富有远见,着眼未来,时时刻刻做好应对变化的准备,积极推进操作系统产品化,坚持构建基于国产操作系统的产业。我们应围绕如何建立产品服务情况与用户使用预期的沟通渠道,以及如何确定兼具稳定性和一致性的开发接口做一些踏踏实实的工作。

课后练习题

1. 什么是 Linux 设备驱动?请简述设备驱动程序在 Linux 内核中的作用。
2. 如何理解 Linux 操作系统把设备纳入文件系统的范畴来管理?
3. 请介绍 Linux 字符设备驱动是什么,有哪些常见的字符设备?
4. Linux 块设备驱动是什么?请介绍常见的块设备。
5. Linux 网络设备驱动有什么特点?
6. 请简述访问 I/O 内存方式和访问 I/O 端口方式。
7. 请简述 platform 平台总线驱动模型。

参 考 文 献

[1] 张天飞.奔跑吧Linux内核:基于Linux 4.x内核源代码问题分析[M].北京:人民邮电出版社,2017.

[2] 毛德操,胡希明.Linux内核源代码情景分析.上[M].杭州:浙江大学出版社,2001.

[3] ROBERT L.Linux内核设计与实现[M].陈莉君,康华,张波,译.北京:机械工业出版社,2004.

[4] WOLFGANG M.深入Linux内核架构[M].郭旭,译.北京:人民邮电出版社,2010.

[5] MEL G.深入理解Linux虚拟内存管理[M].白洛,李俊奎,刘森林,译.北京:北京航空航天大学出版社,2006.

[6] 姜先刚,刘洪涛.嵌入式Linux驱动开发教程[M].北京:电子工业出版社,2017.

[7] JON L,MATTBEW M.Git版本控制管理[M].王迪,丁彦,等译.2版.北京:人民邮电出版社,2015.

[8] JONATHAN C,ALESSANDRO R,GREG K.LINUX设备驱动程序[M].魏永明,骆刚,等译.北京:中国电力出版社,2006.

[9] 徐虹,何嘉,张钟澍.操作系统实验指导:基于Linux内核[M].3版.北京:清华大学出版社,2016.

[10] 骆斌,葛季栋,费翔林.操作系统教程[M].6版.北京:高等教育出版社,2020.

[11] 房胜.操作系统实践:基于Linux的应用与内核编程[M].北京:清华大学出版社,2015.

[12] 张尧学,任炬,卢军.计算机操作系统教程[M].5版.北京:清华大学出版社,2023.

[13] TANENBAUM A S,BOS H.现代操作系统(原书第4版)[M].陈向群,马洪兵,等译.北京:机械工业出版社,2017.

[14] 陈莉君,康华.Linux操作系统原理与应用[M].2版.北京:清华大学出版社,2012.

[15] 汤小丹,王红玲,姜华,等.计算机操作系统(慕课版)[M].北京:人民邮电出版社,2021.

[16] 孟庆昌.操作系统[M].3版.北京:电子工业出版社,2017.

[17] 李芳,李晓春,李东海.操作系统原理及Linux内核分析[M].2版.北京:清华大学出版社,2018.

[18] 刘忆智,等.Linux从入门到精通[M].2版.北京:清华大学出版社,2014.

[19] 陈莉君.深入分析Linux内核源代码[M].北京:人民邮电出版社,2002.

[20] BOVET D P,CESATI M.深入理解LINUX内核[M].3版.陈莉君,张琼声,张宏伟,译.北京:中国电力出版社,2007.

[21] 陶松,刘雍,韩海玲,周洪林.Ubuntu Linux从入门到精通[M].北京:人民邮电出版社,2008.

[22] 何绍华,臧玮,孟学奇.Linux操作系统[M].3版.北京:人民邮电出版社,2017.

[23] 杨云.Linux操作系统:微课版[M].北京:清华大学出版社,2021.

[24] 柯捷,梁泉,朱昌洪. Linux 操作系统原理与应用［M］.北京:北京航空航天大学出版社,2023.

[25] 文东戈,赵艳芹. Linux 操作系统实用教程[M].2 版.北京:清华大学出版社,2019.

[26] 刘胤杰,岳浩,等. Linux 操作系统教程［M］.北京:机械工业出版社,2005.

[27] 艾明,黄源,徐受蓉. Linux 操作系统基础与应用:RHEL 6.9［M］.北京:人民邮电出版社,2019.

[28] 程和侠,程和生. Linux 操作系统［M］.合肥:中国科学技术大学出版社,2017.

[29] JONATHAN C,ALESSANDRO R,GREG K. Linux 设备驱动程序[M]. 魏永明,耿岳,钟书毅,译.3 版.北京:中国电力出版社,2010.

[30] 王柏生.深度探索 Linux 操作系统:系统构建和原理解析[M].北京:机械工业出版社,2014.

[31] 孙斌,高翔. Linux 操作系统［M］.西安:西安电子科技大学出版社,2011.